新型市政基础设施规划与管理丛书

海绵城市建设规划与管理

深圳市城市规划设计研究院　编著
任心欣　俞露等

U0300535

中国建筑工业出版社

图书在版编目（CIP）数据

海绵城市建设规划与管理 / 任心欣等编著. — 北京：中国建筑工业出版社，2017.3
（新型市政基础设施规划与管理丛书）
ISBN 978-7-112-20497-7

Ⅰ.①海…　Ⅱ.①任…　Ⅲ.①城市建设—研究　Ⅳ.①TU984

中国版本图书馆CIP数据核字（2017）第040686号

本书系统介绍了海绵城市规划与管理相关的各项内容，包括理念篇、规划篇、管理篇三部分内容。通过国内外经验总结以及国家海绵城市建设试点城市的实践，特别是深圳市的实践，对海绵城市内涵和方向、目标和指标、规划编制指引、规划编制技术方法、规划模型应用、组织实施、规划管理、维护与保障、激励政策等关键问题给出较为清晰和明确的解释。全书还附有多项规划实例、模型实例，资料详细新颖，以实用性为主，兼顾理论性。

本书可供海绵城市规划建设领域的科研人员、规划设计人员、施工及运行维护人员、政府管理部门人员参考，也可作为相关专业大专院校师生、专项培训的教学参考书。

责任编辑：朱晓瑜
责任校对：李美娜　姜小莲

新型市政基础设施规划与管理丛书
海绵城市建设规划与管理
深圳市城市规划设计研究院　　　　编著
　　　任心欣　俞露等

*

中国建筑工业出版社出版、发行（北京海淀三里河路9号）
各地新华书店、建筑书店经销
北京京点图文设计有限公司制版
北京中科印刷有限公司印刷

*

开本：787×1092毫米　1/16　印张：18　字数：422千字
2017年4月第一版　2017年9月第三次印刷
定价：**98.00**元
ISBN 978-7-112-20497-7
　　　（29957）

丛书编委会

主　任：司马晓

副主任：黄卫东　杜　雁　吴晓莉　丁　年

委　员：刘应明　俞　露　任心欣　韩刚团　杜　兵

　　　　李　峰　唐圣钧　王　健　陈永海　俞绍武

　　　　孙志超

编　写　组

主　　编：司马晓　丁　年

执行主编：任心欣　俞　露

编撰人员：胡爱兵　张　亮　李翠萍　汤伟真　刘应明

　　　　　周丹瑶　杨　晨　郭秋萍　彭　剑　丁淑芳

　　　　　韩刚团　何　瑶　梁　骞　邬慧婷　杨少平

　　　　　黄俊杰　符　韵　曾小瑱　李晓君　邓仲梅

　　　　　刘　瑶　陈世杰　李炳锋　李　冰　陆利杰

　　　　　熊慧君　周俊宏　吴亚男　尹玉磊　王爽爽

　　　　　赵松兹　路甜甜　吴丽娟　朱安邦　汪　洵

3

丛书序言

    中国自改革开放至今30多年的工业化和城镇化发展，以其巨量、快速、高效而成为人类文明发展史的一个奇迹。这场沿着西方现代城镇化道路的追赶式发展，有超越的成功，但没能避免一些重大城市问题的出现，如环境污染、水资源短缺、能源紧张、交通拥挤等。2011年中国城镇化率过半，意味着中国的城镇化发展进入了下半程。未来，中国预计还将新增3亿城镇化人口，是发展机遇，但也面临严峻挑战。一方面，缓解生态环境、能源、资源等困境刻不容缓；另一方面，全球经济放缓和中国经济进入新常态时期让中国能否跨越中等收入陷阱面临考验。新型城镇化是以"五位一体"总布局为指引，以可持续发展为导向的发展模式转型。以"创新、协调、绿色、开放、共享"五大发展理念为指引，推进生态城市建设，是新型城镇化发展的重要路径。

    深圳的城市发展是对新型城镇化的前瞻性探索和实践，其发展成就令世人瞩目，且具有世界性的典范意义。深圳卓越的社会经济增长、首屈一指的创新能力、健康的经济和财税结构，使其跻身国内一线城市之列。天蓝水清的良好生态环境，更使得深圳一枝独秀。深圳在资源、能源、环境承载力都严重不足的条件下，很好地兼顾并平衡了社会经济发展和生态环境保护，摸索出了独具特色的发展路径。

    深圳特色发展模式的难能可贵之处着重体现在对城市生态建设的前瞻性重视和务实性推进。生态城市建设的关键在于，用系统论思维研究城市生态保护和修复，用城市生态系统理念完善城市规划建设管理，并坚持以法治保障生态理念的植入和有效技术措施的落实。深圳自特区成立之初即从尊重自然生态环境出发，确定且持续完善组团式城市空间结构；深圳早于中央政策要求十年在全市划定基本生态控制线并立法实施；深圳在全国率先开展了以节能减排为导向的地下综合管廊、海绵城市、电动汽车充电基础设施、新型能源基础设施、低碳生态市政基础设施等新型市政设施的规划建设工作；深圳在国际低碳城探索"低排放、高增长"城市转型发展模式……从我不完全的了解来看，深圳特色发展模式至少在三方面体现了生态城市建设的要义：一是始终坚持在规划建设中融入生态保护理念；二是依托技术措施和公共政策在规划编制及规划管理中系统性地落实生态保护理念；三是注重基础性设施的低碳生态化改造和建设。

    今年10月我访问深圳期间，深圳市城市规划设计研究院（简称"深规院"）司马晓院长陪同我考察了深圳国际低碳城的规划建设情况，并向我介绍深规院应中国建筑工业出版社之邀即将出版《新型市政基础设施规划与管理丛书》。该丛书包括地下综合管廊、海绵城市、电动汽车充电基础设施、新型能源基础设施、低碳生态市政基础设施等多个分册，汇集了深规院近些年在市政设施领域开展的有关生态城市规划建设的思考和实践，其中不乏深圳和其他城市的实践案例。

    应对气候变化，是人类面临的越来越严峻的挑战。工业化、城市化和科技进步拓宽了人类对自然资源利用的深度、广度和规模，推动人类文明快速发展。但与此同时，工业化和城市化打破了农业文明时代人与自然生态系统的平衡关系。灾害性气候事件频发、自然生态系统退化、水资源分布失衡、生物多样性锐减等问题，都是人类活动方式不当累积所致，为人类发展渐渐笼罩上阴影。能源、土地、水资源、粮食等供应不足或者不均衡，逐渐成为引发国际社会局部冲突的主要根源性问题。生态环境危机更是需要全球共同面对的难题。

　　新型市政基础设施是生态城市建设的重要基础性工作，但在我国尚处于起步阶段。新型市政基础设施的规划建设融入了绿色生态、低碳智慧的理念，积极应用新技术，以有效提高资源能源的利用效率，并改善城市生态环境。本质上，这是支撑城市转型发展的一场渐进性变革。与此同时，推动新型市政基础设施的规划建设，是推进供给侧结构性改革的重大举措，对于适应和引领经济发展新常态具有重要的现实意义。

　　《新型市政基础设施规划与管理丛书》是深圳经验的推广和共享，为促进更广泛、更深入的思考、探索和行动提供了很好的平台。希望深规院继续秉持创新、开放、共享的理念，大道直行，不断完善深圳特色发展模式，为新型城镇化注入特区的经验和智慧。

　　　　原建设部部长、第十一届全国人民代表大会环境与资源保护委员会主任委员

汪光焘

2016 年 11 月

丛书前言

市政基础设施主要由给水、排水、燃气、环卫、供电、通信、防灾等各项工程系统构成。市政基础设施是城市承载功能最主要的体现，对城市发展具有重要的基础性、支撑性、引领性作用，其服务水平高低决定着一座城市承载能力的大小，体现一个城市综合发展能力和现代化水平，是城市安全高效运行的坚实基础和城市健康持续发展的有力保障。

通过60多年的大规模投资建设，我国基础设施也经过了大规模的投资和建设，得到明显加强。根据《2015年国民经济和社会发展统计公报》，2015年全国固定资产投资（不含农户）额为551590亿元，增长10.0%，而同期第三产业中基础设施（不含电力）投资额为101271亿元，增长17.2%，这一增速不仅远远高于同期制造业及房地产投资增速，也高于投资领域整体增速。事实上，基础设施建设已当仁不让地成为中国经济社会健康可持续发展的有力支撑，持续不断地为稳增长与惠民生增添强劲动力。以给水、排水、燃气、环卫、供电、通信、防灾等为重点的多领域基础设施建设和民生工程全面开花，不仅直接拉动经济增长、创造就业，并为经济发展注入强大后劲，也通过改善民生，让人民群众真正分享到改革发展所带来的滚滚红利。

虽然近年来城市市政基础设施建设投入力度不断加大，但由于历史欠账多，投资不足和设施建设滞后的矛盾仍然突出。2013年9月，国务院印发的《关于加强城市基础设施建设的意见》中明确提出当前我国城市基础设施仍存在总量不足、标准不高、运行管理粗放等诸多问题。因此随着城市规模的扩大，新型城镇化的进行，市政基础设施的类型和规模也是与日俱增，新型市政基础设施的概念也应运而生。

新型市政基础设施是指市政基础设施的新类型或者新模式，在现阶段主要包括城市地下综合管廊、海绵城市、电动汽车充电基础设施、新型能源基础设施以及低碳生态市政基础设施等。2013年9月，国务院印发的《关于加强城市基础设施建设的意见》针对以上设施或模式提出了相关要求，在城市地下综合管廊方面，提出"开展城市地下综合管廊试点，用3年左右时间，在全国36个大中城市全面启动地下综合管廊试点工程"；在海绵城市方面，提出"积极推行低影响开发建设模式，将建筑、小区雨水收集利用、可渗透面积、蓝线划定与保护等要求作为城市规划许可和项目建设的前置条件，因地制宜配套建设雨水滞渗、收集利用等削峰调蓄设施"；在电动汽车充电基础设施方面，提出"推进换乘枢纽及充电桩、充电站、公共停车场等配套服务设施建设，将其纳入城市旧城改造和新城建设规划同步实施"；在新型能源基础设施方面，提出"推进城市电网智能化，以满足新能源电力、分布式发电系统并网需求，优化需求侧管理，逐步实现电力系统与用户双向互动"；在低碳生态市政基础设施方面，提出"绿色优质的原则，全面落实集约、智能、绿色、低碳等生态文明理念"。为了切实做好新型市政基础设施建设工作，国务院办公厅于2015年8月印发了《国务院办公厅关于推进城市地下综合管廊建设的指导意见》，于 2015 年 10 月印发了《国务院办公厅关于推进海绵城市建设的指导意见》和《国务院办公厅关于加快电动汽车充电基础设施建设的指导意见》，这三个指导意见，在国内迅速引起了新型基础设施建设高潮，特别是城市地下综合管廊和海绵城市建设，由财政部、住房和城乡建设部组织开展 2015 年、2016 年两个年度地下综合管廊和海绵城市试点城市工作，中央财政对地下综合管廊试点城市给予专项资金补助。新型市政基础设施建设无疑是我国城市建设的重要里程碑，是我国城市建设由粗放式管理向精细化管理转变的重要节点之一。

新型市政基础设施作为近年来我国在城镇开发建设中大力倡导的新理念，其相关技术尚处于起步阶段，各相关技术人员以及政府管理人员对其有不同的理解，社会上不时涌现疑惑甚至质疑的声音。因此我们希望结合我们的经验，就新型市政基础设施规划设计中一些容易混淆和模糊的理念或概念，给出较为清晰的解释，建立较为系统和清晰的技术路线或思路。同时对新型市政基础设施的投融资模式、建设模式、运营模式等管理体制进行深入研究，期望构建一个从理念到实施的全过程体系。

深圳市城市规划设计研究院是一个与深圳共同成长的规划设计机构，1990 年成立至今，在深圳以及国内外 200 多个城市或地区完成了 3500 多个项目，有幸完整地跟踪了中国城镇化过程中的典型实践。市政规划研究院作为其下属最大的专业技术部门，拥有近 100 名市政专业技术人员，是国内实力雄厚的城市基础设施规划研究专业团队之一，一直深耕于城市基础设施规划和研究领域，早在 10 年前在国内就率先对新型市政基础设施规划和管理进行专门研究和探讨。在海绵城市规划研究方面，2005 年编制的《深圳市水战略》，率先在国内提出了雨洪利用和低影响开发等理念；2007 年编制的《深圳市雨洪利用系统布局规划》、《光明新区雨洪利用详细规划》、《深圳市居住小区雨水综合利用规划指引》等从不同的角度和层次应用低冲击开发理念；2011 年承担了国家水专项低影响开发雨水系统综合示范与评估课题，率先对海绵城市示范区规划、建设及评估进行了系统研究。在综合管廊规划研究方面，编制完成了近 20 项综合管廊工程规划，其中 2009 年编制的《深圳市共同沟系统布局规划》是国内第一个全市层面的综合管廊系统整体规划，获得了2012 年度华夏建设科学技术奖。在电动汽车规划研究方面，2010 年编制的《深圳市东部滨海地区电动汽车充电设施布局规划研究》是国内第一个类似项目，获得了 2014 年度华夏建设科学技术奖。在低碳生态市政基础设施方面，《深圳国际低碳城规划》获保尔森基金会 2014 年度中国可持续规划设计奖和 2015 年度广东省优秀城乡规划设计奖一等奖；《深圳市盐田区低碳市政基础设施规划研究及试点方案》获深圳市第十六届优秀城乡规划设计奖三等奖。近年来在新型能源基础设施方面也开展了大量规划研究工作。

在中国建筑工业出版社的支持下，由司马晓、丁年、刘应明整体策划和统筹协调，组织了院内对新型市政基础设施规划设计具有丰富经验的专家和工程师编著了《新型市政基础设施规划与管理丛书》。该丛书共五册，包括《城市地下综合管廊工程规划与管理》、《海绵城市建设规划与管理》、《电动汽车充电基础设施规划与管理》、《新型能源基础设施规划与管理》和《低碳生态市政基础设施规划与管理》。丛书的编著力求根据国情，在总结具体规划研究项目经验的基础上，进行了理论提升，突出各类新型市政基础设施的特点和要求，并附经典实例，以便为从事城市基础设施建设的规划、设计人员和广大基层干部、群众提供一些具有实践意义的参考资料和亟待解决问题的处理方法，也希望给新型市政基础设施热爱者和建设者一个有价值的参考。

丛书编写中，得到了住房和城乡建设部、广东省住房和城乡建设厅、深圳市规划国土委等相关领导的大力支持和关心，得到了各有关方面专家、学者和同行的热心指导和无私奉献，在此一并表示感谢。

《新型市政基础设施规划与管理丛书》编委会

2016 年 10 月

    海绵城市，是生态文明建设背景下，基于城市水文循环，重塑城市、人、水和谐关系的新型城市发展理念，具体是指通过加强城市规划建设管理，充分发挥建筑、道路和绿地、水系等生态系统对雨水的吸纳、蓄渗和缓释作用，有效控制雨水径流，实现自然积存、自然渗透、自然净化的城市发展方式。其建设能有效缓解快速城市化过程中的各种水问题，有效改善城市热岛效应等生态问题，创造具备生态和景观等功能的公共空间，是修复城市水生态、涵养水资源，增强城市防涝能力，扩大公共产品有效投资，提高新型城镇化质量，增强市民的获得感和幸福感，促进人与自然和谐发展的有力手段。

    海绵城市，是结合中国基础设施建设特点，在各国水管理理论与实践基础上深化而来的。其起源于20世纪六七十年代，各发达国家在快速城镇化后面临"水少、水脏、水淹"等问题时的雨水管理探索，如美国的最佳雨水管理实践和低影响开发、德国的水平衡管理、英国的可持续城市排水系统、澳大利亚和新西兰的水敏感性城市设计、日本的雨水贮留渗透计划等。虽然各国水管理名称不同，但都趋向于采用源头、分散、生态化的手段加强雨水的源头控制，并与传统的、灰色的基础设施相结合，融入用地规划、竖向设计、生态保护、城市设计等城市规划建设工作中。

    由于长期重地上轻地下、重面子轻里子情况的存在，我国与发达国家不同，排水管网、泵站、堤防等灰色基础设施与需求相去甚远；且我国幅员辽阔，自然气候、地理环境、土壤地质等差异较大；所以我国海绵城市建设的内容和需求比国外更加复杂和急迫。不同发展规模与阶段、不同基础设施水平、不同地域城市的海绵城市建设目的、实施路径差异较大，这就使得各地在积极响应党中央、国务院号召，积极建设海绵城市时，遇到了较多的困惑和棘手难题，突出表现在"理论片面化"、"目标单一化"、"策略同质化"、"措施碎片化"等方面，容易找不准推进实施的方向和路径。

    作为国家积极倡导的重大城市战略任务，近年来，国家层面密集出台了海绵城市相关政策和规范标准来促进其有序开展；特别是《国务院办公厅关于推进海绵城市建设的指导意见》（国办发〔2015〕75号）一文指出各地要做好海绵城市建设，必须坚持生态为本、自然循环，坚持规划引领、统筹推进，坚持政府引导、社会参与，重中之重是严格编制规划、科学实施规划，统筹有序建设，完善支持政策，抓好组织落实等各项任务。

    经过两年多来的实践，虽然我国已有30个国家海绵城市建设试点城市、80余个省级试点城市在进行机制和模式的探索；但由于起点低、基础弱，在海绵城市规划与管理的过程中，大家常常会遇到一些共性的问题，比如如何认识海绵城市规划？海绵城市规划编制的内容都有哪些？模型应该怎么运用？海绵城市组织实施管理应该采取什么样的步骤，注意哪些要点？在我国海绵城市建设从试点走向全面推广的关键时期，深圳市城市规划设计研究院海绵城市工作团队结合在各地的实践案例，总结多年来的工作思路与方法，希望能助力我国海绵城市建设规划和管理工作迈向新台阶。

深圳市城市规划设计研究院市政规划研究院是国内最早关注和开展海绵城市规划和建设实践的专业技术团队之一，从 2007 年开始，就率先在城市规划领域引入低影响开发理念进行规划和实践，逐渐形成了近百人，涵盖多专业的技术团队。2011 年以来，承担了国家水体污染控制与治理重大专项"低影响开发雨水系统综合示范与评估课题（2010ZX07320-003）"的研究工作，在深圳市光明新区展开了从规划设计到建设监测的全过程技术研发，期间多次组织技术团队赴美国、日本、新加坡、澳大利亚、德国等开展学习和交流，并在深圳市、佛山市、西咸新区、中山市、扬州市、台州市、遂宁市、济宁市等地开展了 40 余项相关规划实践，逐渐形成和掌握了海绵城市规划编制的理论和方法。

编写团队长期跟踪和参与各地海绵城市建设与实践，相关项目先后获得近十项省部级、市级科学技术奖或优秀城乡规划奖，其中"城市规划低影响开发技术指引、导则等机制研究项目群"项目获得 2015 年度华夏建设科学技术奖；这既是荣誉，也是动力，鼓舞着我们团队不断提升技术能力，为各地提供更好、更优质的技术服务，成为海绵城市建设规划领域的一支生力军。

本书是编写团队海绵城市规划与建设实践工作的总结和凝炼，希望通过本书与各位读者分享我们的规划理念、技术方法和实战经验，但限于作者水平和海绵城市建设的快速发展，书中疏漏乃至错误之处在所难免，敬请读者批评指正。所附参考文献如有疏漏或错误，请作者与编写组或出版社联系，以便再版时及时补充或更正。

《海绵城市建设规划与管理》编写组

2016 年 12 月

目　录

1 理念篇

　　本章以城市和水的关系开篇，叙述海绵城市如何在城市水系统和水管理发展演变的过程中被提出，进而阐述海绵城市的原理和内涵。海绵城市源于对城市水问题的关注，也源于对城市开发建设模式的反思和重塑，我们对海绵城市的认识不应仅停留在一个形象的符号上，而应深刻理解其理论基础和核心思想，并充分认识其与国外的低影响开发、水敏感城市、可持续排水系统等理念的异同，认识到在我国现有的发展阶段和建设水平下城市水管理所需直面的核心问题。

　　2015、2016年，国家财政部、住房和城乡建设部、水利部确定了两批30个国家海绵城市建设试点城市，在全国掀起了海绵城市建设的热潮。由于自然条件和发展阶段的不同，各城市开展海绵城市建设的目标和路径呈现较大差异，但其基本出发点是一致的，即以流域为整体，系统提升城市水资源、水安全、水生态、水环境。随着海绵城市理念的逐步传播和规划建设的开展，人们开始遇到一些难题，也产生各种困惑，甚至走入一些误区。本章最后总结了当前海绵城市建设中容易出现的四大误区，并提出海绵城市建设应该坚持的方向，提醒读者从水、生态和城市发展的基本规律出发，进行全面、综合、系统和有针对性的思考。

1.1 溯源海绵城市

1.1.1 城市与水

1. 水是人类赖以生存的基本条件

河流为人类带来水源、物产、养分以及航运之便，因此人们自古以来便逐水而居。对今天世界公认的古代文明所在地进行比较分析可以发现，最早的城市一般都形成于河畔、湖滨等地，可以说水是生命之源、文明之本，是推动城市发展的重要因素。"缘水而兴"在很多著名的城市都得到了体现，如中国的扬州因大运河的开凿而兴旺，上海、广州因位于长江、珠江的入海口而繁荣；国际化大都市，如纽约、悉尼、东京、伦敦、香港等城市也是如此。目前全球80%的城市仍然依水（江、河、湖、海）而建，大量经济社会活动在濒临水域的城市开展，和河流水系的历史变迁相互影响。

2. 水影响城市的可持续发展

水资源是城市发展最重要的决定因素之一，水资源承载能力限制了城市人口和用地规模，也决定了城市产业结构、产业类型及居民的生活水平。水文循环圈（图1-1）中的淡水资源极其有限，地球上97.5%的水是咸水，在余下2.5%的淡水中，有87%是人类难以利用的两极冰盖、高山冰川和永冻地带的冰雪；在现有技术条件下人类真正能够开发利用的淡水资源仅占地球总水量的0.77%。有限的淡水资源将像石油一样，成为人类未来争夺的重要战略资源。与此同时，水的形态、质量，以及城市面对洪涝灾害时的风险防御能力，影响着城市的生态环境、发展环境、投资环境，决定着城市生态系统的健康与可持续发展水平，是城市主要竞争力之一，甚至影响着城市的存亡与兴衰。

3. 水为城市生态系统提供多种服务

水是一种特殊的生态资源，是生物圈的血液，除了为城市提供生产、生活的基础以外，还具有维持城市生态系统结构、生态过程与区域生态环境的功能。这些功能主要包括调蓄洪水、疏通河道、水资源蓄积、土壤持留、净化环境、固定碳、提供生境、维持生物多样性等[1]。人类从自然水体中获取淡水资源，又向水体排放废水，这种社会水循环和自然水循环交织在一起，成为城市生态系统中的物质、能量交换的过程，使得生物和非生物环境各要素之间产生直接或间接的关联。水体有一定的自净能力，各种污染物经过稀释、降解之后，危害程度会大大降低。因此，城市化初期人类往往习惯将大量的废物、废水排向各种水体，将其作为最终的处理场，使其成为城市污染物传输和转化的基本载体。但高速增长的污染物排放，超出了水环境容量之后，打破了水体的自然平衡，进而严重影响城市的生态系统并危及人类的生产生活。

图 1-1　地球水文循环示意图

4. 水是城市安全风险的主要来源之一

　　城市是对自然环境进行人工改造程度最高、最集中的地区，各种生产生活活动改变了自然的水文循环，在一定程度上改变了局部地区的降雨、热岛等气候条件，也彻底改变了局部的自然生态本底环境。城市建设中下垫面硬质化程度大幅上升，使得蒸发和入渗作用大大减弱，径流量成倍增加，从而带来了各种安全风险，如洪涝灾害的概率增加、可用水资源被浪费、雨水径流污染严重、水土流失和生态环境脆弱等。

5. 水和城市的关系在不断地变化和延展

　　城市是为人类服务的，是人类主观意志作用于自然环境的体现。组成城市的各种设施，反映着当时人们的强烈渴望与需求；城市的功能定位，是人们价值观念、行为方式的真实写照，城市中的水也带有强烈的社会属性。水与城市的关系体现了水与人的关系，这种关系正从最低层次的依赖关系逐渐向更高层次发展。以雨洪管理为例，20 世纪 60 年代以来，现代城市雨洪管理的目标从关注最基本的城市防洪排涝开始，逐渐变得多元、综合和复杂，指向景观娱乐、径流污染控制、流域恢复、资源化利用等诸多方面（图 1-2）。

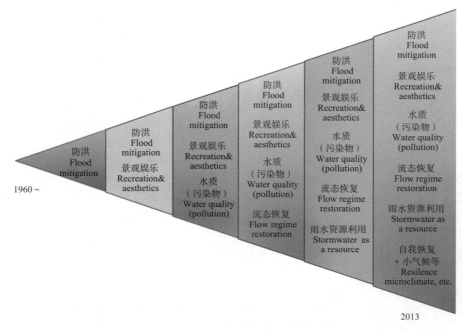

图 1-2　城市雨洪管理体系目标的演变 [2]

1.1.2　城镇化与水问题

　　城市是一个区域内的政治、经济和文化中心，在社会生产生活中发挥着重要的作用，城镇化是经济社会发展到一定阶段的必然趋势。20 世纪以来，世界范围内城镇化进程急速发展，城市人口急剧增长，联合国《2016 年世界城市状况报告》中数据显示，1950 年全球城镇化水平为 29%，2005 年已跃升至 49%，2015 年已近 54%，特别是自 1996 年 6 月联合国在伊斯坦布尔举行第二次人类住区会议以来的 20 年间，世界人口随着社会经济发展大规模向城镇迁移 [3]，以我国为例，统计年鉴数据显示 1995 年以来 20 年间中国城镇化率直线上升（图 1-3），年均增加 1.35% 左右，城镇常住人口规模增加超过 4 亿人 [4]。

　　城镇化能有效促进社会经济和文化的繁荣，但是人口规模的急剧膨胀和高强度城市开发等容易造成环境生态恶化和资源危机等诸多负面效应，形成一系列"城市病"，给城市未来长期的可持续发展带来严峻的挑战。在这些"城市病"中，近几十年来城市水问题愈加突出、集中和复杂。城市地区的水系统循环呈现明显的"自然—社会"相耦合的二元特性，自然水循环由降水、蒸发、入渗、产流、汇流等环节组成，社会水循环由原水分配、耗水过程、污水排水收集与处理、再生水配置与调度等环节组成 [5]。城镇化的过程正是社会水循环对自然水循环逐渐介入的过程，在这个过程中水循环的自然过程往往遭到破坏，造成水资源短缺、水环境污染、雨洪灾害加剧等情况，使得城市水问题逐渐成为一个国家或地区长期良性发展需要面对的重大课题。

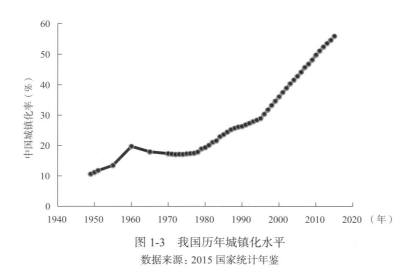

图 1-3　我国历年城镇化水平

数据来源：2015 国家统计年鉴

1. 城镇化与水资源短缺

从物化属性来讲，水是可再生资源，但是并非"取之不尽，用之不竭"，其本身具有时空分布不均的特性，在全球干旱或者半干旱气候区季节性缺水问题比较突出，人类活动和气候变化等也会增加这种不确定性，从而造成水资源短缺问题。城镇化过程中人口规模不断增加、工业生产等迅速集中发展导致城市需水量急剧增加，但城市一般地域狭小、集水面积不足，淡水资源供应能力往往不能满足需求，用水浪费、管理不善、效率低下等现象又会进一步加剧水资源供需不平衡，造成资源型缺水。2015 年的世界经济论坛甚至将水危机列为全球第一大风险，据估计全球淡水需求量每年增加约 6400 亿 m^3，联合国教科文组织报告预测：到 2025 年全球淡水紧缺量将增加至 20000 亿 m^3，如果人们对水资源管理不加以改进，到 2030 年供水量将只能达到所需水量的 60%[6]。

为满足生产和生活需求，人们兴建蓄水、引水等工程，过度开发地表水和地下水资源。据统计目前世界各地兴建的长距离跨流域调水工程有 160 多项，如美国加利福尼亚州的北水南调和我国的南水北调工程。长距离调水工程量大、投资和运行成本高并具有较大的潜在生态危机，需要权衡利弊、充分论证、科学决策和慎重开展建设。地表水过度开发会造成河流断流、湖泊萎缩、湿地退化、纳污能力丧失、水生生物灭绝等问题，国际上界定河流水资源开发利用率 40% 为水生态警戒线[7]，而人们对有些河流的水资源开发利用率甚至达到 90% 以上。地下水超采则会带来地面沉降、海水内侵、地下水质恶化、泉水枯竭、地质灾害风险等问题。如我国华北地下水超采区形成了世界上最大的地下水漏斗（图 1-4），在沧州、衡水等地引起地面沉降、地面大裂缝等。与常规水资源开发利用技术相比，节水技术、雨水收集利用、污水再生利用等则是更加可持续性解决水资源短缺的方式。

另一方面，城市水污染导致水质不能达到生产生活用水原水水质的标准，又会进一步加剧水资源短缺的问题，造成水质型缺水。由于大量污废水没有得到有效处理，水质型缺水问题在发展中国家和地区尤为突出，例如我国长江三角洲和珠江三角洲部分区域，本是丰水湿润地区，快速粗放的经济发展方式却造成了严峻的水质型缺水问题。

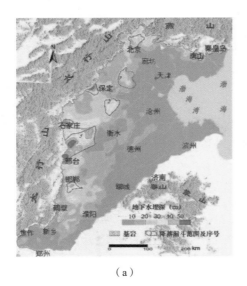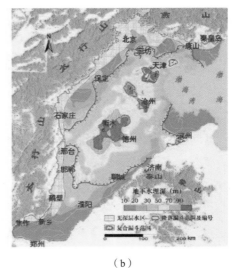

（a）   （b）

图 1-4　华北平原地下水埋深 [8]
（a）浅层地下水埋深分布；（b）深层地下水埋深分布

2. 城镇化与水环境污染

相比水资源短缺，快速城镇化过程中工业生产、生活污水的大量直接排放和非点源污染等导致的水环境污染状况更让人触目惊心。水环境污染不仅包括地表水环境污染，还包括土壤、地下水、近海海域、甚至大气等相关的生态环境中的污染，并且影响饮用水安全和农产品安全，最终威胁人体健康[9]。工业废水中含有大量酸碱、重金属、耗氧有机物、放射性物质等，特别是一些具有持久性和生物累积性的有毒物质，不经处理排放到水体将对环境和人类健康造成严重危害，例如日本"水俣病"等水污染公害事件。工业废气中的氮硫氧化物等直接排放也会引起酸雨从而间接污染水环境。城市居民生活污水则主要含有病原微生物、氮、磷、有机物等，容易造成疾病暴发和水环境富营养化，出现如图 1-5 所示的河流水污染状况。

图 1-5　河流水污染状况

图片来源：深圳新闻网 http://www.sznews.com/zhuanti/node-160046.htm

　　18 世纪以来，发达国家在工业化和城镇化的发展早期，湖泊河流多被当作排污的"下水道"，水质被有机物、重金属、致病菌等严重污染。英国伦敦的"母亲河"泰晤士河 19 世纪初期被严重污染，引发多年的霍乱疫情，恶臭甚至导致人们工作停滞，从 19 世纪中期到 20 世纪经历了百余年的治理，从建设拦截式排污下水道到实行流域管理，泰晤士河才得以恢复到接近污染前的自然状态。美国的工业化早期也是"黑色文明"阶段，据统计直到 1909 年，仍有超过 80% 的污水未经处理直接排放[10]，河流、港口等水体均遭到严重污染。1948 年美国开始制定综合性的水污染控制法《清洁水法》以控制不断恶化的水环境，并不断进行修正，对点源、面源的污水处理和排放标准进行严格的规定，经过数十年的治理，水环境才得到有效的改善。

　　而发展中国家的城镇化过程往往忽视了对发达国家环境治理经验和教训的借鉴，重走了"先污染后治理"的老路。总人口世界第二的印度过去几十年也在经历快速的城镇化工程，2010 ~ 2015 年间的城镇化率年均增速更是高达 2.47%，工业和生活污水的直接排放造成了印度严重的水污染问题：2003 年联合国世界水资源评估报告中印度的生活用水质量在全球被评估的 122 个国家中排名第 120 位，境内恒河被列入世界上污染最严重的河流之列，2008 年印度一类城市和二类城镇的污水处理能力仅为 32% 和 8%[11]。

3. 城镇化与雨洪灾害加剧

　　城镇化过程中的另一个突出问题是雨洪灾害加剧，其中虽有极端气候增加等自然因素，但也有较多的城市建设原因。城镇化最突出的特征是人口、产业、物业向城市集中，导致人口密度增大、土地利用性质改变、建筑物增加、道路建设等使下垫面不透水面积增大，从而改变了城市地区雨水形成条件和水文循环过程，加剧了雨洪灾害[12]。

　　城镇化对区域降雨存在一定影响。有关研究表明城市地区的热岛效应、建筑物对气流的机械阻碍和抬升作用、下垫面阻滞效应和空气污染带来的凝结核效应等，会对局部气候特征产生一定影响，使得城区容易形成对流性降水，降水强度增大、降水时间延长、降雨量增多，增加局部城市地区内涝风险[13]。

　　城镇化发展对雨水产汇流过程的改变是城市雨洪灾害加剧的主要原因之一。自然地表具有良好的透水性，雨水一部分被植物截留蒸发，一部分下渗涵养土壤、补给地下水，其余部分产生地表径流，汇入收纳水体。而传统的城镇化建设和开发过程中，人们强烈干预自然环境，将其改造为人工环境主导的空间：城市区域表面从植被覆盖变为硬质不透水的混凝土、沥青覆盖的路面、屋顶面等，减少了土壤和植物对雨水的蓄积和蒸腾，截断了雨水入渗及补给地下水的通道，使地表径流增加，并增加水流中的污染物；在河流上游开荒造田，破坏了森林植被，导致严重的水土流失；对湖泊、河滩、行蓄洪区等进行大规模围垦、填埋，使水域面积和湿地面积减少，城市滞洪、蓄洪能力下降；对河道进行人工改造，如裁弯取直、驳岸硬化渠化、建造单一化景观等（图 1-6），隔断了河流与周边土地之间自然的水文和生物过程。这些变化造成区域原有的自然生态本底和水文特征的改变，破坏了自然水循环的平衡，导致城市区内雨洪径流增加、洪峰流量增大、洪峰时间减短，从而加剧了城市本身及其下游地区雨洪灾害的威胁。

图 1-6　河道硬化渠化

　　城市规划建设管理滞后和防洪标准偏低也是城市内涝多发的一个重要原因。在城镇化快速推进的过程中，城市基础设施规划建设容易不科学或者滞后于城市发展，出现排水系统设施建设不完善和老化、重现期设计标准过低、雨污合流溢流污染严重、功能单一等突出问题。与此同时，城镇化使得城市地区的人口、财富、资源等更加集中，雨洪灾害造成的损失和影响也日益严重。

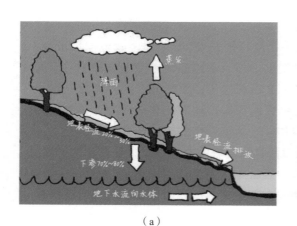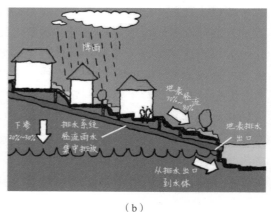

（a）　　　　　　　　　　　　　　　　　（b）

图 1-7　城市开发前后径流变化情况
（a）开发建设前；（b）开发建设后

1.1.3　海绵城市与水系统

1. 城市水系统变革需求和历程

　　虽然近两百年来世界各国城市水问题一般都在城市化、工业化急速发展过程中集中爆发，但其实几千年来水问题自人类文明形成后便开始形成、逐渐积累，人类生存受惠于大自然的水资源，同时也与水旱灾害、水污染等问题抗争，人类创造了城市水系统，并不断改造城市水系统。

城市形成后，对水源的需求变得更高，水灾的隐患、污染的压力也同样存在，于是人们开始修建给水和排水设施，例如古代中国的陶质排水管以及古罗马规模宏大的引水渠等给水排水建筑[14, 15]，就是城市水系统最初的由来。随着城市化进程的发展，城市水系统逐步演变，至今已日臻完善，主要包括城市的水源、供水、用水和排水等四大要素，其规模随着城市人口膨胀而不断扩大，并周期性地面临水资源、水环境、水安全、水生态等不同方面问题的挑战。在解决这些问题的过程中，城市水系统不断变革，其结构愈加复杂、功能更加综合和优化，目标也不断升级。人们越来越认识到，一个好的城市水系统，是实现水的良性社会循环和水资源可持续利用的关键，也是城市可持续健康发展的基础条件。

著名的美国水环境专家 David Sedlak 将过去 2500 年城市水系统的主要发展概括为三次变革：第一次变革发生在第一次工业革命时期迅速崛起的欧洲城镇，这些城镇在扩张过程中复制了古罗马人首建的供水管道系统和排水沟；第二次变革以饮用水的过滤消毒处理为标志，有效遏制了水媒疾病的传播，为人类健康带来了基本的保障；第三次变革则是污水处理厂作为城市水系统的典型特征出现。而目前，面对城市人口增长和极端气候的压力，城市给水排水系统仍面临水质、水量、雨洪等诸多问题，在未来 20 年，水系统将会面临第四次更重要的变革[15]。

事实上，许多国家走过的历程正在印证着这些持续发生的变化，也展现了人类对各阶段发展模式的深刻反省和逐渐增强的生态意识。以澳大利亚为例，有学者将其城市水系统发展历程总结为 6 个阶段，对应城市发展的 6 种形态（图 1-8）：以满足人们用水需求为核心的"供水城市"（Water Supply City），以排放污染物为核心的"下水道城市"（Sewered

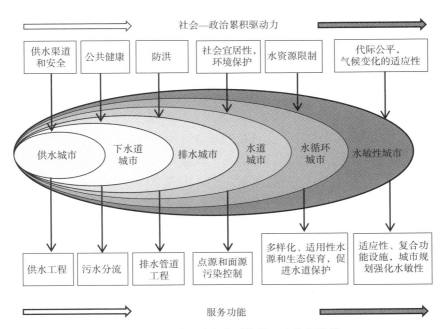

图 1-8　澳大利亚城市水系统的 6 个发展阶段

City），以快速排放雨水为核心的"排水城市"（Drained City），以水体治理为核心的"水道城市"（Waterway City），以水的回用和自净为核心的"水循环城市"（Water Cycle City）和以实现水环境保护、供水安全、雨洪管理、景观化等综合功能为核心的"水敏性城市"（Water Sensitive City）[16]。

中国的水系统发展历程有自己的阶段和特征，但同样呈现了一个相似的转变过程：从早期原生态的自然水循环系统，到大规模城市化进程中，以管网、泵站等工程设施为主的灰色系统，而未来的阶段性目标则是通过建设拥有完整生态链、与自然和谐共处的城市水系统，来解决当前频繁出现的水问题。

2. 海绵城市建设的意义

海绵城市建设是在我国城市水问题凸显和水系统亟需变革的背景下提出的。2013年12月12日，习近平总书记在"中央城镇化工作会议"的讲话中提出："提升城市排水系统时要优先考虑把有限的雨水留下来，优先考虑更多利用自然力量排水，建设自然积存、自然渗透、自然净化的海绵城市。"2014年10月，住房城乡建设部印发《海绵城市建设技术指南——低影响开发雨水系统构建（试行）》（以下简称《指南》），要求各地结合实际，参照《指南》，积极推进海绵城市建设。2015年10月，国务院办公厅发布《国务院办公厅关于推进海绵城市建设的指导意见》（国办发〔2015〕75号），要求通过海绵城市建设，综合采取"渗、滞、蓄、净、用、排"等措施，最大限度地减少城市开发建设对生态环境的影响，将70%的降雨就地消纳和利用。

海绵城市的提出，标志着我国新一代城市雨洪管理理念的形成，也是一种新的城市规划建设模式。我国传统意义上的排水防涝以水量控制、径流排放为单一目标；海绵城市建设则是站在城市整体发展的高度处理城市雨洪问题，以生态文明为指导思想，强调综合目标的实现，是新形势下转变城市传统建设理念、实现生态文明的具体举措。

海绵城市，是一种形象的描述，即城市能够像海绵一样，丰水期吸水、蓄水、渗水、净水，枯水期将蓄存的水"缓释"并加以利用，使城市水系统与自然环境有机结合起来、实现良性水循环，从而在适应环境变化和自然灾害时具有良好的"弹性"。

海绵城市的建设，应注重"自然海绵体"的保护修复和"人工海绵体"的同步建设：一是保护城市原有生态系统；最大限度地保护原有的河流、湖泊、湿地、坑塘、沟渠等水生态敏感区，留有足够涵养水源、应对较大强度降雨的林地、草地、湖泊、湿地，维持城市开发前的自然水文特征。二是用生态的手段修复和恢复传统城市建设模式下，受到破坏的水体和其他自然环境。三是低影响开发，按照对城市生态环境影响最低的开发建设理念，合理控制开发强度，控制不透水面积比例，根据需要适当开挖河湖沟渠、增加水域面积，最大限度地减少对城市原有水生态环境的破坏，并结合建筑小区、绿地公园、道路、水系等每一个建设项目建设"渗、蓄、滞、净、用、排"设施。

通过海绵城市建设，可以逐一梳理问题，多目标进行集成，统筹自然降水、地表水和地下水的系统性，协调给水、排水、水循环利用等各环节，并考虑其复杂性与长期性、水量与水质、成本与效益、维护管理等因素，统筹解决城市的水安全、水环境、水资源和水生态等多重问题[17]，这是即往的快排模式不可替代和比拟的。

通过海绵城市的系统建设，可以整合"源头减排、过程控制、末端治理"的相关工作，统筹形成低影响开发源头径流控制系统、城市排水管渠和设施系统、排涝除险系统，并与防洪防潮系统相结合，形成完善的基础设施体系，实现缓解城市内涝、削减径流污染负荷、提高雨水资源化水平、改善城市景观等多重目标，最终构建起可持续、健康的水生态系统（图1-9、图1-10）。

图1-9　健康生态水环境一：伦敦湿地公园

图1-10　健康生态水环境二：东京新宿御苑

1.2　认识海绵城市

1.2.1　"海绵"的理论基础

海绵城市理念得到了社会广泛的认可，成为我国城市规划建设的热点内容，但是目前我国海绵城市建设注重单项技术实践，对其理论层面的探讨和研究还比较少，海绵城市的理论框架也不够成熟和完善，因此分析总结其理论基础对于深化海绵城市建设是十分必要的。

1. 水循环、水生态理论

海绵城市建设是建立在水文学、生态学等基础学科及水资源管理、给水排水、景观生态、环境工程等应用学科基础上的新理念，核心任务是统筹解决当前城市建设和发展过程中所面临的水问题。水文学中的水循环和生态学中的水生态是海绵城市体系中最基本的两个理论基础[18]。

自然界中的水循环，是指水的不同物理形态在太阳辐射和自身重力驱动下，通过蒸发、水汽输送、凝结降雨、下渗、地表以及地下径流等过程而进行的循环往复的运动和转化，各种水体处于不断更新的状态。水循环按照空间尺度的大小包括陆地海洋大气间的全球水循环、流域或区域水循环以及水—土壤—植物系统水循环等，定性、定量认识水循环的过程和机理是人类合理利用水资源的基础。

水生态系统是指由水生生物群落及其栖息环境共同组成的一种动态平衡系统，具有一定的组成特征和结构功能[18]，并与陆域生态系统、海洋生态系统等共同组成地球的大生态系统。从研究对象来看，水生态系统包括河流生态系统、湖泊生态系统、湿地生态系统等方面，从研究跨度上来看，水生态系统包括流域水生态系统、城市水生态系统等。水生态系统的功能保障，是实现生态系统平衡、功能完整的必要手段。

城市化带来的硬质化铺装比例高、湖泊湿地被侵占、河湖原生态受损、水体污染物增加等一系列变化，引起城市水文循环和水生态变化，最终导致洪涝频发、面源污染加剧[19]、水体黑臭、生态退化等城市水问题。在这样的大背景下，人们将水文学和生态学结合城市实际需要，发展出城市水文学和城市水生态学。城市水文学重点研究城市水文气象、径流管理、排水、城市水资源管理和水污染控制等内容，城市水生态学重点研究水生态规划、水环境治理、水生态修复、水景观建设等内容，并发展出"城市水文—水生态学"雨水管理的综合研究，如美国的低影响开发（Low Impact Development，LID）、英国的可持续城市排水系统（Sustainable Urban Drainage System，SUDS）、澳大利亚的水敏感性城市设计（Water Sensitive Urban Design，WSUD）等。我国历史上也有众多融合了先进雨水管理理念的案例，如江西赣州的"福寿沟"、云南元阳的"哈尼梯田"、新疆的"坎儿井"等，但近现代以来对雨水管理的理论和技术研究集中于管渠等工程层面，与国外有较大差距，随着城市发展水平的提高，我国逐步加重低碳、生态等品质的提升，在此背景下，海绵城市理念应运而生，其理论产生过程中充分借鉴学习了美国、英国、澳大利亚等发达国家的雨水管理理念，特别是美国的低影响开发（LID）。这些理念其核心思想和未来城市水系统发展的目标都是一致的，在管理措施、综合管理、雨水利用、规划设计等方面各具特点且相互联系和渗透，这里我们仅将其各自体系的主要内容和特点进行简单的介绍。

2. 国外代表性雨洪管理体系

（1）美国：用绿色、源头的措施补充灰色、大型排水系统的不足

最佳管理措施（Best Management Practices，BMPs）、低影响开发（LID）和绿色基础设施（Green Infrastructure，GI）是美国从 20 世纪 70 年代以来陆续提出的与雨洪管理有关的技术或空间措施。

1）最佳管理措施（BMPs）

最佳管理措施（BMPs）是美国在 1977 年《清洁水法案》中首次提出的，主要针对面源废水处理和工业排放有毒污染物的控制。1987 年的《清洁水法案》修正案进一步提出针对雨水系统的最佳管理措施（BMPs）以控制雨水径流和污水溢流污染。美国EPA 对最佳管理措施（BMPs）的定义是："任何能够减少或预防水资源污染的方法、措施或操作程序，包括工程、非工程措施的操作与维护程序"，并将其定位为"特定条件下用作控制雨水径流量和改善雨水径流水质的技术、措施或工程设施的最有效方式"[20]。最佳管理措施（BMPs）分为工程性措施和非工程性措施。工程性措施以径流过程控制为核心，包括植被控制、滞留池控制、渗滤系统等；非工程性措施包括法律法规和教育等方法。

20 世纪 90 年代以前最佳管理措施（BMPs）的工程主要为雨水塘、雨水湿地、渗透

池等非点源污染的末端控制措施，被广泛使用于城市非点源污染及与城市排水系统相关的污染，如合流制管网溢流和分流制管网溢流的管理，但是存在投入大、效率低等问题[21]，后来其内涵和措施逐渐发展补充，成为控制雨水径流量、水质和生态可持续性的综合性措施。

2）低影响开发（LID）

在最佳管理措施（BMPs）理论和技术的基础上，20世纪90年代美国马里兰州的乔治王子郡等地创新性地提出低影响开发（LID）理念，强调利用小型、分散的源头生态技术措施来维持或恢复场地开发前的水文循环，更加经济、高效、稳定地解决雨水系统综合问题[21]。实践证明该体系中小型分散、低成本且具有景观生态功能的工程措施对于高频次、小降雨事件具有很好的雨水控制效果，有效弥补了灰色排水设施和末端控制措施的不足。低影响开发（LID）的具体目标为保护水质、减少径流量、削减洪峰、补充地下水、减小土地侵蚀等，主要通过植物群落和土壤覆盖物对雨水进行收集、引导、截流、渗透、过滤和净化，工程措施包括生物滞留池、雨水花园、透水铺装、渗井、绿色屋顶等[22]。

低影响开发（LID）还创造性地将雨水管理措施集成到场地规划设计中，强调在规划设计和实施阶段将场地的水文循环作为整体，系统地制定低影响开发（LID）方案，以保持场地自然的水文条件，因此美国和加拿大对低影响开发（LID）的定义为"一种土地规划和工程设计雨水径流综合管理的方法"。美国马里兰州《低影响开发设计手册》中将低影响开发（LID）规划分为5个步骤：①场地使用状况、面积、发展和保护框架的确定；②场地开发前后水文状况模型模拟分析；③制定低影响开发综合管理措施详细规划；④与水土流失控制策略结合；⑤进行公众宣教活动。目前低影响开发（LID）理念已经融入美国国家和各州的雨水管理法规和规划的制定过程，更逐渐发展成为一种城市土地保护和发展的战略。

3）绿色基础设施（GI）

绿色基础设施（GI）理念的雏形源于150多年前美国自然规划与保护运动中倡导的理念，1999年美国保护基金会首次正式提出绿色基础设施（GI）的定义：由水道、湿地、森林、野生动物栖息地、其他自然区域，绿道、公园和其他保护区域，农场、牧场和森林等，以及荒野和开敞空间所组成的相互连接的网络[23]。绿色基础设施（GI）理念将城市绿色空间提升为一个系统，并同时包含区域尺度、城市尺度和邻里尺度三种类型的技术措施。

绿色基础设施（GI）和低影响开发（LID）的提出几乎在同一时期，一样都注重场地的生态效益、都按照生态路径进行设计，但是在应用尺度、发展路径等方面存在显著不同：与低影响开发（LID）的小尺度、分散性措施相比，绿色基础设施（GI）还包含一些更大规模的设施（景观水体、绿色廊道等），注重从系统的角度入手进行更大区域的整体生态和土地规划，进而再细化到场地尺度的策略；绿色基础设施（GI）技术措施也更注重自然水环境、生态系统的修复和保护等综合目标的实现，而低影响开发（LID）措施对雨水管理的针对性更强。

近年来，在美国，绿色基础设施（GI）或者绿色雨水基础设施（Green Stormwater

Infrastructure，GSI）逐渐取代低影响开发（LID）更多地出现于城市雨水综合管理中，纽约、费城、芝加哥、西雅图等城市都将绿色基础设施（GI）作为改善城市水质、控制合流制溢流的重要手段并开展了长期的规划建设。

（2）欧洲：以流域为核心，集成多种措施开展协同治理

最佳管理措施（BMPs）、低影响开发（LID）和绿色基础设施（GI）等雨洪管理体系的实践都具有显著的环境、经济和社会效益，不过对于末端、源头控制和生态设施等各有侧重，并不能完全满足城市水系统管理的所有目标，英国可持续排水系统（SUDS）、欧盟水指令框架（EU Water Framework Directive，EUWFD）等理念则更为强调水系统综合管理目标实现或流域综合治理，技术上也注重多种措施的集成。

1）英国：可持续城市排水系统（SUDS）

1999年英国在最佳管理措施（BMPs）理念的基础上将可持续发展理念纳入排水体制系统中，建立了可持续城市排水系统（SUDS），目前在多个欧洲国家和地区如英格兰、苏格兰和瑞典等被广泛应用。

可持续城市排水系统（SUDS）是一个多层次、全过程的体系，将传统的以"排放"为核心的排水系统上升到维持良性水循环高度的可持续排水系统，在设计时综合考虑径流的水质、水量、景观潜力和生态价值、社会经济因素等，目标是实现整个区域水系统的优化和可持续发展。"管理链"是设计可持续城市排水系统（SUDS）的最基本的概念，即运用预防控制、源头控制、场地控制、区域控制等四个层面的一系列技术综合管理各种地表水体，实现分级削减和控制（图1-11）。

可持续城市排水系统（SUDS）设计也强调与城市规划体系的结合，注重多学科的共同参与。其技术措施与最佳管理措施（BMPs）和低影响开发（LID）类似，包括源头控制、中途控制和末端控制的工程和非工程措施。与传统的城市排水系统相比，可持续排水系统（SUDS）具有以下特点：①科学管理径流流量，减少城市化带来的洪涝问题；②提高径流水质、保护水环境；③排水系统与环境格局协调并符合当地社区的需求；④在城市水道中为野生生物提供栖息地；⑤鼓励雨水的入渗、补充地下水等[24]。

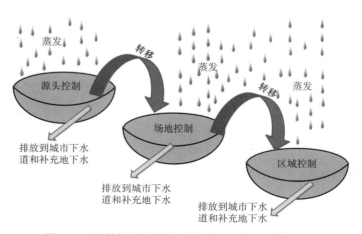

图1-11　可持续城市排水系统（SUDS）雨水管理链

2）欧盟水框架指令（EUWFD）

2000 年欧盟颁布了《欧盟水框架指令》，其目的是倡导在整个欧洲实施综合流域管理，将河流、湖泊、地下水和沿海的水生态系统视为整体而非根据行政范围来进行管理和保护。该指令要求所有欧盟成员国必须使本国的水资源管理体系符合该指令的要求并共同参与流域管理，同时提供了可以参考的理论和技术框架。

"综合管理"是欧盟水框架指令（EUWFD）的核心特色，除了综合流域管理外，还表现在水环境的全方位综合管理，指令中明确了对于水质、水量和淡水生态系统的一体化管理，其战略目标涵盖了水资源（含饮用水、地下水等）利用、水资源保护（含城市污水处理、重大事故处理、环境影响评价、污染防治等）、防洪抗旱、水文条件的恢复、栖息地保护和生物群落多样性的恢复等，涉及了欧洲范围内所有的水域类型和水环境保护的各个方面。欧盟水框架指令（EUWFD）同时也具有很强的操作性，除了规定总目标，也提出了成员国必须实现的具体指标性目标；指令内容包括水体特征鉴定、经济分析、水体状况分类及监测、流域管理规划、主要污染物清单等 26 个条文和 11 个附件，并明确了实现目标的步骤和时间表[25]。

（3）亚洲：治水和雨水综合利用充分融合，形成国民水安全战略

日本和新加坡的雨洪管理在亚洲处于领先水平，雨水综合利用在两国都得到了广泛有效的实施，分别作为流域治水对策和集水区计划的内容以解决雨洪问题和淡水危机，保障国家水安全。

1）日本：综合治水对策

日本的雨洪管理体系为综合治水对策，形成于 1976 年鹤见川流域台风洪涝灾害之后。其核心思想是从流域的整体层面采取综合性治理对策，以恢复流域固有的蓄水、滞水能力，抑制城镇化对径流系数的影响，改变了仅仅整治河道，恢复扩大其行洪能力的单一思路[26]。该体系的措施主要分为河川对策、流域对策以及软性减轻灾害对策三部分，具体包括土地利用规划、河道整治、流域渗滞蓄排措施、防灾预警教育和法律法规政策制度等多方面的措施。另外日本综合治水对策体系中确立了雨水对策的分担概念，类似于海绵城市建设中灰绿结合的微排水系统、小排水系统和大排水系统概念，利用自然生态和人工的不同设施分别分担不同流量的雨水，如图 1-12 所示。

综合治水对策中比较成功的是雨水贮留渗透计划，除了作为流域对策以减少径流、涵养地下水、恢复河流、改善生态环境以外，还促进了雨水综

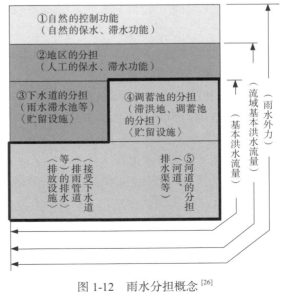

图 1-12　雨水分担概念[26]

合利用（包括集水、贮留、处理、给水等）的发展。该计划广泛实施并逐渐走向法制化：1992 年日本将雨水渗沟、渗透塘和透水地面等列为"第二代城市总体规划"的内容，要求新建和改建的大型公共建筑群必须设置雨水下渗设施；2003 年，《特定都市河川浸水被害对策法》规定"在住宅地以外的土地进行 1000m² 以上的可能妨碍雨水渗透的项目时，必须取得许可（要采取使雨水径流减少的措施）"。

2）新加坡：集水区计划和 ABC 水计划

新加坡因为淡水资源极其匮乏，政府制定了独具岛国特色的集水区计划，境内 2/3 的国土面积被划定为三类集水区：自然保护区（土地专门用来收集雨水）、河道蓄水池（利用河道出口和海滨堤坝修建）和城市骤雨收集系统（楼顶收集雨水的蓄水池通过管道与水库相连），形成了包括 17 座蓄水池、32 条人工河流、8000km 长的水道与排水管的通达的"海绵体"水道网络，有机地结合了供水需求和雨洪管理。

2006 年新加坡公共事务局提出"ABC 水计划"（"ABC"代表 Active、Beautiful 和 Clean，即活力、美丽和洁净，象征水系统管理的最终目的），其核心是倡导通过尽可能自然的手段来处理和管理雨水径流和地表水体，使其满足集水和排水功能目标的同时，生物多样性和美学价值最大化，成为充满活力、能够增强社会凝聚力的崭新城市休闲娱乐空间。该计划第一层次是通过清淤疏浚、美化河道两岸环境、配套建立休闲娱乐设施等使水道网络系统成为居民的亲水乐园，第二层次是将雨水花园、生态净化槽、人工湿地等净水元素充分融入建设设计。新加坡政府 2006 年颁布城市集水区总体规划，2009 年制定"ABC 水计划设计导则"并将其融入集水区的土地规划建设中，远期规划到 2060 年将集水区增加到国土面积的 90%。

（4）澳洲：将水系统的优化管理作为城市规划设计的基本原则

低影响开发（LID）、绿色基础设施（GI）、综合治水对策、可持续排水系统（SUDS）等不同的雨洪管理理念都在土地规划阶段有所体现，澳大利亚的水敏性城市设计（WSUD）和新西兰的低影响城市设计与开发（Low Impact Urban Design and Development，LIUDD）更将城市对水系统的优化管理策略提升到了城市规划设计的基本要素，强调通过城市开发初始阶段的整体规划和设计体系来减少对水系统的负面影响、以顶层策略指导城市的可持续发展，反映了人们在传统城市开发思路上的根本性改进。

1）澳大利亚：水敏感性城市设计（WSUD）

水敏感性城市设计（WSUD）是 1994 年由学者理维蓝和哈而佩恩·G·曼塞尔首次提出的[28]。水敏感性城市设计（WSUD）联合指导委员会对水敏感性城市设计（WSUD）的定义是：结合了城市水循环（供水、污水、雨水、地下水管理）、城市规划设计和环境保护的综合性设计。其核心内容是围绕城市水系统的可持续性来科学规划城市设计，倡导将水文设计与城市规划相结合，在城市开发设计和建设过程中保持场地的自然特征；并将城市水循环作为一个整体进行综合管理，将雨水、供水、河道、污水处理和水的再循环视为水循环中相互联系、相互影响的环节，加以统筹考虑[24]。

传统的城市设计主要注重城市中各种城市设计要素的组合，是土地使用体系、城市公共空间体系、城市交通体系和城市景观体系的系统综合。虽然也有学者提出应当加入包括自然山体、自然水体等的自然资源，但并不作为城市设计工作的主要侧重点。水敏感性城市设计（WSUD）是从解决城市水问题的角度出发，在不同规模的实践工程上将城市设计与水循环设施有机结合并达到最优化，以实现可持续城市化。

水敏感性城市设计（WSUD）的关键原则包括：①保护现有的自然特征和生态环境；②维持集水区的自然水文条件；③保护地表和地下水水质；④降低供水和雨水管网系统的负荷；⑤减少排放到自然环境中的污水量；⑥将雨水、污水的收集、净化、利用与景观相结合来提高美学、社会、文化和生态的价值[22]。

2）新西兰：低影响城市设计与开发（LIUDD）

2003年，新西兰政府在借鉴美国最佳管理措施（BMPs）、低影响开发（LID）和澳大利亚水敏性城市设计（WSUD）理念并结合本国法律及规划的基础上，在全国推广低影响城市设计与开发（LIUDD）体系。从城市设计的角度，低影响城市设计与开发（LIUDD）强调利用以自然系统和低影响为特征的规划、开发和设计方法来避免和尽量减少环境损害，通过一整套水系综合管理方法来促进城市发展的可持续性、保护水生和陆生生态的完整性。与水敏性城市设计（WSUD）类似，低影响城市设计与开发（LIUDD）也强调对三水（供水、废水和雨水）的综合管理。低影响城市设计与开发（LIUDD）的核心方法是利用综合流域管理（Integrated Catchment Management，简称ICM）方法，通过对汇水区范围上综合的土地利用和用水方案进行设计，以避免传统的城市化过程中带来的种种不利效应。LIUDD=LID+CSD+ICM（+SB）。其中，CSD=保护细分（Conservation Sub-Divisions），SB=可持续建筑/绿色建筑（Sustainable Building/Green Architecture）。低影响城市设计与开发（LIUDD）也强调将城市水循环本地化，倡导雨水就地收集利用以减少对下游的影响[29]。

低影响城市设计与开发（LIUDD）的主要原则分为三个层次，上一层的原则融入贯穿到下一层所有原则中（图1-13）。首要原则是寻求共识：人类的活动要尊重自然，尽量减少负面

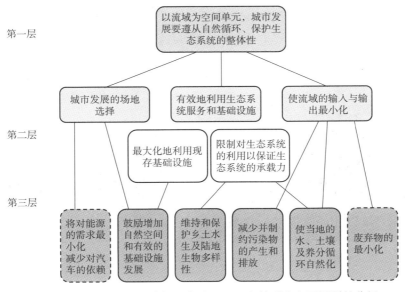

图1-13　低影响城市设计与开发（LIUDD）体系中主要原则的分级

效应和优化各类设施。第二层原则强调了城市发展选址的重要性，这一层原则对第三层原则贯彻应用的结果有决定性作用，此外还包括有效利用基础设施和设计生态设施、减小流域输入输出等次级原则。第三层原则主要包括利用小区域保护方法（分散式）来保持自然空间和提高基础设施的效率；利用"三水"的综合管理来减轻污染和保护生态，优化水和土壤的自然循环[30]。

我国的海绵城市建设在充分借鉴和吸收不同的雨洪管理体系的技术和理念基础上发展而来，在初期以低影响开发雨水系统构建为主要内容，到目前已逐渐发展成为一种以系统综合治理城市水环境、构建生态可持续水系统为主要目标的新型城市发展理念。

1.2.2 "海绵"的核心思想

1. 人与自然关系的反思和重塑

海绵城市首先是一种理念，对它的理解应从再认识人和水、人和自然、人和生态的关系，从重新审视我们的价值观开始。水是自然生态系统的一部分，它与空气、土地、生物都有着密不可分的联系，从某种意义上来说，它不仅是一种物质，整个自然界中不同形态的水和它们的流动过程组成了一个完整的体系，并与其他生态元素之间相互关联，这个体系遵循的是地球生态系统的运作规律，也提供了面向整个生态系统的服务与价值。因此，无论在哪个层面，孤立地研究水系统中的一个部分，而不顾及其流动性、整体性和循环过程，都是片面的。即便我们为了管理需要，人为地进行边界划分，也必须确保系统的指导思想和各部分之间的协调衔接。

水的价值是多元的。它是各类生命细胞中最主要的成分，这决定了最基础的资源价值；它的流动性在生态系统中形成交换作用，从而起到了对废弃物的净化作用；它是重要的气象要素，通过降水、湿度、热交换等形式对环境起到调节作用；它具有多样的形态和对自然、对生命的象征意义，因此也是景观和文化的重要组成部分。充分认识到水的多元价值，才会认识到，面对防洪问题时一味拦截和快排，视洪水如猛兽，面对缺水问题时又首选建设远距离的输引工程，扰乱更大范围的自然生态，其实都是片面的做法。在遵循水的客观规律的前提下，以综合的手段解决问题、发挥综合价值，是我们应追求的目标（图1-14、图1-15）。

图1-14 纽约中央公园
图片来源：http://download.pchome.net/wallpaper/
/info-10313-9-1.html

图1-15 美国Embrey坝爆破拆除
图片来源：人民网 http://h6.people.com.cn/
GB/194094/209633/index.html

城市和人类的命运是与水紧密相关的。古人在邻近水源的地方建设城池，又因为水源干涸或洪水泛滥而另辟新址的例子比比皆是。而现代的城市中，既不可能因为水问题而选择背井离乡，也不可能自大地认为工程技术能对抗一切自然规律而为所欲为。城市和水的相处之道更像一个哲学命题，应适度的进退、合理地利用，而这个"度"与"理"是什么？以往的做法有哪些可取之处，又存在哪些弊端？应该采用什么方式去纠正错误，回归正确的方向？应该如何尊重自然、师法自然、利用自然？这些都是今天我们要通过海绵城市建设去探索、实践和总结的。水问题是城市问题的缩影，城市与水的关系也即是人与自然的关系，对治水模式的反思意味着城市建设模式正在重塑，向着更生态、更绿色、更可持续的方向迈进。

2. 尊重与利用本地的自然特性

海绵城市建设的首要途径不是"建设"，而是"保护"。首先要对城市原有生态系统中"自然海绵体"进行最大限度的保护，将原有的河流、湖泊、湿地、坑塘、沟渠等水生态敏感区进行保留，利用森林、草地、湿地涵养水源，调节雨洪，维持城市开发建设前的天然水文特征。

对本地自然特性的尊重首先体现在城市的空间规划上。作为一个复杂的巨型系统而不是单一目标的简单问题，当前学界的共识是，城市规划的决策不是一个理性寻求最优解的过程[31, 32]，而是通过演进的有限比较来找到答案。在这个决策过程中，体现城市规划的科学性、前瞻性和与自然生态系统的协调性、适应性的关键内容之一，便是建立一个以保障生态系统的完整、安全和健康为出发点的空间框架，一方面限制城市开发建设的边界，将决定天然水文特征的核心地区和敏感地区进行严格保护，确保宏观的生态基底不受到城市建设的侵蚀和破坏，另一方面这个框架应纳入面状、线状和块状的保护对象，形成互相联通、互相作用的完整安全格局。如图 1-16、图 1-17 所示，波特兰的城市空间增长边界、深圳的基本生态控制线等，都为城市开发建设划定了明确的界限，是对生态系统最直接的保护。

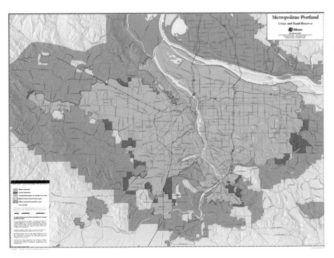

图 1-16　波特兰城市空间增长边界

图片来源：波特兰政府网站 http://www.oregonmetro.gov/

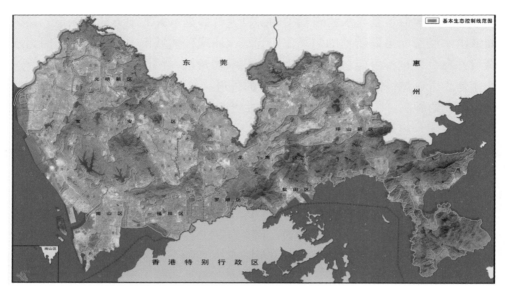

图 1-17　深圳的生态控制线（2013 年版）[33]

　　对本地自然特性的尊重还体现在措施与手段的本地化上。自然界中的水是随着地形、水体的分布而自然流动的，因此保护水文循环应该减少人为干预和远距离转移矛盾。与此同时，所有的海绵城市规划设计手段都应从本地的实际条件出发，符合本地降雨、地形、水文、土壤、建成度和经济发展阶段等特征，以顺应自然资源条件、应对灾害和问题为导向，形成各具特色的海绵模式。在这方面，古人的治水模式可以给我们很多启示。以黄河流域为例，历史上的黄河流域是水患多发的地带，是洪、涝、沙多种灾害的综合体，黄河的治理历史凝聚了中华民族的智慧，如按不同的位置和功能修建遥堤、缕堤、月堤等不同的堤防形式，组合配套使用，综合发挥防洪、蓄洪、灌溉等功能；在下游开辟蓄滞洪区，以弃地滞洪的方式消除水患；在滨海地区采用闸坝和渠道，在挡潮蓄淡的同时引水灌田；还利用含沙量高的水源对盐碱地进行淤灌，改善农田肥力[18, 34, 35]（图 1-18）。这种因势利导、因地制宜的思维模式是值得当前的海绵城市建设借鉴的，如西咸新区沣西新城在城市开发建设之初就在中心较低洼的位置预留了一条雨洪滞蓄廊道，就是对本地特性的充分尊重（图 1-19）。

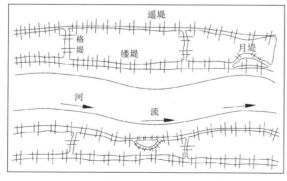

图 1-18　黄河堤坝体系示意图[36]

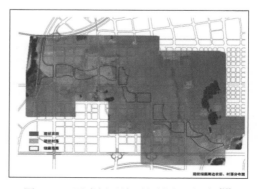

图 1-19　西咸新区沣西新城中心绿廊[37]

3. 修复城市生态系统服务功能

城市生态系统的服务功能是多维度的，和雨洪有关的生态系统服务功能包括：生态防洪、水质净化、水源涵养、微气候调节、栖息地保育、景观价值等。传统的建设模式过于粗暴简单，对生态系统的服务功能产生了极大的破坏，如河道防洪仅仅依靠加高堤防去阻挡洪水，或者追求最快的排放速度而将河道进行"三面光"铺砌，将灌草、芦苇等水生植物认作"阻水物体"清除。这种单一的价值取向忽视了水作为生态系统中主导因子的价值，人为地将其与土地、生物分离，导致地下水得不到补充，河道的自净能力丧失，生物栖息地退化，甚至使河流成为容纳和传输污水的渠道。纵观我国各地城市，这种破坏和损害相当多见，需要进行全方位的修正，因此，海绵城市建设需要在充分保护自然海绵的基础上，采用生态的手段对受到人类干扰甚至破坏的水系、湿地和其他自然环境进行修复和恢复。

具体的修复方式是多样的，如：拆除硬化岸线、建设生态驳岸、恢复洪水过程、联通水系、疏浚水体、补植群落、引入乡土物种、投放微生物、生态补水等，其核心的原理是消除人类的过度干扰，重构生态系统，促进其组分的完整性和结构的稳定性，从而增强自然演替机制，最终回归生态系统的天然价值。

图 1-20 给出了生态修复前后的深圳福田河对比。

（a）　　　　　　　　　　　　　　　（b）

图 1-20　生态修复前后的深圳福田河 [38]

（a）修复前；（b）修复后

4. 通过"积极干预"手段增强韧性

城市本身并非万恶之源，不合适的建设模式和过量的制造消费观才是地球最大的负担，因此海绵城市理念中所说的"回归"，是指一种理性范围内的回归，而非彻底摒弃现代化的生产生活方式。

《国务院办公厅关于推进海绵城市建设的指导意见》（国办发〔2015〕75号）中指出，海绵城市是指通过加强城市规划建设管理，充分发挥建筑、道路和绿地、水系等生态系统对雨水的吸纳、蓄渗和缓释作用，有效控制雨水径流，实现自然积存、自然渗透、自然净化的城市发展方式。从这个定义我们看到，海绵城市是在面对人与自然的矛盾的时候，采用"积极干预"而非"消极回避"的态度，在确保城镇化进程和现代化水平，保持城市多样功能的同时，按照对城市生态环境影响最低的开发建设理念，将开发强度和扰动强度控制在可接受的范围内，控制不透水面积比例，根据需要适当开挖河湖沟渠、增加水域面积，建设源头、微型、分散的生态基础设施，再现自然的水文过程，最大限度地减少对城市原有水生态环境的破坏。

海绵城市并非以全新的系统取代传统的排水系统，而是对传统排水系统的一种"减负"和补充，最大程度地发挥自然本身的作用。这种作用的发挥需要依赖在城市建设过程中保护自然海绵体，并与建设项目同步建设和维护"人工海绵体"：结合建筑小区、绿地公园、道路、水系等建设"渗、蓄、滞、净、用、排"设施，这些工作所带来的效益除了恢复水系统本身的健康之外，还建立了一定程度上的自我维持、自我修复的机制，增强了其应对灾害和风险的抵抗能力，增强了城市的弹性和韧性。

1.2.3 "海绵"的技术手段

工程化的"海绵"技术手段按主要功能一般可分为渗透、储存、调节、转输、截污净化等几类。通过各类技术的组合应用，可实现径流总量控制、径流峰值控制、径流污染控制、雨水资源化利用等目标。实践中，应结合不同区域水文地质、水资源等特点及技术经济分析，按照因地制宜和经济高效的原则选择"海绵"技术及其组合系统。

各类"海绵"技术又包含若干不同形式的低影响开发设施，主要有绿色屋顶、透水铺装、下沉式绿地、雨水花园、生物滞留带、生态树池、雨水湿地、蓄水池、植草沟、自然排水设施、生态河道等。

1. 绿色屋顶

绿色屋顶也称种植屋面、屋顶绿化等，根据种植基质深度和景观复杂程度，绿色屋顶又分为简单式和花园式，基质深度根据植物需求及屋顶荷载确定，简单式绿色屋顶的基质深度一般不大于 150mm，花园式绿色屋顶在种植乔木时基质深度可超过 600mm。

绿色屋顶适用于符合屋顶荷载、防水等条件的平屋顶建筑和坡度 ≤ 15° 的坡屋顶建筑。如图 1-21、图 1-22 所示。

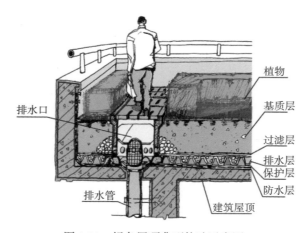

图 1-21　绿色屋顶典型构造示意图

图 1-22　绿色屋顶实景图

（a）德国 Feising 慕尼黑工大宿舍绿色屋顶；（b）香港大学绿色屋顶；（c）美国纽约高线公园；（d）旧金山科学馆绿色屋顶

2. 透水铺装

透水铺装按照面层材料不同可分为透水砖铺装、透水水泥混凝土铺装和透水沥青混凝土铺装，嵌草砖、园林铺装中的鹅卵石、碎石铺装等也属于渗透铺装。透水砖铺装和透水水泥混凝土铺装主要适用于广场、停车场、人行道以及车流量和荷载较小的道路，如建筑与小区道路、市政道路的非机动车道等，透水沥青混凝土路面还可用于机动车道（图 1-23、图 1-24）。此外，透水铺装应同步建设透水基础。

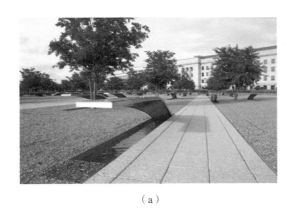

（a）

（b）

（c） （d）

图 1-23 透水铺装实景图 1

（a）美国五角大楼 911 纪念广场铺装；（b）东京新宿御苑透水铺装；（c）美国凤凰城步行道透水铺装；（d）美国凤凰城梅萨中心透水铺装

（a） （b）

（c） （d）

图 1-24 透水铺装实景图 2

（a）美国旧金山鲍威尔街 Parklet 透水铺装；（b）德国透水铺装；（c）四川遂宁透水砖；（d）衢州鹿鸣公园透水铺装

3. 下沉式绿地

下沉式绿地具有狭义和广义之分，狭义的下沉式绿地指低于周边铺砌地面或道路在

200mm 以内的绿地；广义的下沉式绿地泛指具有一定的调蓄容积（在以径流总量控制为目标进行目标分解或设计计算时，不包括调节容积），且可用于调蓄和净化径流雨水的绿地。

下沉式绿地可广泛应用于城市建筑与小区、道路、绿地和广场内。对于径流污染严重、设施底部渗透面距离季节性最高地下水位或岩石层小于 1m 及距离建筑物基础小于 3m（水平距离）的区域，应采取必要的措施防止次生灾害的发生，如图 1-25 所示。

（a）

（b）

（c）

图 1-25　下沉式绿地实景图

（a）荷兰海牙某居住区前下沉式绿地；（b）芝加哥某建筑下沉式绿地；

（c）德国柏林 -Hufeisensiedlung 马蹄形住宅区下沉式绿地

4. 雨水花园

雨水花园指在地势较低的区域，通过植物、土壤和微生物系统蓄渗、净化径流雨水的具有一定空间的设施（图 1-26、图 1-27）。雨水花园主要适建于建筑与小区内建筑、道路及停车场的周边绿地，以及城市道路绿化带等城市绿地内[39]。对于径流污染严重、设施底部渗透面距离季节性最高地下水位或岩石层小于 1m 及距离建筑物基础小于 3m（水平距离）的区域，可采用底部防渗的复杂型生物滞留设施。

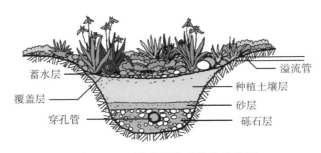

图 1-26　雨水花园典型构造示意图

（a） （b）

图 1-27　雨水花园实景图

（a）波特兰 Tanner Springs 公园；（b）清华大学胜因院雨水花园

5. 生物滞留带

生物滞留带主要适建于建筑与小区内建筑、道路及停车场的周边绿地，以及城市道路绿化带等城市绿地内（图 1-28）。设施形式多样、适用区域广、易与景观结合，径流控制效果好，建设费用与维护费用较低[40]。生物滞留带能够有效削减城市面源污染，相关研究结果表明，生物滞留带对雨水径流中的总悬浮物（TSS）、重金属、油脂类及致病菌等污染物有较好的祛除效果，而对氮、磷等营养物质的去除效果不稳定[41，42]。

6. 生态树池

生态树池属于小型的生物滞留设施，利用树池的小型空间实现对周边径流的蓄积、渗透和净化，具有占地面积小、应用灵活等优点，可分散设置，适用于用地较紧张的场地，如城市道路分隔带、人行步道、停车场，以及公园、广场等，是国内外广泛采用的一种低影响开发设施（图 1-29）。生态树池也可以和道路雨水口等联合设计，提高传统道路雨水口的截污净化效果。

7. 雨水湿地

雨水湿地利用物理、水生植物及微生物等作用净化雨水，是一种高效的径流污染控制设施，生态湿地分为雨水表流湿地和雨水潜流湿地，一般设计成防渗型以便维持生态湿地植物所需要的水量，生态湿地常与湿塘合建并设计一定的调蓄容积（图 1-30）。

（a）

（b）

图 1-28 生物滞留带实景图

（a）澳大利亚黄金海岸 South Broadwater Parklands 生物滞留带；（b）美国西雅图居住区生物滞留带

（a）

（b）

（c）

图 1-29 生态树池实景图

（a）美国波特兰街道生态树池；（b）美国西雅图居住区生态树池；

（c）澳大利亚黄金海岸 South Broadwater Parklands 树池

图 1-30　雨水湿地实景图

（a）英国伦敦湿地公园；（b）深圳前海某处雨水调蓄湿地；（c）浙江金华燕尾洲湿地公园；

（d）衢州鹿鸣公园；（e）香港湿地公园；（f）广东湛江南国热带花园；（g）四川成都活水公园

8. 蓄水池

蓄水池指具有雨水储存功能的集蓄利用设施，同时也具有削减峰值流量的作用，主要包括钢筋混凝土蓄水池，砖、石砌筑蓄水池、塑料蓄水模块拼装式蓄水池或分散式多孔生态纤维棉模块等，用地紧张的城市大多采用地下封闭式蓄水池（图 1-31）。

蓄水池也适用于有雨水回用需求的建筑与小区、城市绿地等，根据雨水回用用途（绿化、道路喷洒及冲厕等）不同需配建相应的雨水净化设施；不适用于无雨水削峰、回用需求和径流污染严重的地区。

图 1-31　蓄水池实景图

（a）德国某高速公路旁蓄水池；（b）四川遂宁海绵蓄水池

9. 植草沟

植草沟指种有植被的地表沟渠，可收集、输送和排放径流雨水，并具有一定的雨水净化作用，可用于衔接其他各单项设施、城市雨水管渠系统和超标雨水径流排放系统（图1-32）。除转输型植草沟外，还包括渗透型的干式植草沟及常有水的湿式植草沟，可分别提高径流总量和径流污染控制效果。

植草沟适用于建筑与小区内道路，广场、停车场等不透水面的周边，城市道路及城市绿地等区域，也可作为生物滞留设施、湿塘等低影响开发设施的预处理设施。另外植草沟可与雨水管渠联合应用，场地竖向允许且不影响安全的情况下也可代替雨水管渠。

（a）

（b）

图1-32　植草沟实景图

（a）德国汉堡-Wilhelmsburg Inselpark植草沟；（b）西雅图某居住区植草沟

10. 自然排水设施

海绵城市建设中，常将传统单一功能的灰色排水设施建设方式进行改进，运用生态、景观等设计方法将排水设施的建设和地块空间设计或者绿色生态设施建设紧密结合，建设自然排水设施，如在阶梯和街道两侧边缘建设排水沟槽、坡道排水绿道或者设计旱溪景观等，从而将海绵城市的理念自然地融入建筑和景观的设计建设中（图1-33）。

图 1-33　城市自然排水设施实景图

（a）德国 Wolfsburg-Allerpark- 排水设施；（b）澳大利亚昆士兰大学排水渠；

（c）美国波特兰城市排水设施；（d）广东湛江南国花园旱溪；（e）新加坡排水渠

11. 生态河道

生态河道是指各个方面都处于一种平衡、和谐状态的河道生态系统，能够发挥生态、景观、旅游休闲等综合功能，并体现一定的水文化内涵（图 1-34）。生态河道的构建途径主要是根据不同河道的特点，有针对性地制定水质修复方案、生态护坡设计及河道景观设计方案等。其中水质修复技术主要有生态调水、曝气复氧、底泥疏浚、生物修复等；生态护坡包括单纯的植物护坡和植物工程复合护坡技术；河道景观设计包括河道平面断面设计、河岸设计以及河边附属设施设计等[43]。

图 1-34　生态河道实景图

（a）日本京都鸭川生态河道；（b）德国慕尼黑 Isar 河；

（c）美国伊利诺伊大学香槟分校生态河道；（d）新加坡碧山公园加冷河生态河道；（e）韩国首尔清溪川

1.2.4　"海绵"的中国特色

海绵城市是立足于我国水情特征和发展阶段提出的综合、系统的解决城市水问题的途径。因此，对海绵城市的认识必须基于我国特有的国情，充分认识到中国现阶段城市化进程中水问题的复杂性和严峻性、环境和社会发展的地域差异以及建设基础薄弱等情况给我国海绵城市建设带来的难度和挑战。

1. 水问题复杂且相互交织

2000 ~ 2010 年我国城镇建成区面积增加了 64.45%，城镇人口增加了 45.9%。2011年，我国的城镇化率首次超过 50%，按照国家新型城镇化目标，到 2020 年我国城镇化率将超过 60%。未来十年,城镇化仍将是中国城市建设的常态。但是由于城市开发强度过高，我国快速的城镇化建设过程带来了水资源紧缺、水环境污染、水生态恶化、水安全缺乏保障等一系列水问题，这些问题相互作用、彼此叠加，对我国城市发展造成了多重水危机。图 1-35 给出了深圳市逐年建设用地变化图（1990 ~ 2005 年）。

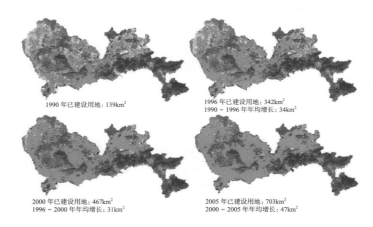

1990 年已建设用地：139km²

1996 年已建设用地：342km²
1990～1996 年年均增长：34km²

2000 年已建设用地：467km²
1996～2000 年年均增长：31km²

2005 年已建设用地：703km²
2000～2005 年年均增长：47km²

图 1-35　深圳城市逐年建设用地变化图（1990～2005 年）

（1）水资源紧缺。中国的水资源总量居世界第 6 位，但是人均水资源量只有 2200m³ 左右，约为世界平均水平的 28%[44]，是全球水资源最为稀缺的 13 个国家之一，每年因缺水而造成的经济损失达 100 多亿元。统计数据显示，全国 600 多个城市中有 400 多个供水不足，其中 110 多个城市严重缺水。在 32 个百万人口以上的特大城市中，有 30 个长期受缺水困扰；14 个沿海开放城市中有 9 个严重缺水[13]。预测到 2030 年，我国人口将达 16 亿峰值，人均水资源占有量将只有 1700 m³，接近世界公认的"缺水警戒线"。全国地表水和地下水过度开发现象严重：淮河、辽河水资源开发利用率超过 60%，海河超过 90%，远超国际水生态警戒线；全国 21 个省（区、市）地下水超采总面积近 30 万 km²，年均超采近 170 亿 m³[45]，地下水超采造成地面沉降、地下水污染等问题。

（2）水环境污染。《2015 年中国环境状况公报》数据显示全国七大流域和浙闽片河流、西北诸河、西南诸河的 700 个地表水国控断面中，27.9% 水质为Ⅲ类以下；近 1/10 为劣Ⅴ类，集中在海河、淮河、辽河和黄河流域[46]。其中淮河流域水质 10 年前大约 60% 为劣Ⅴ类，并且污染涉及地下水，2013 年研究人员对淮河流域 30 年的水质监测数据和当地人死亡原因统计数据的空间分析结果表明新出现的几种消化道癌症高发区与水污染严重区高度一致[47]。2015 年我国 52% 的地下水水质较差或极差，13.4% 的地下水源地水质不达标。湖泊水质污染也相当严重，重点湖泊中 31% 的水质为Ⅳ类以下、24.6% 呈富营养状态[46]。

2007 年由于水体富营养化，太湖爆发了严重的蓝藻污染事件，造成无锡全城自来水受到污染，龙头水中充满藻类厌氧分解产物的异味以及藻类的绿色沉淀，让无锡人"谈水色变"（图 1-36）。黑臭水体是水质有机污染的一种极端现象，近年来我国由于雨污合流和面源污染等带来的有机污染以及河湖水体原有生态系统的破坏导致的黑臭水体问题日益突出，据统计目前全国约 40% 的城市河道存在黑臭现象，2015 年在城市黑臭水体整治监管平台中，各地排查确认近 2000 条城市黑臭水体，反映出我国水质污染现状的严峻形势。

（3）水生态恶化。城市土地开发建设、水资源的过度开发和水环境的严重污染等造成了我国海洋河湖湿地等水生态系统生态功能的极大破坏。2013 年全国水利普查公报显示，全国流域面积 100km² 以上的河流有 22909 条，比 20 世纪 90 年代统计数据少 2 万多条，

图 1-36　无锡自来水厂太湖取水口蓝藻清理
图片来源：yale environment 360

除去统计方法差异，气候变化、社会经济发展是河流萎缩消失的主要因素；全国水土流失面积 294.91 万 km²，占国土总面积的 30.72%[48]。1950～2014 年，我国海岸带湿地面积共损失 800 万公顷，损失率为 58.0%[49]；国家林业局调查数据显示我国内陆湿地面积 10 年间减少了近 340 万公顷，其中湿地面积减少最多的地区为长江中下游和东北三江平原[50]。湿地退化造成水生生物栖息地丧失、水源涵养和气候调节功能降低等问题。湖泊水面萎缩、水体干涸、调蓄功能丧失、生物多样性降低等问题亦十分突出。过去 50 年我国内陆天然湖泊共减少 1000 个左右；如武汉曾被称为"百湖之城"，20 世纪 50 年代城区湖泊有 127 个，目前仅存 38 个，使得城区雨洪调蓄能力大大降低[51]。

（4）洪涝灾害频发。近年来，我国城市雨洪灾害呈多发趋势。住房和城乡建设部数据显示，2008～2010 年我国 315 个被调查城市中有 62% 的城市都出现过不同程度的积水内涝，其中 57 个城市的最大积水时间超过 12 小时，50cm 以上的内涝占 75%，内涝一年超过 3 次以上的城市有 137 个，甚至扩大到干旱少雨的西安、沈阳等西部和北部城市。北京、上海、深圳、武汉等大城市频繁出现"城市海景"，同时造成了巨大的损失。北京市政府灾情通报数据显示，2012 年 7 月 21 日的特大暴雨导致北京市发生了 61 年来最强的洪涝灾害，共造成 79 人死亡、160 多万人受灾、116 亿元经济损失。2016 年 7 月长江中下游地区多日的强降雨导致武汉全城内涝、交通瘫痪，部分地区电力、通信中断（图 1-37）。

图 1-37　2016 年 7 月武汉城区内涝
图片来源（右图）：凤凰网 http://news.ifeng.com/a/20160706/49304231-0.shtml

2. 地域范围广阔，地区差异性大

我国地域辽阔，各地地理气候特征、水环境状况、城镇化和经济发展水平等差异较大，因此对于各地区海绵城市的建设不能生搬硬套，需要充分了解各地的差异性，在坚持国家标准和规范综合性、原则性、指导性的基础上因地制宜建设，这也是当前我国海绵城市建设的重点和难点之一。

我国境内气候区主要包括东部的温带季风气候、亚热带季风气候和热带季风气候等 3 个季风区以及西部的温带大陆性气候和高原高山气候等 2 个非季风区。东部季风气候区域，秦岭 - 淮河以南的亚热带与热带季风区域，降水充沛、水资源比较丰富，而以北的温带季风气候区域，降雨较少、水资源紧张。总体上我国有一半以上的国土面积处于干旱、半干旱以及季节性干旱地区，水资源空间分布极不均匀。统计显示，长江流域及其以南地区国土面积不到全国的 40%，然而其水资源量占全国的 80% 以上；北方人口占全国总人口的 2/5，但水资源占有量不足全国水资源总量的 1/5，全国人均水资源量低于 1000m³ 的 10 个省区中有 8 个北方省区且主要集中在华北[52]。

水环境污染状况在我国各地区各个发展阶段也有所差异。地下水污染表现为北方城市重于南方城市，主要分布在华北平原、松辽平原、江汉平原和长江三角洲等地区；并且污染类型有所不同，东北地区的重工业和油田开发区地下水石油类污染较为严重，而华北地区的地下水则硝酸盐、氰化物、铁锰等污染较为严重。另外根据环保部数据，目前全国地表水污染状况逐渐呈现"两头小、中间大"的橄榄形状态，水质特别差和特别好的水体均在减少，而且污染由工业污染为主转为生活和工业复合型面源问题愈加突出。近年来河流的国控断面达标率也显著提升，但城市建成区水体黑臭现象则日益严重。

在城镇化和经济发展水平方面，由于经济发展水平的差异导致不同地区城镇化水平存在明显差异。2014 年我国东、中、西部和东北地区的常住人口城镇化率分别为 63.64%、49.79%、47.37% 和 60.83%，东部地区高、中西部地区低分化明显。北京、上海等一线城市的城镇化率接近 90%，而许多三四线城市城镇化率还在 50% 以下。城镇化率和经济发展水平的差异也会带来海绵城市建设前期规划、经济调节、制度完善、公众参与等方面的不同。

3. 历史欠账多，基础薄弱

我国在快速城镇化过程中，由于人们对于城市生态环境保护不够重视，城市基础设施的工程建设存在长期的历史欠账，如污水处理设施建设滞后、雨水管网和防洪排涝体系规划和建设标准低、绿色基础设施建设用地被侵占等，与发达国家现代雨洪系统的建设和管理相比基础相对薄弱，给我国现阶段海绵城市建设带来一定难度。

根据我国 1845 个城市的统计，1980 年排放的废污水达 315 亿 m³，其中 90% 以上的污水不经任何处理直接排入受纳水体。到 2006 年，我国城市污水集中处理率仍仅为 56%，县城污水处理率只有 14%，2010 年城镇污水处理厂的数量为 2496 座，而目前污水管网相对于污水处理厂的建设仍相对滞后，仍有大量的生活生产污水直接排入水体[53]。而美国在 2008 年大约有 14780 个污水处理厂，113 万 ~ 128 万 km 的公共下水道主管道，

城镇污水处理早已全面普及[54]。

我国的大部分城市现状雨水管渠的覆盖率不足、设计重现期标准偏低。住房和城乡建设部 2010 年的一项针对城市内涝问题的专项调研中，中国 70% 以上的城市排水系统设计暴雨重现期小于 1 年，有些甚至是 0.5 或 0.3 年。以深圳为例，作为一个新兴城市，深圳的城市规划建设理念在全国相对超前，但其排水管渠的现状设计标准中小于 1 年一遇的情况仍比较常见，不满足设计标准的管网比例仍较高[55]，与美国日本等城镇一般 5 ~ 10 年一遇的标准差距还比较大。图 1-38 给出了深圳各流域现状排水管网排水能力评估。

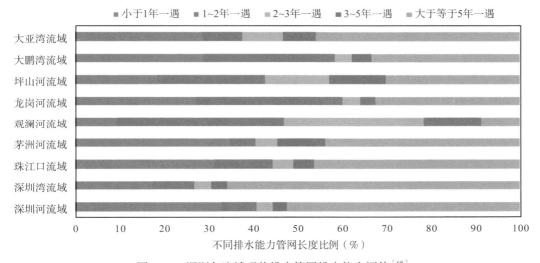

图 1-38 深圳各流域现状排水管网排水能力评估[68]

随着生活水平的提高，人们对城市绿色、蓝色等生态基础设施的需求也越来越高，然而与其他用地相比，绿地、水面等很难为土地开发商等带来直接的经济收入，我国长期的城市建设中往往牺牲绿地、水面来发展其他用地，使得城市边界无限蔓延，森林、农业用地、水系空间、城郊等向城市用地快速转变[56]。

与发达国家相比，我国城市水系统的多重危机在近二三十年快速城市化过程中集中出现，甚至很多地区在经济发展水平还比较落后的情况下，水环境、水生态的破坏规模和程度已相当严重，海绵城市是我国在这个特殊的发展阶段所亟需的一种系统性、综合性的解决方案，其建设的任务重点不只是雨水管理，而是整个城市水系统的更新、水生态的保护。在海绵城市建设提出以前，深圳等城市已开展了低影响开发等相关建设的探索实践[57 ~ 59]，随着海绵城市建设试点工作的开展，海绵城市建设逐步从理念走向实践，各地先后开展海绵城市规划建设工作，在这个过程中，我们需要辩证地理解海绵城市的要义，充分调研各个地区存在的共性和特性的水问题，从而制定出切实高效的海绵城市建设策略，避免纸上谈兵和半途而废。

1.3　思辨海绵城市

1.3.1　避免理念片面化

海绵城市建设的重点是城市水系统的保护和修复，强调修复城市水生态、涵养城市水资源、改善城市水环境、提高城市水安全、复兴城市水文化等"五位一体"的综合概念。住房和城乡建设部有关领导强调，要避免对海绵城市理念的片面化理解，应将海绵城市建设作为一个系统工程，并协调处理好以下五个关系[60]：

第一，水质和水量的关系。有质无量，水不够用；有量无质，水不能用，只有量质统一才能支撑用水需求。

第二，分布和集中的关系。分布就是从每家每户、每个源头开始，化整为零，做到雨水的源头减排；集中就是将削减后的雨水集零为整，进行末端处理。分散和集中需要因地制宜，相互协调衔接。

第三，生态和安全的关系。注重生态即要在大概率小降雨情况下，尽可能留住雨水、涵养生态；注重安全则是在发生小概率大到暴雨或短历时强降雨时，做好排水防涝，以安全为重。

第四，景观和功能的关系。海绵城市建设包括推广海绵型公园绿地，这方面要注意景观和功能并重，有景观无功能是"花架子"，有功能无景观，是"傻把式"。要将自然生态功能融合到景观中，做到功能和景观要求兼具。

第五，灰色和绿色的关系。"绿色"基础设施注重自然生态系统的利用，实现"自然积存、自然渗透、自然净化"，主要应对大概率中小降雨；"灰色"基础设施是在海绵城市建设中强化人工建设，主要应对高负荷水量（即小概率大降雨）。"绿色"与"灰色"要相互融合，实现互补，不能顾此失彼。如图 1-39 所示。

图 1-39　灰色和绿色基础设施对比 [61]

1.3.2　避免目标单一化

中国在经历近 30 年的快速城镇化后，城市地面不透水面积率大幅增加，导致城市原有生态系统和自然水文条件被改变和破坏，引发包括水资源、水环境、水生态、水安全等一系列的城市水系统问题，严重影响人民生产、生活和城市有序运行。海绵城市正是在此背景和需求下以系统、完整、明确的理论体系被提出，并逐步为广大城市管理者和专业技术人员关注和广泛接纳，以期统筹解决城市水问题。海绵城市起源于国外低影响开发（LID）、最佳管理措施（BMPs）、水敏性城市设计（WSUD）等相关理论，并将其作为海绵城市的主要理论基础和技术核心，但结合了当前中国城市发展特色和实际需求后，海绵城市的建设目标不再仅仅局限于雨洪管理，而是面向城市涉水领域、以现代城市雨洪管理为核心和着力点的新型、可持续的城镇化建设和发展模式。其建设综合效益和指标见图 1-40。

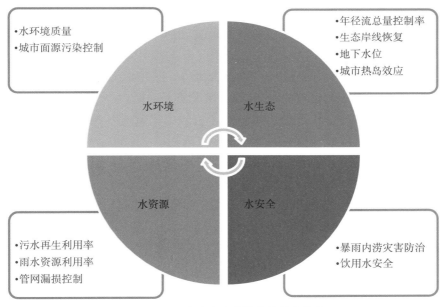

图 1-40　海绵城市建设综合效益和指标

2015 年 7 月，住房和城乡建设部发布《关于印发海绵城市建设绩效评价与考核办法（试行）的通知》（建办城函〔2015〕635 号），通知中明确海绵城市是"实现修复城市水生态、改善城市水环境、提高城市水安全等多重目标的有效手段"，并提出了包含水生态（4 项）、水环境（2 项）、水资源（3 项）、水安全（2 项）在内的六大类、共 18 项建设指标。可以看出，国家针对海绵城市建设的绩效评价和考核是全面且系统性的，期望的是一种"渗、滞、蓄、净、用、排"共同发挥的综合效益，而非某单一方面的目标和效益的实现，这与以往采取的治水策略有着本质性的区别。

水生态目标方面，海绵城市建设强调对水敏感区域的保护和修复，通过划定水系保护控制线、生态岸线改造、涵养型下垫面构建等方式，在生态区进行保护和涵养，维持和加强原有的生态系统和效益；在城市建设区进行修复和修补，逐步恢复城市开发前的自然水文条件。同时，充分发挥海绵城市的复合效益，改善局地气候，降低城市热岛效应。

水安全目标方面，有效防治城市内涝、保障城市安全是海绵城市建设最为重要的目标，也是城市雨洪管理提出的初衷。通过构建源头径流控制系统、城市雨水管渠系统和超标雨水径流排水系统相结合的城市排水防涝体系，实现径流总量控制、径流峰值控制等关键性技术目标，消除城市内涝风险。

水环境目标方面，以灰色与绿色基础设施相结合的方式，严格控制进入水体的污染量是海绵城市建设的重要内容。通过雨污分流管网建设、合流制溢流污水（CSO）调蓄改造、污水处理厂完善等方式，减少点源污染；通过雨水湿地、雨水花园等绿色设施对地表径流量的控制，削减面源污染量。城市黑臭水体治理也是海绵城市建设在水环境方面的重要"职能"，应按照《城市黑臭水体整治工作指南》的要求，将海绵城市建设与黑臭水体治理结合，协同推进。

水资源目标方面，海绵城市要求对城市地表和地下水源地执行最严格的保护措施，同时执行"开源节流"策略，在条件成熟的情况下，利用各类海绵城市技术、设施，因地制宜加强对再生水、雨水等非常规水资源的利用，提升污水再生利用率、雨水资源利用率等指标。注重对供水系统的保护和改造，减少管网漏损。

综上，海绵城市在以往传统的治水理念上有较大提升，不再是单纯的"头痛医头、脚痛医脚"的方式，而是从水系统的层面统筹解决问题。因此，海绵城市的建设目标是多元化的，不应局限在某一单项专业或领域。从水生态、水环境、水资源、水安全等角度对其建设成效进行全面系统的考核，将有助于业界更为全面和深刻地认识海绵城市与国际上相似理论之间的内在联系和拓展，有助于明确建设方向、具体目标以及制定综合的系统性方案[62]。在全面推进海绵城市建设的今天，一定要明确海绵城市的核心和目标，掌握各系统之间的客观规律、相互关系以及它们在海绵城市建设中的轻重缓急，从而真正发挥和实现海绵城市的综合效益。

1.3.3 避免策略同质化

1. 因地制宜制定海绵城市建设策略

海绵城市的建设要因地制宜，综合考虑区域的地形坡度、土壤条件、降雨特征、地下水位、水资源状况、水环境质量等因素，确定海绵城市建设的基础条件、重点目标和主要解决的问题，从目标导向和问题导向两个维度提出海绵城市建设的策略。

（1）地形坡度

山地城市一般坡陡水急，雨水冲刷严重，河流岸线相对敏感，城市水面率较低。由于城市地形地貌的影响，雨水留存能力较差，因为地形起伏大带来提水的成本也较高。一般来说，山地城市位于流域上游，其水量的稳定和水质的好坏直接影响到下游城市的安全和用水保障。因此，山地城市的海绵城市建设应重点考虑雨水的蓄用，避免雨水大量下渗和排放导致水资源的缺乏；重点考虑河流的行洪安全、生态岸线维护和水环境质量保障，避免上游城市水量的波动和水质的恶劣等情况对下游城市造成严重影响。

而平原城市一般水流平缓，较容易形成湖泊、坑塘等水面。由于地形较为平缓，容易因为地势低洼和河流顶托作用，引起排水不畅导致城市内涝。因此，平原城市的海绵城市建设应重点考虑雨水的下渗、滞蓄和排放，保障城市水安全。

山地城市和平原城市海绵城市技术适用性的差异如表1-1所示。

山地城市和平原城市海绵城市技术适用性的差异　　　　　　　　表1-1

技术类型	山地城市	平原城市
渗	○	●
滞	◎	●
蓄	●	●
净	●	●
用	●	◎
排	○	●

注：●—强；◎—较强；○——一般。

（2）土壤条件

土壤是影响雨水下渗的重要因素，且土壤的稳定性是设施安全建设的重要因素。总结国内开展海绵城市的建设经验，不同土壤类型条件下海绵城市建设的主要原则归纳如下：

1）湿陷黄土区

湿陷黄土是指具有遇水下沉特性的黄土，是在干旱气候条件下形成的特种土，主要分布于山西、陕西、甘肃等省。根据湿陷黄土等级的不同，遇水发生湿载变形、结构破坏、承载力下降等风险也存在差异。因此，在湿陷黄土区，原则上不使用深层、大型的入渗设施，可因地制宜地采用浅层、小型入渗设施，并应采取防渗措施，最大程度地降低湿陷风险[63]。

2）软土区

软土是指天然含水量高、孔隙比大、压缩性高的细粒土，主要包括淤泥质土、泥炭质土等，主要分布在滨海、河滩沉积的平原地区。由于土壤的下渗性能差，不利于雨水的下渗和滞蓄，导致下雨易涝，干旱易干，也不利于植物生长。因此，在软土区，应谨慎使用渗透技术，可结合实际项目需求，通过换土和土壤改良的方法改善土壤渗透性，提高有效含水量。

3）盐碱土区

盐碱土包括盐土和碱土，盐土指土壤中含盐量高，碱土指土壤碱化度高，主要分布于降雨少蒸发多、地势低平、地下水位高的半湿润、半干旱和干旱地区，不利于作物正常生长。因此，盐碱土区应以排水洗盐为主要目的，在海绵城市建设中塑造合理的微地形，利用雨水的流动随地势将盐分排走，减轻盐碱化程度。

4）砂质土区

砂质土是指含沙量多、颗粒粗糙的土壤，主要分布于西北、华北地区的山前平原、河流两岸和平原地区。土壤的渗透性能好，但保水性能差，容易引起干旱。因此，海绵城市的建设应以雨水的滞蓄为首要目标，将雨水留于本地、用于本地。

5）壤质土区

壤质土是指含沙量中等、颗粒粗糙度中等的土壤，下渗和保水性能均较好，分布于我国中、东部大部分地区，利于植物的生长。壤质土区渗透和滞留性能均较好，海绵城市建设的技术适宜性良好，适宜开展海绵城市建设。

（3）降雨特征

我国总体上呈现降水量从西北向东南依次递增，从气候分区上可分为东部季风区和西北部非季风区，前者降雨量较多，是海绵城市的重点建设区域，后者降雨量较少。季风区又可分为热带季风气候区、亚热带季风气候区和温带季风气候区。

季风气候区降雨特征表现为旱雨季分明，降水集中在雨季，且降水量大。该类地区易发短历时、强降雨，城市内涝问题突出，强降雨发生率表现为热带季风气候区＞亚热带季风气候区＞温带季风气候区。因此海绵城市的建设中应重点统筹灰、绿基础设施的建设，解决城市内涝问题。同时旱雨季分明的特点容易引起季节性缺水，因此要强调雨水的滞蓄和再利用。

（4）地下水水位

地下水位的高低是影响雨水下渗的重要因素。根据相关规范的要求，为了增加雨水停留时间和保证足够的净化效果，雨水入渗系统的渗透面要求距地下水水位大于1.0m，地下水水位埋深较小的地区，雨水的下渗净化能力较弱，应谨慎使用"渗"的技术。许多城市和工矿区由于缺乏地表水，打井抽取地下水导致出现大量的地下水漏斗区，对地面稳定性、区域水文循环造成影响，宜加强雨水下渗，恢复水文循环，因此对于不同地下水水位地区，应采取的策略为：

1）地下水水位埋深小的地区。应谨慎使用雨水的下渗设施，特别是大型、深层的设施。

2）地下水水位适中的地区。宜因地制宜使用雨水的下渗和滞蓄设施。

3）地下水漏斗区。应重点加强达到一定水质标准的雨水的下渗和滞蓄，利用雨水回灌地下水，恢复流域水文循环。

（5）水资源状况

目前全国城市约有近2/3城市缺水，约1/4严重缺水，水资源短缺形势严峻。雨水作为城市本地非常规水资源的重要来源，宜通过海绵城市的建设，将雨水用于绿化浇洒、景观用水等环节，实现城市用水来源的拓展。雨水资源越丰富、城市水资源越紧缺、城市低质需水量越大，越应加强雨水资源利用。

（6）水环境质量

城市点、面源污染已逐步成为我国水环境污染的重要来源，利用海绵城市的"滞"、"净"等策略，可以大大减缓城市溢流污染负荷、面源污染负荷。水环境问题越突出的城市，越需通过海绵城市为抓手，从点源污染和面源污染的治理，统筹解决城市水环境问题。

2. 图家海绵城市建设试点城市示范特点

2015年4月和2016年4月，国家陆续公布了迁安、常德、福州、深圳等2批30座海绵城市建设试点城市，这30座城市分别位于全国26个不同的省和直辖市（表1-2）。每个试点城市的自然条件和发展情况各不相同，从目标导向和问题导向出发，各个城市均提出了不同的示范特点。

典型试点城市示范特点 表1-2

地区	城市	示范特点
华北	迁安	首批试点城市中京津冀地区唯一试点，也是全国唯一县级试点城市；可有效利用雨水资源、增加地下水补给，有效促进区域水资源的合理保护，为区域内缺水城市海绵城市建设提供重要示范
华东	萍乡	市内煤炭资源接近枯竭，国务院2008年确定的第一批资源枯竭型城市之一；境内晴旱雨涝、山地丘陵、土壤下渗能力弱的气候地理特征将为试点工作提供适应丘陵型城市特点的建设经验，并促进海绵城市建设理念在资源枯竭型城市转型中的探索应用以及适合江南地区降雨特点的LID设施选择设计的研究
华中	常德	全国对海绵城市理念认可较早的城市，在城市水系规划建设及综合治理应用等方面已有10年的探索与实践，2008年就与德国汉诺威水协合作共同编制了《水城常德 - 常德市江北城区水敏性（海绵体）城市发展和可持续水资源利用整体规划》。 试点工作立足常德水城特色，围绕建设滨水海绵城市，探索实践南方丰水地区城市内涝防御的有效措施——大中小海绵构建并重，着力改善水生态、优化水环境、确保水安全，建设水文化，实现山、水、城相融合可持续的海绵城市建设道路，积极探索海绵城市建设南方模式
华南	深圳	经济特区，全国性经济中心城市和国际化城市，具有滨海特色的国际著名旅游城市。深圳高度重视生态保护工作，将全市总面积近1/2的土地划入"基本生态控制线"，在国内较早引入低影响开发理念，先试先行，已经具备建设海绵城市的良好基础。 在整体环境良好的基础上，市内的内涝问题在南方滨海和快速发展转型的城市中具有一定的典型性，海绵城市建设试点将为内涝频繁的滨海城市提供宝贵经验
西南	遂宁	全国首批试点城市中西部地区唯一入选的地级市，四川唯一入选城市。市内自然山水资源得天独厚，联盟河、开善河等多条水系汇入涪江，清汤湖、东湖等多个湖泊（水库）散布于中心城区；涪江两岸湿地资源丰富，圣莲岛、圣平岛等镶嵌其中，形成了"一江七河多湖"、"两山四水"的特色自然山水格局。试点海绵城市建设将为自身生态基底优越的丘陵城市探索一条生态、循环、低碳、高效的绿色发展道路
西北	西咸新区	西咸新区位于关中—天水经济区的核心区域，是政治、经济、文化、交通相接驳、相互影响的地带，在深入实施西部大开发战略、推进西（安）咸（阳）一体化、引领大西北发展，建设丝绸之路经济带重要支点、打造向西开放重要枢纽等方面具有重要作用，在探索中国特色新型城镇化道路、健全城乡发展一体化体制机制等方面具有示范和引领作用。 城市定位为创新型发展城市，西北首个国家海绵城市建设试点，试点工作将发挥区位示范效应，并将为湿陷性黄土区、干旱地区等地的海绵城市建设方式提供借鉴和参考

地区	城市	示范特点
东北	白城	全国首批试点城市中东北地区唯一一试点城市，其城市规模小、降雨集中、高寒气候、平原地形、砂砾地质的特殊性将为我国北方海绵城市建设提供典范案例。另外白城优越的湿地、湖泊与候鸟栖息地等资源可为海绵城市建设奠定坚实的示范条件。白城市地处吉林省委省政府规划的西部生态特色经济区，也为白城市建设海绵城市提供了良好的机遇。 工程技术上，当地高寒气候将会促进抗冻融能力较高的透水铺装结构、自动弃流融雪剂、盐碱地渗排雨水结构以及抗冻、短时耐淹、耐旱的植物等海绵技术和设施的研究、设计与应用，提高海绵建设技术的气候适应性

1.3.4　避免措施碎片化

海绵城市的建设是系统性的工作，它作用于城市水的自然循环和社会循环系统，以及以水为主要要素的生态系统，涵盖了洪涝治理、环境改善、资源保障、生态提升等综合目标，需要对地表水资源、地下水资源、自然降水、生产生活用水、生态用水等进行统筹管理。

当前，许多城市，包括国家级和省级的试点城市开展的工作已经凸显出一些问题，其中最普遍的问题是碎片化。部分实施者和管理者甚至很难理解系统性规划的意义，认为海绵城市就是"种花种草、绿地下沉、路面透水"。诚然，海绵城市的技术手段是以"渗滞蓄净用排"的工程项目体现出来的，但如何选择这些技术，如何布局相关设施，设施之间如何关联，则必须通过建立系统方案，进行统筹，才能确保合理与有效。在效仿国外经验的时候，不应只看表面，而忽视对其内在机理的学习。

（1）避免碎片化，首先要重视系统性的规划，规划目标的逐层分解应考虑片区实际的条件和需求。海绵城市专项规划的编制，要求首先确定城市的总体目标，再将其分解到不同流域和不同管控单元，最后再分解到各地块和各项目。在这个过程中，不同流域、区域的不同条件和需求，包括土壤、地下水等自然条件，现状建设开发程度、规划功能、生态用地分布等空间条件，内涝、黑臭、地下水漏斗等现实问题，都需要得到全面考虑，并最终体现在同一个指标的空间差异赋值上[64]。在海绵系统体系的设计中，我们需要认识到，同等规模的设施，在系统的不同节点起到的作用是不同的，带来的效益将会产生很大的差异，这也是在规划中应用水文模型进行分析模拟，而非简单计算的重要因素之一。

（2）其次，要避免在工程设计中，简单地将海绵解读为单个设施的叠加。《海绵城市建设技术指南——低影响开发雨水系统构建（试行）》中提出，通过年径流总量控制目标、设计降雨量、项目面积和下垫面等因素，计算项目的总控制容积和调蓄容积，许多技术人员便由此断章取义地认为，只需要在项目中安排满足此容积总量的设施，便可达到目标。事实上，这些设施的容积必须是有效的，地表径流需通过竖向或者管网的连接，顺利进入相应的低影响开发设施，才能得到入渗、滞蓄和净化。因此，海绵城市的工程设计绝不是简单的总量计算，相反，首先应该重视绿地空间的布局、径流通道的预留、道路竖向的安排，加上科学布置项目内部的排水管网和低影响开发设施，才能构建系统最优的方案。

（3）避免碎片化的第三个方面是要避免将低影响开发设施孤立考虑，缺乏和市政系统的统筹。由于工期紧张、经验有限、上层次规划编制滞后等原因，一些示范工程的设计往往采用一刀切的设计目标，不考虑该项目是否需要容纳外来客水、是否需要设置面向整个汇水片区的调蓄空间，也不考虑如何与项目周边的道路、管网进行衔接，呈现一种"自扫门前雪"的状态。特别是海绵公园的设计，消纳其自身范围内的径流仅仅只是目标之一，作为绿色基础设施，公园绿地一般都需要发挥更大的滞纳、调蓄雨洪的作用，也可提供更多的空间布局径流净化的设施，因此必须考虑与周边地块和市政系统的目标统筹和输送通道，确保设计的有效性。如西咸新区沣西新城中心绿廊的设计，将附近地块的雨水管网通入绿廊，并与渭河、沣河连通，实现了雨洪调蓄的核心功能，此外统筹考虑周边城市用地，合理地组织了与城市机动交通的关系，设计了丰富的休闲活动空间，最大限度地发挥了绿廊的生态、经济和社会价值（图1-41）。

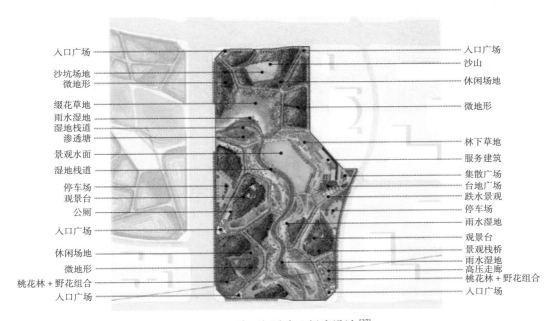

图 1-41　沣西新城中心绿廊设计[37]

（4）也要避免从单一的目标导向进行规划和工程设计引起的重复建设。海绵设施通常具备综合功能，如下沉式绿地同时具备促进入渗、雨水滞留、污染净化等功能，湿地公园同时具备雨洪调蓄、雨水回用、生物栖息、径流净化以及合流制管网溢流净化等多种功能，湿地建设也可以作为城市建设中的一种综合生态补偿工程，例如香港湿地公园建设即是对新界天水围预留区开发建设的环境补偿（图1-42）。如果在规划和设计中，孤立地根据年径流总量控制要求、径流污染削减要求、雨水回用目标要求

43

分别进行设计，进而简单叠加，则必然造成实际方案偏大，投资偏高。因此，多目标体系下，需对单目标方案进行融合，尽量选择多功能设施，设施的最终设计参数应确保满足每个单向目标。

图 1-42　香港湿地公园

1.4　谋划海绵城市

1.4.1　坚持规划引领

海绵城市的建设要求强调了规划引领的重要性，促使人们对工业化时代的城市规划模式进行反思和变革，具有重要的意义。传统的城市规划理念以关注土地开发建设为主、具有单纯的人为性；未来的城市规划将更加注重基础设施的建设和生态环境的保护，逐渐发展为抵御和化解城市风险的综合城市规划以及尽量与自然结合的生态城市规划。

海绵城市建设的目标和对象是系统而综合的，其手段相应地作用于区域水文循环过程，必然是跨尺度的，因此必须首先建构跨尺度的规划方法体系，将这个理念从宏观到微观，从整体到局部，从系统到场地进行逐层落实。

在宏观层次，海绵城市的理念体现在城市总体规划的空间结构上，构建的重点是进行水生态安全空间格局的识别和强化，通过对这些关键格局，即海绵系统的保护维持水文循环过程的完整性和自然性（图1-43）。在中观层次，海绵城市应重点关注对城市建设用地中的水系、坑塘、湿地进行有效利用，在绿地系统中融入雨洪滞蓄和净化的功能，将排水管网、泵站、行泄通道和场地竖向、公园布局、水系结构有机地进行结合，并最终体现在土地利用的控制性详细规划中。在微观层次，则应重点关注建设项目雨水径流削减和净化的目标，及其内部海绵体的类型、规模、布局和功能，并与景观设计充分融合。

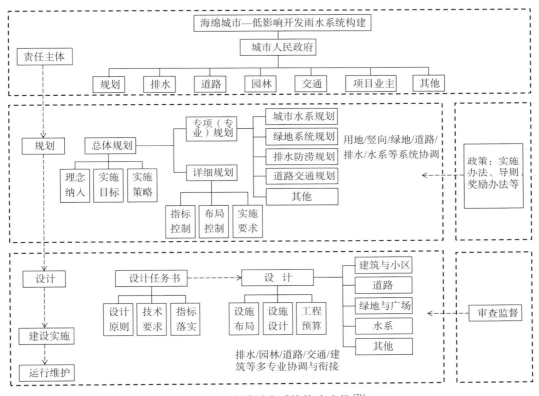

图1-43　海绵城市系统构建途径[71]

1.4.2　坚持灰绿交融

西方国家在面临土地资源过度消耗、生态系统平衡破坏等问题时发现，仅仅依赖灰色基础设施（Grey Infrastructure），也即是传统意义上的管网、处理厂等公共设施可以实现污染物的转移和治理，但并不能解决污染的根本问题，也不能有效指导土地利用和经济发展模式往更高效、更可持续的方向发展。在这个基础上，绿色基础设施（Green Infrastructure）的概念被提出。1999年5月，美国可持续发展委员会（PCSD）发布了题为《创建21世纪可持续发展的美国》的工作报告，强调将绿色基础设施作为保障城市可持续发展的重要战略之一，能够为土地和水资源等自然生态要素的保护提供一种系统性强且整体的战略方法。

可以说，2000 年之后，欧美等发达国家在城市基础设施建设方面的重点是以绿色为主的，用以弥补灰色基础设施所无法达到的自然、生态的过程，探索、催生和协调人与自然的关系模式。但从中国当前的发展阶段、发展速度和所承载的人口规模以及问题的复杂程度来看，我国海绵城市的建设重点应在注重绿色的、生态化的基础设施的同时，同样注重对灰色基础设施的完善。目前我国多数城市排水基础设施仍然存在许多问题，管网覆盖率不足、雨污合流制管网仍大面积存在、雨水管网设计标准偏低、抗风险能力低下等。面对这些问题，仅仅依靠绿色基础设施的建设无法补足短板。正如《海绵城市建设技术指南——低影响开发雨水系统构建（试行）》所说，海绵城市建设应当统筹低影响开发雨水系统、城市雨水管渠系统及排涝除险系统三大系统。

低影响开发雨水系统（微排水系统）包括生物滞留池、绿色屋顶、透水铺装、植草沟等相对小型分散的源头绿色基础设施，可以通过对雨水的渗透、储存、调节、转输与截污净化等功能，有效控制径流总量、径流峰值和径流污染，主要应对 1 年一遇以下的大概率小降雨事件。城市雨水管渠系统（小排水系统）即传统排水系统，包括管渠、泵站等灰色雨水设施，与低影响开发雨水系统共同组织径流雨水的收集、转输与排放，主要应对 1～10 年一遇的中、暴雨事件。排涝除险系统（大排水系统）用来应对超过雨水管渠系统设计标准的雨水径流，一般通过综合选择自然水体、多功能调蓄水体等大型绿色基础设施，以及行泄通道、调蓄池、深层隧道等大型人工灰色设施构建，主要应对 10～100 年一遇的小概率暴雨事件。由于造价、地形，还有各种限制，排水系统的标准一般很难提高，所以超标洪水发生时，允许路面存在一定的积水和表面径流，只是努力将洪水损失降到最小。在美国，小区的 100 年一遇洪水的最大淹没深度低于居民住宅的地基高度一英尺。不同等级的道路，允许淹没的高度和范围也不同。

以上三个排水系统并不是孤立的，也没有严格的界限，三者相互补充、相互依存，是海绵城市建设的重要基础元素（图 1-44）。"绿色"与"灰色"相互融合，实现互补，不能顾此失彼。通过科学的"源头—中途—终端"结合和"绿色—灰色"基础设施的结合，才能很好地发挥净化、调蓄和安全排放等多功能，实现径流污染控制、排水防涝等海绵城市的综合控制目标。

1.4.3 坚持新老分策

海绵城市建设是一项长期的任务，未来将始终伴随我国的城镇化进程。对于未来还将成片增加的新城区，应以目标为导向，实行源头管控，结合区域和城市特点，制定和严格执行城市建设开发标准与规范，严把工程规划建设审批关，并将低影响开发设施建设和运营纳入工程建设投资和运营的成本，由政府加强监督。对于普遍存在系统性问题的老城区，则以问题为导向，重点解决逢雨必涝的区域和黑臭水体，通过管网改造升级、利用现有地形地貌及沟塘、增设强排设施等做法，解决密切影响民生的问题，同时逐步结合城市道路、园林绿化提升、旧城更新等开展低影响开发改造。例如深圳市目前城市建成度高，进入存量优化发展时期，存量用地供应远远超过新增用地，未来城市建设将系统全面推进城市更新，因此应注重旧城更新改造中的海绵建设措施，以解决城市内涝、雨水收集利用、黑臭水体治理为突破口，切实解决旧城区水系统现有问题。图 1-45 给出了深圳城市更新规划图示意。而部分城市中心城区规划建设用地面积在现状面积的基础上翻番甚至更高，未来仍面临大面积的开发建设，规划中的城市新区、各类园区、开发区由于现状制约条件较少，海绵城市建设应以预控为主，可按海绵城市建设的理想目标，制定海绵城市规划建设指标体系和建设方案。

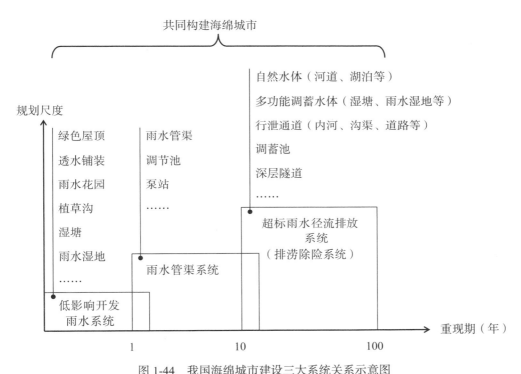

图 1-44 我国海绵城市建设三大系统关系示意图
图片来源：《海绵城市建设技术指南——低影响开发雨水系统构建（试行）》

在相对较小的片区开展具体的海绵城市设计时，也同样需要考虑新旧片区的不同做法。以美国某城市更新单元的雨水系统设计为例，如图 1-46 所示，首先应以排水口为单位划分排水分区，进行本区域的用地与排水特征研究。针对现有的老城区、过度开发区、商业区，构建渗透沟、微型滞留塘、透水铺装停车场等绿色基础设施；针对新建的开发区，通过规划建设管控同步建设源头低影响开发设施，用于过滤和渗透。上述的微系统出水溢流至街道的下水道（小系统），再集中输送到一个大型的滞留塘（大系统）中，用于缓解因极端天气引发的雨洪危害；开放空间中建设湿地，净化后的出水同样也可引入滞留塘中，最终流入河流排放。

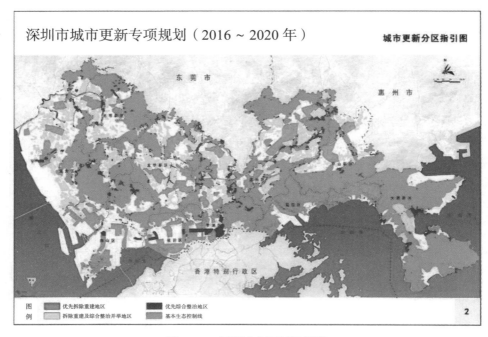

图 1-45　深圳城市更新规划图

图片来源:《深圳市城市更新专项规划（2016～2020 年)》

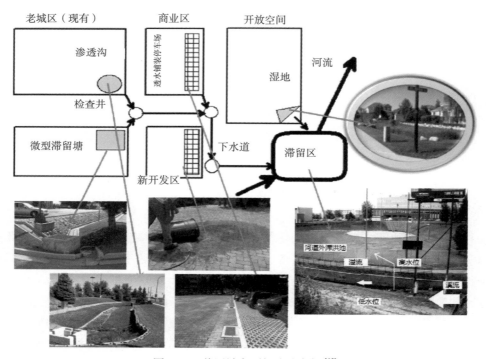

图 1-46　美国城市更新改造案例 [65]

1.4.4 坚持统筹推进

我国幅员辽阔，水系统特征多样，有温带大陆性季风气候，也有亚热带海洋性气候，差异巨大，海绵城市建设的路径也各有不同。因此，我国海绵城市建设在首先转变管理者、设计者和使用者理念的基础上，需要通过在各类代表性区域进行试点，探索经验，建立模式，进而向全国逐步推广。自海绵城市提出以来，大致经历了启动、试点、推广三个阶段。值得一提的是，试点阶段和推广阶段并非前后孤立，而是在互相重叠和交织中快速地推进，这与我国当前水问题的严重性和迫切性有关。

1. 海绵城市启动阶段

海绵城市首次以官方途径进入公众视野，是在 2013 年 12 月 12 日，习近平同志在中央城镇化工作会议讲话时指出，在提升城市排水系统时要优先考虑把有限的雨水留下来，优先考虑更多地利用自然排水力量，要大力推进建设自然积存、自然渗透、自然净化的"海绵城市"。2014 年 10 月 22 日，住房和城乡建设部印发《海绵城市建设技术指南——低影响开发雨水系统构建（试行）》，提出了海绵城市建设中，低影响开发雨水系统构建的基本原则，指导规划控制目标分解，技术框架的构建和不同层次的落实途径，为海绵城市建设提供了首部规范性、指导性的文件。

2. 海绵城市试点阶段

2014 年 12 月 31 日，财政部、住房和城乡建设部、水利部联合印发《关于开展中央财政支持海绵城市建设试点工作的通知》（财建〔2014〕838 号），决定开展中央财政支持海绵城市建设试点工作，并与 2015 年 4 月公布了 16 个第一批海绵城市建设试点城市，分别为：迁安、白城、镇江、嘉兴、池州、厦门、萍乡、济南、鹤壁、武汉、常德、南宁、重庆、遂宁、贵安新区和西咸新区。2016 年 4 月福州、珠海、宁波、玉溪、大连、深圳、上海、庆阳、西宁、三亚、青岛、固原、天津、北京等 14 个城市成为第二批海绵城市建设试点城市。

3. 海绵城市推广阶段

2015 年 10 月 16 日，国务院办公厅印发《关于推进海绵城市建设的指导意见》（国办发〔2015〕75 号），要求各地通过海绵城市建设，最大限度地减少城市开发建设对生态环境的影响，将 70% 的降雨就地消纳和利用。到 2020 年，城市建成区 20% 以上的面积达到目标要求；到 2030 年，城市建成区 80% 以上的面积达到目标要求。

2 规划篇

海绵城市建设是一种新型的城市发展方式，涉及面广而复杂，这使得规划引领和统筹工作显得尤为重要。同样，海绵城市建设对象的特殊性，又导致了规划工作的特殊性：既需要在一定时间、一定区域内开展专项规划对近期建设予以系统的指导；又需要总体规划、详细规划、相关专项规划的支撑和最终落实。因此海绵城市规划工作主要包含以下两个方向：一是编制海绵城市专项规划（总体规划层次、详细规划层次）；二是纳入现行城市规划的编制体系。

海绵城市规划工作既需要以水为核心，又需要衔接相关城市规划，这样的特点使得海绵城市规划工作具有较强的复杂性、较大的编制难度；特别是在当前基础研究薄弱的情况下，应当加强编制技术和先进手段的研究，结合本地特点因地制宜应用，提升海绵城市规划编制的科学性、合理性。

2.1 海绵城市规划工作剖析

海绵城市建设是加强城市规划建设管理、落实生态文明理念的新型城市发展方式；其实施涉及工程与非工程措施，关系到用地布局、竖向布置、绿地系统、河湖水系、建筑与小区、道路与广场等城市规划建设的方方面面。要顺利实现《国务院办公厅关于推进海绵城市建设的指导意见》（国办发〔2015〕75号）中提出的"到2020年，各城市20%以上的面积要达到海绵城市要求"等目标，必然需要发挥规划引领作用，重视海绵城市规划工作。

2.1.1 现行城市规划工作

1. 城乡规划分类与编制内容

根据《中华人民共和国城乡规划法》及相关法律法规的规定，城乡规划编制以协调城乡空间布局，改善人居环境，促进城乡经济社会全面协调可持续发展为根本任务，包括城镇体系规划、城市规划、镇规划、乡规划和村庄规划五部分。其中城市规划、镇规划可分为总体规划和详细规划，详细规划又可分为控制性详细规划和修建性详细规划。

从编制技术上来看，《城乡规划法》第十条表明，国家鼓励采用先进的科学技术，增强城市规划的科学性，提升城市规划实施及监督管理的效能。近年来，由于我国城市发展正处于矛盾凸显期和战略转型期，既有的城乡规划编制技术方法在实际操作的过程中，已表现出越来越多的不适应，各地均结合城乡规划编制实践了城市规划编制内容与技术的创新，进一步丰富了城乡规划技术体系。图2-1给出了我国现行城乡规划体系。

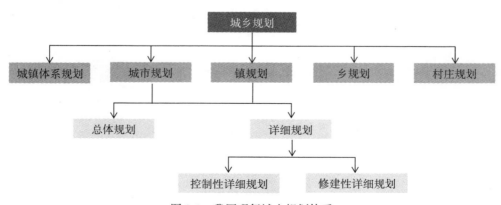

图 2-1 我国现行城乡规划体系

（1）总体规划

总体规划是城市政府引导和调控城乡建设的基本法定依据，是编制本级和下级专项规划、区域规划以及制定有关政策和年度计划的依据。城市（镇）总体规划的内容应当包括：城市、镇的发展布局，功能分区，用地布局，综合交通体系，禁止、限制和适宜建设的地域范围，各类专项规划等。城市（镇）总体规划的强制性内容主要包括规划区范围、规划区内建设用地规模、基础设施和公共服务设施用地、水源地和水系、基本农田和绿化用地、环境保护、自然与历史文化遗产保护以及防灾减灾等。

其中，专项规划是以国民经济和社会发展特定领域为对象编制的规划，是总体规划在特定领域的细化，也是政府指导该领域发展，安排政府投资和财政支出预算，制定特定领域相关政策的依据。常见专项规划包括综合交通、环境保护、商业网点、医疗卫生、绿地系统、河湖水系、历史文化名城保护、地下空间、基础设施、综合防灾等。

（2）详细规划

1）控制性详细规划。控制性详细规划是城市、镇人民政府城乡规划主管部门根据城市、镇总体规划的要求，用以控制建设用地性质、使用强度和空间环境的规划。控制详细规划主要以对地块的使用控制和环境容量控制、建筑建造控制和城市设计引导、市政工程设施和公共服务设施的配套，以及交通活动控制和环境保护规定为主要内容，并针对不同地块、不同建设项目和不同开发过程，应用指标量化、条文规定、图则标定等方式对各控制要素进行定性、定量、定位和定界的控制和引导。

控制性详细规划是城乡规划主管部门做出规划行政许可、实施规划管理的依据，并指导修建性详细规划的编制。

2）修建性详细规划。修建性详细规划是以城市总体规划和控制性详细规划为依据，针对城市重要地块编制，用以指导各项建筑和工程设施的设计和施工的规划设计。

修建性详细规划的根本任务是按照城市总体规划及控制性详细规划的指导、控制和要求，以城市中准备实施开发建设的待建地区为对象，对其中的各项物质要素（例如建筑物的用途、面积、体型、外观形象、各级道路、广场、公园绿化以及市政基础设施等）进行统一的空间布局。

2. 城乡规划的编审要求

根据《中华人民共和国城乡规划法》和《城市规划编制办法》中的相关规定，城市总体规划由城市人民政府组织编制，按城市等级实行分级审批；城市的控制性详细规划由城市人民政府城乡规划主管部门组织编制，经本级人民政府批准后，报本级人民代表大会常务委员会和上一级人民政府备案。具体编制和审批主体要求详见表2-1。

城乡规划的审批单位   表2-1

规划阶段		编制单位	审批单位	备注
总体规划	直辖市的城市总体规划	直辖市政府	国务院	

规划阶段		编制单位	审批单位	备注
总体规划	省、自治区政府所在地的城市以及国务院确定的城市总体规划	市政府	省、自治区政府审查同意后，报国务院审批	
	其他城市的总体规划	市政府	城市政府报省、自治区政府审批	
	县政府所在地的总体规划	县政府	上一级政府审批	
	其他镇的总体规划	镇政府	上一级政府审批	
	近期建设规划	城市、县、镇政府	报总体规划审批机关备案	根据城市总体规划、镇总体规划、土地利用总体规划和年度计划以及国民经济和社会发展规划制定
控制性详细规划	城市的控制性详细规划	城市政府城乡规划主管部门	经本级政府批准后，报本级人大常委会和上一级政府备案	根据城市总体规划的要求组织编制
	县政府所在地镇的控制性详细规划	县政府城乡规划主管部门	经县政府批准后，报本级人大常委会和上一级政府备案	根据镇总体规划的要求组织编制
	镇的控制性详细规划	镇政府	报上一级政府审批	根据镇总体规划的要求组织编制
修建性详细规划	重要地块的修建性详细规划	政府城乡规划主管部门和镇政府	城市、县政府城乡规划主管部门	应符合控制性详细规划
	一般地块的修建性详细规划	建设单位	城市、县政府城乡规划主管部门	依据控制性详细规划及城乡规划主管部门提出的规划条件

2.1.2 海绵城市规划工作定位与组成

海绵城市规划工作既需要专门的研究，以流域涉水相关事务为核心，以解决城市内涝、水体黑臭等问题为导向，以雨水径流管理控制为目标，绿色设施与灰色设施相结合，统筹"源头、过程、末端"的技术措施布局；又需要纳入城市规划体系，协调其他相关城市规划的内容，比如土地利用布局、绿地系统、道路设施、竖向设计等，贯彻到其他城市规划中去（图 2-2）。

在当前海绵城市工作基础和经验积累较薄弱的情况下，应当通过海绵城市专项规划（总体规划层面、详细规划层面）的编制，支撑将相关成果纳入现行城乡规划体系，进一步丰富城乡规划的编制理念和内容，切实落到城市规划建设过程中。海绵城市专项规划需要在评估相关规划——包括土地利用规划、城市总体规划，以及城市水资源、污水、雨水、排水防涝、防洪（潮）、绿地、道路、竖向等专项规划的基础上，统筹研究，并将海绵城市规划成果要点反馈给相关规划，再通过上述相关规划予以落实。

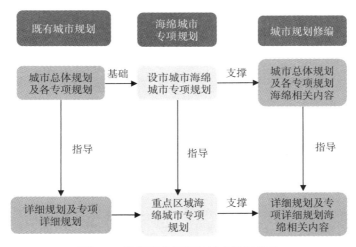

图 2-2　海绵城市规划与城市规划体系

2016 年 3 月住房和城乡建设部颁布了《海绵城市专项规划编制暂行规定》（建规〔2016〕50 号），充分体现了上述思路，明确了设市城市海绵城市专项规划的地位、范围、编制主体、审批主体、主要编制内容、规划衔接内容等，以指导各地加快海绵城市专项规划的编制工作，为形成完善的海绵城市规划体系奠定了基础。

规定指出设市城市海绵城市专项规划是建设海绵城市的重要依据，是城市规划的重要组成部分，可与城市总体规划同步编制，也可单独编制；其规划范围原则上应与城市规划区一致，同时兼顾雨水汇水区和山、水、林、田、湖等自然生态要素的完整性。城市人民政府城乡规划主管部门会同建设、市政、园林、水务等部门负责海绵城市专项规划编制的具体工作。海绵城市专项规划经批准后，应当由城市人民政府予以公布；法律、法规规定不得公开的内容除外。

规定指出海绵城市专项规划经批准后，编制或修改城市总体规划时，应将雨水年径流总量控制率纳入城市总体规划，将海绵城市专项规划中提出的自然生态空间格局作为城市总体规划空间开发管制要素之一。编制或修改控制性详细规划时，应参考海绵城市专项规划中确定的雨水年径流总量控制率等要求，并根据实际情况，落实雨水年径流总量控制率等指标。编制或修改城市道路、绿地、水系统、排水防涝等专项规划时，应与海绵城市专项规划充分衔接。

2.1.3　海绵城市规划工作任务

1. 海绵城市专项规划工作任务

海绵城市专项规划应按照"流域或城市—汇水区—子汇水区—地块"不同尺度，"源头—中途—末端"不同层级的基本思路进行，保证各个系统的完整性和良好衔接，统筹规划。在海绵城市专项规划层面上，重点是基于降水和地质等本地条件，识别并完善自然与人工相结合的水系统，优化水文循环，因地制宜地确定清晰系统的海绵城市控制要求与建设内容。海绵城市专项规划可分为总体规划层面、详细规划层面的专项规划，分别衔接城市总体规划与详细规划。

总体（分区）规划层次海绵城市专项规划的主要任务是提出海绵城市建设的总体思路；确定海绵城市建设目标和具体指标（包括水安全、水生态、水环境、水资源等方面目标，包含雨水年径流总量控制率等指标）；依据海绵城市建设目标、针对现状问题，因地制宜确定海绵城市建设的实施路径；明确近、远期要达到海绵城市要求的面积和比例，提出海绵城市建设分区指引；根据雨水径流量和径流污染控制的要求，将雨水年径流总量控制率目标进行分解。超大城市、特大城市和大城市要分解到排水分区；中等城市和小城市要分解到控制性详细规划单元，并提出管控要求。提出规划措施和相关专项规划衔接的建议；明确近期建设重点；提出规划保障措施和实施建议。

详细规划层次海绵城市专项规划的主要任务根据上层次海绵城市专项规划的要求，优化空间布局，统筹整合海绵城市建设内容，统筹协调开发场地内建筑、道路、绿地、水系等布局和竖向，使地块及道路径流有组织地汇入周边绿地系统和城市水系，并与城市雨水管渠系统和超标雨水径流排放系统相衔接，充分发挥海绵设施的作用。分解上层次目标到分图图则或控规地块，并明确强制性和指导性指标，以分类纳入详细规划的指标表并落实到分图图则。修建性详细规划层面的海绵城市专项规划，还应根据各地块的具体条件，通过技术经济分析，合理选择单项或组合控制设施，对指标进行合理优化，对海绵设施的比例、规模、设置区域和方式做出具体规定，达到可具体指导海绵设施的设计和实施的深度。

2. 相关城市规划海绵工作任务

在城市总体规划的海绵内容衔接上，重点是基于海绵城市专项规划的系统分析与指标体系，衔接、调整、落实土地需求、空间需求与专业需求；协调绿地、水系、道路、开发地块的空间布局与城市竖向、城市水系、排水防涝、绿地系统、道路交通等专项规划，为控制性详细规划阶段细化落实低影响雨水系统、城市雨水管渠系统和排涝除险系统提供规划策略、建设标准、总体竖向控制，并提供重大雨水基础设施的布局等相关重要依据与条件。

在控制性详细规划的海绵内容衔接上，重点是细化分解和落实城市总体规划中提出的海绵城市总体控制目标及要求。结合具体地块的用地性质和土壤类型等要素，基于各地块的海绵城市建设控制指标，调整绿地系统规划、交通与道路系统规划中的绿化率、道路周边绿地宽度等相关布局与指标，明确一部分市政尺度的源头径流控制系统、城市雨水管渠系统以及排涝除险系统重要设施的规划选择与布局，最终将海绵城市的理念形成可操作、可管理的规划设计条件，管控土地开发出让及建设前期工作。在修建性详细规划、城市设计等具体实施规划层面上，重点是将控制性详细规划中关于各地块的海绵城市控制指标落实到具体项目的设计之中，具体指导海绵城市设施的建设、细化场地设计和设施配套，以维持或恢复场地的"海绵"功能。如图 2-3 所示。

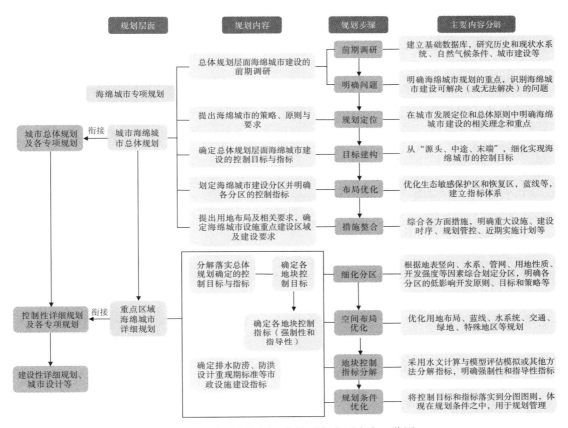

图 2-3　海绵城市规划工作关系与主要内容一览图

2.1.4　海绵城市规划工作原则

1. 保护优先

城市建设过程中应保护河流、湖泊、湿地、坑塘、沟渠等水生态敏感区，充分发挥山水林田湖等原始地形地貌对降雨的积存作用，充分发挥植被、土壤等自然下垫面对雨水的渗透作用，充分发挥湿地、水体等对水质的自然净化作用，努力实现城市水体的自然循环。

2. 问题导向

在实施海绵城市建设前应先对城市的山、水、林、田、湖自然本底进行全面摸底，并通过实地调研和分析找出城市在水生态、水环境、水资源和水安全方面存在的城市洪涝、水土冲蚀、径流污染、水资源短缺等问题，以主要问题为导向开展有针对性的海绵城市建设，而不是为"海绵"而"海绵"。

3. 系统控制

落实海绵城市建设要求的城市规划应立足于改善城市的生态环境，从水生态、水环境、水资源、水安全等方面提出系统控制目标，统筹源头径流控制系统、城市雨水管渠系统、排涝除险系统及防洪系统，衔接生态保护、河湖水系、污水、绿地、道路系统等基础设施，建立相互依存、相互补充的城市水系统。

4. 因地制宜

针对不同区域的水文气象条件、地理因素、城市发展阶段、社会经济情况、文化习俗等，或城市规划区范围内不同地区的特征，分门别类地制定海绵城市规划目标和指标，有针对性地选择相关的技术路线和设施，确保规划方案的可实施性和有效性。

5. 统筹协调

海绵城市建设内容应纳入城市总体规划、详细规划、水系规划、绿地系统规划、排水防涝规划、道路交通规划等相关规划中，各规划中有关海绵城市的建设内容应相互协调与衔接。

6. 科学合理

规划编制应有科学依据，对重大问题、关键指标，以及重要技术环节需要多方实证数据支持和校验，强调水文、降雨、地质等基础资料积累，并鼓励运用先进的规划辅助技术等。

2.2 海绵城市规划目标与指标体系

2.2.1 海绵城市规划目标

海绵城市建设要取得老百姓认可，达到"小雨不积水、大雨不内涝、水体不黑臭、热岛有缓解"的理想效果，同时要积极探索海绵城市建设的投融资模式，积极稳步推进；到 2020 年，城市建成区 20% 以上的面积达到目标要求；到 2030 年，城市建成区 80% 以上的面积达到目标要求。

对于水生态，要划定蓝线（河道保护线）、绿线（生态控制线），加强山、水、林、田、湖等生态空间的有效保护并稳步提升城市建成区绿化覆盖率；要做好源头径流控制与利用，力争将 70% 以上（属《海绵城市建设技术指南——低影响开发雨水系统构建（试行）》雨水年径流总量控制率分区图 V 区的城市，可考虑适度降低）的降雨就地消纳和利用。

对于水安全，要完善排水防涝系统，基本解决城市内涝积水问题；重视和完善城市雨水管渠等基础设施建设，与源头减排设施、超标暴雨的调蓄与排放设施统筹建设，综合提高城市排水及内涝防治能力。

对于水环境，要加强黑臭水体治理，在完善城市排水系统的基础上，有效控制径流污染及合流制溢流污染，改善城市水环境质量。

对于水资源合理利用，要保护水源地，降低管网漏损，推进节水型城市建设和最严格的水资源管理。

在具体目标和指标制定时，应注意落实以下工作原则：（1）综合统筹：海绵城市建设的目的是水文恢复,在恢复水文的过程中,同步实现水资源保障、水安全提升、水污染治理、水生态修复;(2)因地制宜:海绵城市建设的核心指标年径流总量控制率主要与降雨量、土壤地质、下垫面类型等有关。因此,各市应结合区位条件,分析本地的降雨、水文特点及经济可行性,分区、分类地制定相应指标;(3)科学可行:为保障每一类建设项目达到相应海绵城市建设目标,合理引导和约束各建设项目进行海绵设施的合理布局,指标的制定应注重可实施性。有足够经验和条件的地区,应构建模型进行水文模拟分析或通过监测优化调整,科学合理制定控制指标。

2.2.2 总体规划层次海绵指标

按海绵城市指标制定的综合统筹、因地制宜、科学可行原则,各地总体规划层次的海绵指标体系的构建可考虑选用以下共性指标和特色指标。

1. 共性指标

《海绵城市建设绩效评价与考核办法(试行)》(建办城函〔2015〕635号)中的指标体系设定了海绵城市规划总体层面的指标,包括水生态、水环境、水资源、水安全、制度建设及执行情况、显示度6个方面的18个指标(表2-2)。

总体规划层面共性指标   表2-2

类别	项	指标	要求	方法	性质
一、水生态	1	年径流总量控制率	当地降雨形成的径流总量,达到《海绵城市建设技术指南——低影响开发雨水系统构建(试行)》规定的年径流总量控制要求。在低于年径流总量控制率所对应的降雨量时,海绵城市建设区域不得出现雨水外排现象	根据实际情况,在地块雨水排放口、关键管网节点安装观测计量装置及雨量监测装置,连续(不少于一年、监测频率不低于15min/次)进行监测;结合气象部门提供的降雨数据、相关设计图纸、现场勘测情况、设施规模及衔接关系等进行分析,必要时通过模型模拟分析计算	定量(约束性)
	2	生态岸线恢复	在不影响防洪安全的前提下,对城市河湖水系岸线、加装盖板的天然河渠等进行生态修复,达到蓝线控制要求,恢复其生态功能	查看相关设计图纸、规划,现场检查等	定量(约束性)
	3	地下水位	年均地下水潜水位保持稳定,或下降趋势得到明显遏制,平均降幅低于历史同期。年均降雨量超过1000mm的地区不评价此项指标	查看地下水潜水水位监测数据	定量(约束性,分类指导)

类别	项	指标	要求	方法	性质
一、水生态	4	城市热岛效应	热岛强度得到缓解。海绵城市建设区域夏季（按6~9月）日平均气温不高于同期其他区域的日均气温，或与同区域历史同期（扣除自然气温变化影响）相比呈现下降趋势	查阅气象资料，可通过红外遥感监测评价	定量（鼓励性）
二、水环境	5	水环境质量	不得出现黑臭现象。海绵城市建设区域内的河湖水系水质不低于《地表水环境质量标准》IV类标准，且优于海绵城市建设前的水质。当城市内河水系存在上游来水时，下游断面主要指标不得低于来水指标	委托具有计量认证资质的检测机构开展水质检测	定量（约束性）
			地下水监测点位水质不低于《地下水质量标准》III类标准，或不劣于海绵城市建设前	委托具有计量认证资质的检测机构开展水质检测	定量（鼓励性）
	6	城市面源污染控制	雨水径流污染、合流制管渠溢流污染得到有效控制。（1）雨水管网不得有污水直接排入水体；（2）非降雨时段，合流制管渠不得有污水直排水体；（3）雨水直排或合流制管渠溢流进入城市内河水系的，应采取生态治理后入河，确保海绵城市建设区域内的河湖水系水质不低于地表IV类	查看管网排放口，辅助以必要的流量监测手段，并委托具有计量认证资质的检测机构开展水质检测	定量（约束性）
三、水资源	7	污水再生利用率	人均水资源量低于500m³和城区内水体水环境质量低于IV类标准的城市，污水再生利用率不低于20%。再生水包括污水经处理后，通过管道及输配设施、水车等输送用于市政杂用、工业农业、园林绿地灌溉等用水，以及经过人工湿地、生态处理等方式，主要指标达到或优于地表IV类要求的污水厂尾水	统计污水处理厂（再生水厂、中水站等）的污水再生利用量和污水处理量	定量（约束性，分类指导）
	8	雨水资源利用率	雨水收集并用于道路浇洒、园林绿地灌溉、市政杂用、工农业生产、冷却等的雨水总量（按年计算，不包括汇入景观、水体的雨水量和自然渗透的雨水量），与年均降雨量（折算成毫米数）的比值；或雨水利用量替代的自来水比例等。达到各地根据实际确定的目标	查看相应计量装置、计量统计数据和计算报告等	定量（约束性，分类指导）
	9	管网漏损控制	供水管网漏损率不高于12%	查看相关统计数据	定量（鼓励性）
四、水安全	10	城市暴雨内涝灾害防治	历史积水点彻底消除或明显减少，或者在同等降雨条件下积水程度显著减轻。城市内涝得到有效防范，达到《室外排水设计规范》GB 50014-2006规定的标准	查看降雨记录、监测记录等，必要时通过模型辅助判断	定量（约束性）

类别	项	指标	要求	方法	性质
四、水安全	11	饮用水安全	饮用水水源地水质达到国家标准要求：以地表水为水源的，一级保护区水质达到《地表水环境质量标准》GB 3838-2002 Ⅱ类标准和饮用水源补充、特定项目的要求，二级保护区水质达到《地表水环境质量标准》GB 3838-2002 Ⅲ类标准和饮用水源补充、特定项目的要求。以地下水为水源的，水质达到《地下水质量标准》GB 3838-2002 Ⅲ类标准的要求。自来水厂出厂水、管网水和龙头水达到《生活饮用水卫生标准》GB 5749-2006 的要求	查看水源地水质检测报告和自来水厂出厂水、管网水、龙头水水质检测报告。检测报告须由有资质的检测单位出具	定量（鼓励性）
五、制度建设及执行情况	12	规划建设管控制度	建立海绵城市建设的规划（土地出让、两证一书）、建设（施工图审查、竣工验收等）方面的管理制度和机制	查看出台的城市控详规、相关法规、政策文件等	定性（约束性）
	13	蓝线、绿线划定与保护	在城市规划中划定蓝线、绿线并制定相应管理规定	查看当地相关城市规划及出台的法规、政策文件	定性（约束性）
	14	技术规范与标准建设	制定较为健全、规范的技术文件，能够保障当地海绵城市建设的顺利实施	查看地方出台的海绵城市工程技术、设计施工相关标准、技术规范、图集、导则、指南等	定性（约束性）
	15	投融资机制建设	制定海绵城市建设投融资、PPP 管理方面的制度机制	查看出台的政策文件等	定性（约束性）
	16	绩效考核与奖励机制	（1）对于吸引社会资本参与的海绵城市建设项目，须建立按效果付费的绩效考评机制，与海绵城市建设成效相关的奖励机制等；（2）对于政府投资建设、运行、维护的海绵城市建设项目，须建立与海绵城市建设成效相关的责任落实与考核机制等	查看出台的政策文件等	定性（约束性）
	17	产业化	制定促进相关企业发展的优惠政策等	查看出台的政策文件、研发与产业基地建设等情况	定性（鼓励性）
六、显示度	18	连片示范效应	60% 以上的海绵城市建设区域达到海绵城市建设要求，形成整体效应	查看规划设计文件、相关工程的竣工验收资料。现场查看	定性（约束性）

注：此表来自《海绵城市建设绩效评价与考核办法》。

2. 特色指标

各地可参考自身特点，从表 2-3 中选取本地化的指标组成完整的指标体系。

总体规划层面地方特色指标表   表 2-3

城市特点	类别	指标名称	指标解释及标准	指标类型
生态较好的区域	自然生态空间管控	绿化覆盖率	绿化覆盖率＝（城市建成区内绿化覆盖面积／建设用地总面积）×100% 城市建成区内绿化覆盖面积应包括各类绿地（公园绿地、生产绿地、防护绿地以及附属绿地）的实际绿化种植覆盖面积（含被绿化种植包围的水面）、屋顶绿化覆盖面积以及零散树木的覆盖面积，乔木树冠下的灌木和地被草地不重复计算	●
		生态控制线	为保障城市基本生态安全，维护生态系统的科学性、完整性和连续性，防止城市建设无序蔓延，在尊重城市自然生态系统和合理环境承载力的前提下，根据有关法律、法规，结合城市实际情况划定的生态保护范围界线	○
		森林覆盖率	郁闭度 0.2 以上的乔木林、竹林、国家特别规定的灌木林地面积，以及农田林网和村旁、宅旁、水旁、路旁林木的覆盖面积的总和占土地面积的百分比	○
		水源保护区水质达标率	一、二级水源保护区内水质达标的比值	○
坡度较大的区域	水生态	水土流失面积	由于人为（开发建设项目、裸露山体缺口、弃土弃渣场地、陡坡种果等）和自然（水库消落区及其他）因素造成的水土流失面积总和	○
河网密度较大的城市	水生态	水域面积率	指城市总体规划控制区内的河湖、湿地、塘洼等面积与规划区总面积的比值	●
		天然水面保持率	一定区域范围内天然承载水域功能的区域面积在不同年份的变化值	○
自然湿地较多的区域	水生态	天然湿地保持率	一定区域范围内天然湿地面积在不同年份的变化值。湿地是指天然的或人工的、长久的或暂时的沼泽地、泥炭地和水域地带，带有静止或流动的淡水、半咸水或咸水水体，包括低潮时水深不超过 6m 的海域	○
城市建设开发强度大的区域	水生态	不透水地表面积比例	城市不透水地表面积占城市建设用地面积的比例。 不透水地表是指水不能通过其下渗到地表以下的人工地貌物质，诸如屋顶、沥青或水泥道路以及停车场等均为具有不透水性的地表。一般而言，不透水地表的土壤渗透系数小于 10^{-6} m/s	○
	水生态	地下空间开发限度	在分析城市地质、特点的情况下，明确地块地下空间占地块面积的最高比例	○
黑臭水体治理任务重的城市	水环境	黑臭水体	黑臭水体指城市建成区内，呈现令人不悦的颜色和（或）散发令人不适气味的水体的统称。2017 年底前：地级及以上城市建成区应实现河面无大面积漂浮物，河岸无垃圾，无违法排污口；直辖市、省会城市、计划单列市建成区基本消除黑臭水体。2020 年底前：地级及以上城市建成区黑臭水体均控制在 10% 以内。2030 年：城市建成区黑臭水体总体得到消除	●
合流制为主的区域	水环境	合流制溢流频率	暴雨条件下，截流式合流制管渠系统雨水混合污水年平均溢流排入受纳水体的次数	○

续表

城市特点	类别	指标名称	指标解释及标准	指标类型
外江、海区域	水安全	城市防洪（潮）标准	采取防洪工程措施和非工程措施后所具有防御洪（潮）水的能力	○
地下水位较高或者土壤渗透性不好，但是对于水质改善又确有需求的地区	水环境	面源污染控制率	径流污染控制是海绵城市建设的重要目标之一，既要控制分流制径流污染物总量，也要控制合流制溢流的频次或污染物总量。面源污染控制率主要指雨水携带的污染物的削减率，一般可采用 SS 作为径流污染物控制指标。根据美国实践，源头径流控制设施的年 SS 总量削减率一般可达到 40% ~ 60%	○

注：约束性指标●；指导性指标○。

2.2.3　详细规划层次海绵指标

在详细规划层面，将通过空间控制、市政设施布局、城市设计、地块指标落实上层次规划确定的控制目标与指标（表 2-4、表 2-5）。

海绵城市规划指标关系　　　　　　　　　　　　表 2-4

类别	总规指标和要求	控规指标和要求	控规主要落实方式	
			落实到地块指标	落实到空间、城市设计、市政等内容
水生态	1. 年径流量总量控制率 2. 城市不透水地表面积比例 3. 地下水位 4. 城市内河生态岸线比例 5. 天然水面保持率	地块年径流量总量控制率	●	—
		地块不透水面积比例	●	—
		下沉式绿地率（生物滞留设施率）	○	—
		绿色屋顶率	○	—
		单位硬化面积雨水控制容积	○	—
		地块生态岸线要求	●	●
		规划区天然水面保持率	○	●
水环境	1. 城市水环境质量 2. 雨污合流比例 3. 合流制溢流频率	区域和地块水环境质量	●	●
		雨污分流设施	—	○
		合流制截留设施和溢流污染控制设施	—	○
		地块初期雨水控制容积	○	—
水资源	1. 城市污水再生利用率 2. 城市雨水收集回用率 3. 城市公共供水管网漏损率	地块污水再生水利用量和污水再生用设施	●	●
		地块雨水收集回用率	○	—
		老旧公共供水管网改造完成率	—	○
水安全	1. 城市排水防涝标准 2. 城市内涝防治标准 3. 城市防洪标准	排水管渠标准和设施	—	●
		内涝防治标准和设施	—	●
		规划区防洪标准和设施	—	●

注：约束性指标●；指导性指标○。

详细规划层面指标一览表   表 2-5

类别	控制性详细规划指标及设施	指标解释与标准	指标或设施类型
水生态	地块年径流总量控制率	通过自然和人工强化的渗透、集蓄利用等方式，场地内累计全年得到控制的雨量占总降雨量的比例	●
	地块不透水面积比例	地块内不透水地表面积占地块总面积的比例	○
	下沉式绿地率	规划范围内的下沉式绿地面积占绿地总面积的比例。下沉式绿地率＝下沉绿地面积/绿地总面积。下沉式绿地泛指具有一定调蓄容积（在以径流总量控制为目标进行目标分解或设计计算时，不包括调节容积），可用于滞留渗透滞留径流雨水的绿地，包括生物滞留设施、渗透塘、湿塘、雨水湿地等。下沉深度指下沉式绿地低于周边铺砌地面或道路的平均深度，狭义下沉式绿地的下沉深度一般为 100~200mm，下沉深度小于 100mm 的绿地面积不参与计算。对于湿塘、雨水湿地等水面设施系指调蓄深度。目前某些试点城市探索将下沉式绿地率优化为生物滞留设施比例等指标	○
	绿色屋顶率	具有雨水滞蓄功能的绿化屋顶面积占建筑屋顶总面积的比例。绿色屋顶率＝绿色屋顶面积/建筑屋顶总面积	○
	单位面积控制容积	是指以径流总量控制为目标时，单位汇水面积上所需雨水设施的有效调蓄容积	○
	地块生态岸线要求	地块范围内上层次规划蓝线或相关规划确定生态岸线的分布情况	○
	规划区天然水面保持率	地块范围内天然承载水域功能的区域面积在不同年份的变化值	○
水环境	地块水环境质量	指地块内的河流、水景、湿地、湖泊等水域的水质标准，明确提出水体不黑臭的要求	●
	雨污分流设施	将雨水和污水分开，各用一条管道输送，进行排放或后续处理所采用的工程设施	○
	径流污染控制设施	为降低雨水径流污染，根据不同的地区和不同的城区功能布局，应依据各自的实际特点采取不同的防治措施。径流污染控制设施主要包括绿色屋顶、雨水桶/罐、透水铺装、植草沟、渗渠、生物滞留设施、雨水湿地、调蓄池、滨水缓冲区，以及雨污合流体系中污水处理厂的就地调蓄和雨季专用系统等。为达到径流污染控制的整体目标和效果，受到用地类型、开发强度、人口密度、管网设施建设情况、占地面积、景观和谐程度等因素影响，各种径流污染控制措施通常需要组合使用。不同措施之间可以有多种方式的组合，在空间上也有多种布局的可能性，因此相应的污染控制效果和成本会有所不同	○
	合流制截污设施和溢流污染控制设施	合流制截污设施是指截流合流制管渠将雨污混合水输送至污水处理厂所采取的工程设施；溢流污染控制设施是指削减截流式合流制管渠系统溢流进入受纳水体的污染物总量所采取的工程设施	○
水资源	地块污水再生水利用量和设施	地块内的污水再生利用需求总量，及为其供水的处理设施、管道及输配设施等设施的规划建设要求	●
	地块雨水资源利用率	地块范围内利用一定的集雨面收集降水作为水源，经过适宜处理达到一定的水质标准后，通过管道输送或现场使用方式予以利用的水量占降雨总量的比例	○

续表

类别	控制性详细规划指标及设施	指标解释与标准	指标或设施类型
水资源	老旧公共供水管网改造完成率	规划年限内，按照《城镇供水管网运行、维护及安全技术规程》CJJ 207-2013 规定，规划区计划改造的老旧公共供水管网长度占老旧公共供水管网总长度的比例	○
水安全	城市排水管渠标准和设施	满足相应城市排水管渠设计暴雨重现期标准的雨水管渠、泵站、调蓄池、生态沟渠、多功能调蓄设施及其附属设施	●
	内涝防治标准和设施	用于防止和应对城镇内涝防治设计重现期降雨产生城镇内涝的工程性设施和非工程性措施	●
	防洪标准和设施	满足相应城市防洪设防标准采取的防洪工程措施和非工程措施	●

注：约束性指标●；指导性指标○。

2.3 海绵城市专项规划编制指引

目前我国各地编制海绵城市专项规划主要包括针对全市总体层面的海绵城市专项规划和针对海绵城市建设试点区域或重点发展片区的海绵城市专项规划两个层面。在实践中，前者往往叫作某某市海绵城市专项规划或海绵城市总体规划，后者名称则各不相同，常见有海绵城市建设详细规划、海绵城市建设控制性详细规划、海绵城市建设实施规划、海绵城市建设实施方案或计划等。编写团队将在《海绵城市专项规划编制暂行规定》的基础上，结合在全国各地的实践经验，对此两层次海绵城市专项规划的主要编制内容和成果形式予以深入的阐述和说明。

2.3.1 总体规划层次编制要点

1. 综合评价海绵城市建设条件

分析城市区位、自然地理、经济社会现状和降雨、土壤、地下水、下垫面、排水系统、城市开发前的水文状况等基本特征，研究城市水资源、水环境、水生态、水安全等方面存在的问题，明确海绵城市建设的需求。

通过查找《全国黑臭水体清单》，明确规划区内是否存在黑臭水体。如果存在，应在图中标出黑臭水体的位置，分析水体黑臭的汇水区域、污染来源、点位、总量等信息；如果不存在，应对规划区内的地表水系的水环境质量进行分析，确定污染情况和成因。

明确规划区内易涝点的数量、位置，在图中标明汇水区域，逐个分析易涝点的成因，确定不同降雨条件下的影响范围。有条件的情况下，可以利用水力模型进行评估。

明确城市现状硬质下垫面比率、生态保育水平、不良地质（对海绵有不利影响区域）的分布、工程建设方面地方传统特色做法。

明确城市开发前多年平均降雨、蒸发、下渗和产流之间的比例关系；明确目前产流特征与径流控制水平。

2. 确定海绵城市建设目标和具体指标

确定海绵城市建设目标（主要为年径流总量控制率等），明确近、远期要达到海绵城市要求的面积和比例，参照住房和城乡建设部发布的《海绵城市建设绩效评价与考核办法（试行）》和本地特点，提出海绵城市建设的指标体系。

应明确针对近期"城市建成区20%以上的面积达到海绵城市目标要求"的目标，划定建成区20%所对应的区域。

规划区年径流总量控制率目标应从本底水文条件、径流控制要求、污染控制要求等多方面、多角度进行确定，不应机械套用全国降雨径流总量控制率分区图进行确定。

海绵城市建设指标体系应从水生态、水环境、水资源、水安全等方面进行制定，各项具体指标明确、清晰，目标值依据详实，充分体现"小雨不积水、大雨不内涝、水体不黑臭、热岛有缓解"的要求。同时可考虑结合规划区特点，增加部分特色指标。

3. 提出海绵城市建设的总体思路

依据海绵城市建设目标，针对现状问题和需求，因地制宜确定海绵城市建设的实施路径。老城区以问题为导向，重点解决城市内涝、雨水收集利用、黑臭水体治理等问题；城市新区、各类园区、成片开发区以目标为导向，优先保护自然生态本底，合理控制开发强度。

总体思路应坚持问题导向和目标导向，技术路线因地制宜、思路清晰，充分体现源头削减和过程控制，充分考虑系统布局，海绵型建筑与小区、道路与广场、公园绿地、管网建设等综合施策。

4. 提出海绵城市建设分区指引

识别山、水、林、田、湖等生态本底条件，提出海绵城市的自然生态空间格局，明确保护与修复要求；结合现状问题，划定海绵城市建设分区，提出建设指引。

5. 落实海绵城市建设管控要求

根据雨水径流量和径流污染控制的要求，将雨水年径流总量控制率目标进行分解。超大城市、特大城市和大城市要分解到排水分区；中等城市和小城市要分解到控制性详细规划单元，并提出管控要求。

根据城市总体海绵城市控制指标与要求，应针对每个管控单元提出相应的强制性指标和引导性指标，并提出管控策略，探索建立区域雨水管理排放制度，实现各分区之间指标衔接平衡。

管控单元划分应综合考虑城市排水分区和城市控规的规划用地管理单元等要素划分，应以便于管理、便于考核、便于指导下位规划编制为划分原则。各管控单元的平均面积宜在 2～3km²，规划面积超过 100km² 的城市可采取两个层次的管控单元划分方式（一级管控单元可与总规对接、二级管控单元可与分规或区域规划对接），以更好与现有规划体系对接。

6. 提出规划措施

针对内涝积水、水体黑臭、河湖水系生态功能受损等问题，按照源头减排、过程控制、系统治理的原则，制定积水点治理、截污纳管、合流制污水溢流污染控制和河湖水系生态修复等措施。海绵城市系统应总体布局合理，系统谋划，各类海绵城市建设措施统筹协调，综合施策；自然生态功能和人工工程措施并重，体现"源头削减、过程控制、系统治理"，具有系统性、整体性、完整性。

7. 提出相关专项规划衔接的建议

通过海绵城市专项规划的编制，将雨水年径流总量控制率、径流污染控制率、排水防涝系统等有关控制指标和重要内容纳入相关专项规划。衔接城市竖向、道路交通、绿地系统、排水防涝等相关规划，将规划成果要点反馈给这些专项规划，并通过今后各专项规划的进一步细化，确保海绵城市建设的协调推进。

8. 明确近期建设重点

明确近期海绵城市建设重点区域和近期建设项目，提出分期建设要求。

近期海绵城市建设重点区域应针对当前的突出问题，将内涝积水严重、黑臭水体多的区域划进近期重点区域，率先形成具有连片性和典型性的海绵城市示范区域，试行管理制度，率先全面达标，为规划区海绵城市建设积累经验。

9. 提出规划保障措施和实施建议

结合本地行政职能分工、规划建设特点，提出规划管控机制的建立与落实、措施实施主体与资金保障、落实机构与职责分工等保障措施和要求。

（1）纳入现有城市规划编制体系

编制或修编城市总体规划时，将年径流总量控制率、径流污染控制率、排水防涝等相关指标和内容纳入总体规划，将海绵城市专项规划中明确需要保护的自然生态空间格局作为城市总体规划空间开发管制的要素之一。

编制或修编控制性详细规划时，参考海绵城市专项规划中确定的年径流总量控制率和径流污染控制率等内容，并根据控规建设用地情况，确定各地块的年径流总量控制率和径流污染控制率等指标，确定市政设施的综合功能。海绵城市专项规划确定的管控分区应作为指标调整的刚性边界，即应在管控分区指标不调整的情况下，建立控制性详细规划中地块指标的动态调整机制。

（2）通过其他专项规划落地

在各层级新编的水系规划、绿地系统、竖向系统、排水防涝、道路建设等规划中，应优先将海绵城市相关指标纳入编制方案；在对已编制规划进行整合或修编时，须增加海绵城市内容。

（3）融入现有规划管理体系

应将海绵城市专项规划中的雨水年径流总量控制率等指标嵌入控制性详细规划的关键管理层次中，进而将海绵城市建设要求依法纳入土地出让和"一书两证"的审查审批过程中。

（4）细化规划审查方法

方案设计技术审查时，应增加海绵城市相关内容的技术审查。海绵城市建设相关内容的审查，应由城乡规划主管部门牵头，并由建设、市政、园林、水务、环保、交通等相关部门配合完成。

规划审查方法要定量化和模型化，推荐通过建立合理、易操作的计算机模型对年径流总量控制率等指标进行核算，审查指标测算结果是否达到规划设计条件中给定的目标要求。

（5）强化施工及验收管理要求

施工图审查中，应将海绵城市建设要求作为重要的审查内容。委托第三方完成施工图审查的，应明确要求第三方审查专家中有涉及海绵城市建设的相关专家；规划、建设、市政、园林、水务、环保、交通等相关部门应参与审查工作。施工图审查合格和招投标工作按要求完成后方可按规定核发施工许可证。

施工许可发证机关应当建立颁发施工许可证后的监督检查制度，对取得施工许可证后未按海绵城市的建设要求进行精细化施工的，应及时予以纠正。参与的相关责任主体应按规定履行各自职责，全过程监督施工过程，确保工程施工完全按照设计图纸实施。

总体规划层面专项规划成果应包括规划文本、说明书、图集以及相关必要的专题研究报告等。成果的表达应当清晰、准确、规范。

1）规划文本是规划中最简练、最重要的文字说明，应简明扼要的描述专项规划中的结论内容，方便本地规划主管部门使用。文本正文应以条款的形式表达，内容包括规划的所有结论、指标和管控要求。文本的行文要求精炼、准确，通过使用"须、应、宜、可、严禁、不宜、不得"等文字，明确规划的严肃性和约束性，一般不需要展开解释。

2）规划说明书是技术性文件，是对规划文本的说明，应采用说明或议论文体。说明书应包括规划各阶段研究分析、方案比较和重大问题论证等主要内容，并对规划文本进行解释和说明。说明书撰写要求逻辑清晰、条理分明、推理严谨、数据详实、论证充分、语言准确。通过插图、配表、专栏等形式，增强说明书的可读性。

3）规划图纸应与规划说明书内容相符合，内容清晰、准确；图纸范围、比例、图例等应保持一致。主要的图纸名称和内容要求如表2-6所示。

总体规划层次专项规划图纸名称及内容要求　　　　　　　　表2-6

序号	图纸名称	内容要求
1	城市区位图	明确城市在不同区域的位置
2	城市现状图	包括高程、坡度、下垫面、地质、土壤、地下水、绿地、水系、排水系统等要素，可以分为多张图纸表达
3	用地现状和规划图	参考城市总体规划，标明用地性质、路网、市政设施等要素
4	海绵城市自然生态空间格局图	明确本地海绵城市生态格局，山水林田湖的位置和结构，以及需要保护的边界

序号	图纸名称	内容要求
5	海绵城市建设分区图	根据场地适宜性评估以及片区差异，明确城市海绵城市建设分区划分结果
6	海绵城市建设目标分解图	可分为多张图纸表达，在流域尺度和管控单元尺度，明确雨水年径流总量控制率和径流污染控制率的空间分布
7	海绵城市基础设施规划布局图	根据说明书中确定的方案，可分为多张图纸表达，明确海绵型道路、海绵型建筑与小区、海绵型公园与广场、调蓄设施、雨水湿地等海绵设施的空间布局
8	海绵城市相关基础设施规划图	可分为多张图纸表达，明确防洪及排水防涝系统规划图、水环境治理系统规划图、雨水及合流制改造系统规划图等
9	海绵城市分期建设规划图	标明本地海绵城市建设时序在空间上的分布
10	其他相关图纸	其他相关规划内容的表达图纸

2.3.2　详细规划层次编制要点

详细规划层面的海绵城市专项规划应在总体层面的海绵城市专项的基础上，结合规划区（试点区域或重点发展片区）的用地布局、建设项目、排水系统、水系等更为准确和细致的本地特点，细化和深化海绵城市规划方案，将分解到排水分区或控制性详细规划单元的管控要求再进一步分解，落实到地块和市政设施，为构建区域雨水排水管理制度奠定基础，以更好地指导实施地块管控和建设实施，满足各地块规划建设管理诉求。主要编制内容如下：

1. 综合评价海绵城市建设条件

重点分析规划区土壤、地下水、下垫面、排水系统、历史内涝点、水环境质量等本底条件，识别水资源、水环境、水生态、水安全等方面存在的问题和建设需求。

2. 确定海绵城市建设目标和具体指标

根据总体规划层面专项规划制定的管控单元目标，确定规划区的海绵城市建设目标（雨水年径流总量控制率），并对此目标进行复核，确定是否可达。参照《海绵城市建设绩效评价与考核办法（试行）》和总体规划层面的指标体系，提出规划区海绵城市建设的指标体系。

3. 海绵城市建设总体思路

（1）问题导向。针对城市内涝问题，落实排水防涝规划要求，从雨水径流源头控制、雨水管网系统建设、竖向调整、雨水调蓄、雨水行泄通道建设、内河水系治理等方面构建完善的排水防涝系统。

针对黑臭水体问题，根据《城市黑臭水体整治工作指南》，按照"控源截污、内源治理；活水循环、清水补给；水质净化、生态修复"的技术路线具体实施。

（2）目标导向。通过海绵城市建设实现城市建设与生态保护和谐共存，构建"山、水、林、田、湖"一体化的"生命共同体"。转变城市发展理念，从水生态、水环境、水安全、水资源等方面出发，规划先导，在不同城市发展尺度上，集成构建"大海绵、中海绵、小海绵"相衔接的三级海绵城市体系。

即以水库、河流为生态本底，保障生态用地比例，构建生态安全格局的"大海绵"体系；统领涉水相关规划，从供水安全保障、防洪排涝、水污染治理、水资源等方面，构建水安全保障度高、水环境质量提升、水资源丰盈的"中海绵"体系；落实低影响开发建设理念，源头削减雨水径流量、峰值流量，控制雨水径流污染，构建具备恢复自然水文循环功能的"小海绵"体系。通过不同层级海绵体系的层层递进，共同助力海绵城市建设。

4. 海绵城市指标分解与管控要求

采用 EPA-SWMM 模型或其他技术手段构建规划区水文模型，反复分解试算区域雨水径流控制目标，评估及验证控制目标的可行性。

（1）年径流总量控制率指标分解的一般思路

1）地块划分

按照地块规划及现状建设情况将地块划分为新建项目、改造项目以及现状保留项目。其中，新建项目和改造项目为开展径流控制的重点项目，现状保留不作为主要的径流控制项目。在每个类别中，再依据各地块的用地性质，将地块分为居住类、公共建筑类、道路广场类、公园绿地类等。

2）初次设定年径流总量控制目标

在地块分类的基础上，初次设定各个地块的年径流总量控制率目标。其中，新建项目目标设定较高，改造项目目标设定较低。

3）布置低影响开发设施

基于地块设定的目标，根据各类用地的下垫面分布特点（建筑屋面、绿地、铺装等），布置绿化屋顶、下沉式绿地、透水铺装等海绵设施。基于模型，模拟评估布置的低影响开发设施是否满足地块目标，并优化设施布置。

4）调整径流控制目标

基于构建的模型，模拟评估各类型地块初步设定的目标是否达到区域径流控制总体目标。如果不达标则反复调整和优化，进而得到各地块合理的年径流控制目标。

5）模型输出

经模型模拟评估并优化后，得到各个地块的年径流总量控制目标，作为各地块控制的约束性指标，从而实现年径流总量控制率目标分解。

（2）年径流污染削减率指标分解

面源污染控制目标采用年径流污染削减率指标表征，与年径流总量控制率指标同步实现，主要是通过优化采用具有海绵功能的设施类型实现对面源污染的控制。面源污染控制目标通常以 SS 和 COD 削减率计。

通过在各类建设项目中合理布局海绵城市设施，实现径流量控制的同时对面源污染实现净化处理，进而实现面源污染控制指标。

（3）管控思路

结合控制性详细规划和修建性详细规划，将所在分区的径流总量控制目标、径流污染控制目标分解为建筑与小区、道路与广场、公园绿地等地块的指标，并纳入控制性详细规划。

将年径流总量控制率、径流污染削减率等指标作为城市规划许可的管控条件，纳入到规划国土行政主管部门的建设项目规划审批程序，引导和鼓励建设项目海绵设施与主体工程同时规划、同时设计、同时施工、同时使用。

结合现有建设项目审查审批工作要求，发改、环保、建设、水务等部门按照自身职责分别对海绵城市管控指标进行审查。

5. 海绵城市工程规划

以问题和目标为导向布局灰绿基础设施解决涉水问题。结合规划区的特点，从自然海绵体布局和保护详细规划、排水防涝详细规划、河道综合整治详细规划、供水安全保障规划、污水系统详细规划、雨水资源化利用规划、再生水利用规划、内涝点整治规划、黑臭水体治理措施等方面制定详细的海绵城市工程规划方案。

应确定规划区内重要海绵设施的布局、规模和建设要点，如调蓄池、水系生态化断面等。可按建设用地类型分别给出海绵城市规划设计详细指引，指导各类项目的具体设计和建设。

6. 明确近期建设重点

确定海绵城市近期重点建设项目，并制定建设时序安排和投资估算。

7. 保障措施和实施建议

提出与控制性详细规划、城市道路、排水防涝、绿地、水系统等相关规划的衔接建议。

提出海绵城市建设相关体制机制建立的建议，确保将规划理念、要求和措施全面落实到建设、运行、管理各环节。

提出针对规划方案的监测和考核要求，客观、真实评价海绵城市建设的效果。

详细规划层面专项规划成果应包括规划文本、说明书、图集以及相关必要的专题研究报告等。成果的表达应当清晰、准确、规范。对文本和说明书的要求与总体规划层面保持一致。

详细规划层面专项规划图纸应与规划说明书内容相符合，内容清晰、准确，图纸范围、比例、图例等应保持一致。主要的图纸名称和内容要求如表 2-7 所示。

详细规划层次专项规划图纸名称及内容要求 表 2-7

序号	图纸名称	内容要求
1	规划区位图	明确规划区在城市中的位置
2	城市现状图	包括高程、坡度、下垫面、地质、土壤、地下水、绿地、水系、排水系统等要素，可以分为多张图纸表达
3	用地现状和规划图	参考控制性详细规划，标明用地性质、路网、市政设施等要素

序号	图纸名称	内容要求
4	海绵城市建设目标管控分区图	明确雨水年径流总量控制率和径流污染控制率在管控单元的分解结果和控制要求
5	海绵城市建设地块指标控制图	按照管控单元分为多张图纸表达，明确每个管控单元中各地块的年径流总量控制率和各类设施控制指标，采用图表结合的形式
6	海绵城市重要设施规划布局图	根据说明书中确定的方案，分为多张图纸表达，明确海绵型道路、海绵型建筑与小区、海绵型公园与广场、调蓄设施、雨水湿地等海绵设施的空间布局
7	海绵城市相关基础设施规划图	分为多张图纸表达，明确防洪及排水防涝系统规划图、水环境治理系统规划图、雨水及合流制改造系统规划图等
8	海绵城市近期建设项目分布图	标明近期海绵城市建设项目在空间上的分布
9	其他相关图纸	其他相关内容的表达图纸

2.4　相关规划海绵内容编制技术指引

城市规划应强调自然水文条件的保护、自然斑块的利用、紧凑式的开发等方略，还应因地制宜明确城市年径流总量控制率等控制目标，明确海绵城市建设的实施策略、原则和重点实施区域，并将海绵专项规划有关要求和内容纳入城市水系、排水防涝、绿地系统、道路交通等相关专项或专业规划[66]。

各地应在《海绵城市建设规划编制暂行规定》的基础上，结合本地情况，对相应层次规划海绵内容编制技术要点的内容进行研究，在修订地方性规划编制标准、指南等技术文件时，予以纳入。

2.4.1　总体规划海绵内容编制要点

在城市总体规划编制或修编的过程中，应纳入海绵城市专项规划的主要指标、内容、结论，并同步调整衔接其他专项规划，特别是应将雨水年径流总量控制率和径流污染控制率等海绵城市建设目标和指标纳入总体规划，将海绵城市专项规划中明确需要保护的自然生态空间格局作为城市总体规划空间开发管制的要素之一。城市总体规划已经编制完成并获批的城市，可由地方同级人民政府审批海绵城市专项规划，并在下轮总体规划修编时将成果纳入。编制或修编城市水系、绿地、生态、竖向、道路、排水防涝、防洪等专项规划时应与海绵城市专项规划充分衔接。

1. 竖向规划

海绵城市建设要求竖向应结合地形、地质、水文条件、年均降雨量及地面排水方式等因素合理确定，并与防洪、排涝规划相协调。海绵城市竖向规划优化工作应包括：明确排水分区；识别城市的低洼区、潜在湿地区域，提出相应的竖向规划优化设计策略。

2. 用地功能布局

根据海绵城市建设要求，提出用地空间布局优化建议。以落实保护优先为原则，科学划定三区四线，从用地选择的源头确保城市开发建设对原有自然生态系统和原有水文环境的影响降低到最小。

3. 蓝线（水系）规划

按照海绵城市建设要求，提出城市蓝线（水系）规划保护的对象、规模，并在水系保护、岸线利用、涉水工程协调等方面落实海绵城市建设要求。当新增水体或调蓄空间达到一定规模或与城市水系连通时，应纳入城市蓝线（水系）规划。

4. 给水规划

落实海绵城市建设要求的城市给水工程规划，应体现节水原则，强调雨水等非常规水资源的资源化利用。

5. 排水防涝规划

应明确城市排水体制，纳入雨水年径流总量控制率等指标。确定雨水管渠系统、超标雨水径流排放系统的设计重现期。明确城市面源污染治理规模和方式，因地制宜合理规划管渠系统，合理设置海绵城市建设技术及设施标准。

6. 绿地系统规划

应在保障为居民提供游憩场地和美化城市等功能的基础上，统筹考虑绿地系统自身及周边雨水径流的整体控制，因地制宜地规划雨水径流路径，合理选择雨水设施，实现复合生态功能。应强化绿地生态功能，划定保护范围，实现生态绿地廊道优化，构建多层次、多功能的绿地生态网络时，最大限度地保护生态敏感区。

7. 道路交通规划

道路交通规划一方面要按照现有的人行道入渗、下凹式桥区设置调蓄池的规定进行设计，同时应根据海绵城市建设理念及控制目标，削减地表径流和控制面源污染。结合各条道路功能汇水区域及道路条件，综合考虑水文地质、施工条件以及养护管理方便等因素，因地制宜地统筹确定道路及周边场地径流控制目标和原则。在满足道路交通安全等基本功能的基础上，充分利用城市道路自身及周边绿地空间建设海绵设施。

8. 防洪规划

根据城市的等级和人口规模，合理确定城市防洪系统的设计洪水或潮水重现期和内涝防治系统的设计暴雨重现期。梳理城市现有自然水系，优化城市河湖水系布局，保持城市水系结构的完整性，实现雨水的有序排放、净化与调蓄；将受破坏水系逐步恢复至原有自然生态系统状态；在用地条件允许的情况下，地势低洼的区域可适当扩大水域面积。

9. 特殊地区的规划编制要求

对于规划区内的内涝易发片区、地质灾害严重地区、文物古迹密集区、内涝经济损失大的地区、山洪和泥石流高发地区、重要的生命线工程等特殊地区，应划定范围，提出具体的应对策略和措施体系。

2.4.2　详细规划海绵内容编制要点

1. 控制性详细规划层面

在控制性详细规划层面，主要依据城市总体规划中的有关要求，增加与海绵城市规划建设有关的内容，细化落实海绵城市相关规划指标、要求、大型市政设施布局等规划内容，明确强制性指标和引导性指标，并指导下层次的规划、设计和建设项目规划管控工作。

（1）竖向规划。依据总体规划的内容，进一步明确规划地区的主要坡向、坡度、自然汇水路径、低洼区等内容。尽可能尊重区域原有的地形地貌和自然排水方向，减少对现状场地的大规模和人工化处理。统筹协调开发场地、城市道路、绿地和水系等的布局和竖向，提出地块控制性标高或不同重现期淹没深度范围。对于低洼区、滨水地区提出相应的竖向规划优化设计策略。

（2）用地布局。进一步明确低洼易涝高风险范围，调整优化该区域地块的用地性质、开发强度、竖向等；对主要地表径流通道及其周边的用地进行统筹，合理布局公共绿地、开放空间和道路设施等用地。交叉布置产汇流较好和较低的地块，避免雨水径流过于集中。

（3）蓝线（水系）规划。结合城市总体规划和蓝线（水系）规划所确定的规划区水域及面积，细化并落实天然水面率、水系保护、水系利用等要求，深化总体规划确定的蓝线保护范围。细化落实总体规划确定的规划区水系的生态岸线、滨水缓冲带等相关规划要素，确定地块生态岸线要求。统筹协调蓝线内布局的水系、岸线、湿地与给水排水以及雨水设施的关系 [67]。

（4）绿地规划。落实绿线，明确区域绿地、城市绿地的范围和规模；均衡布局城市绿地，增强绿地雨水的渗、蓄、滞、净、用等复合功能。在现状条件许可的情况下可将部分绿地规划成城市超标暴雨排放通道。

（5）给水规划。明确规划区范围内的分布式雨水资源回用设施的回用量、回用方式及回用的主要用途，将其分解至控规的单元地块，确定地块雨水资源利用率指标；综合确定采用分质供水模式的区域，并规划设计再生水管网，确定地块污水再生利用量指标，落实污水再生利用设施。

（6）排水防涝规划。明确规划地区和重点地块（涉水）的水环境质量要求；根据总体规划确定的排水体制、内涝设计重现期和主干管网布局，进行规划区排水系统布局，确定排水管渠的路由管径、管底标高等内容。将总体规划确定的年径流总量控制率目标因地制宜分解，确定每个地块的年径流总量控制率目标。合理规划城市超标暴雨排放通道。

（7）防洪规划。明确规划范围内所涉及的城市防洪工程的等级和设计防洪标准，设计洪水、涝水和潮水位，细化并确定规划区域内堤防、河道及护岸（滩）等设施工程。明确管渠、泵站、滞蓄设施、超标雨水径流通道等综合性基础设施的控制界限，明确用地规模、位置、相关控制要求。

（8）道路规划。根据规划区的路网结构、布局、道路等级及现状条件，确定各条道路的径流控制目标。根据本地区道路特点及道路雨水径流水质，在确保道路安全的基础上，按照城市道路径流控制技术要点，进一步细化道路断面、竖向设计，并与周边绿地或开放空间充分衔接。根据海绵型道路的建设要求，设计道路横断面。

（9）特殊地区的编制要求。1）涉及发展备用地、裸地、荒草地、闲置土地的，应进行综合治理，减少自然灾害和水土流失，并增强保水持水能力。2）涉及位于山体周边城市建设区的，应布局山体截洪沟系统，减小汛期山区雨水对城市建设区的冲击。3）涉及从城市建设区内部穿越而过的生态廊道和绿地的，应结合场地竖向，增强其雨水入渗、滞蓄能力，并可作为城市建设区雨水径流调蓄、排放的辅助通道。4）涉及水系的，应统筹考虑流域、竖向、水资源、河流水体功能、水环境容量等因素，结合河道沿线绿地、蓝线、滞洪区，优先落实植被缓冲带、人工湿地、生物浮岛、生态型雨水排放口等雨水设施，并确定其断面形式、规模、建设形式和用地。

2. 修建性详细规划层面

在修建性详细规划、城市设计、项目前期选址论证等详细规划设计层面，可依据控制性详细规划的要求，细化落实上位规划确定的海绵城市建设的相关控制指标，落实相应设施选择、布局、可执行的总体设施规模及相关技术，体现在场地规划设计、工程规划设计、经济技术论证等方面，指导地块开发建设。

（1）竖向设计。场地的竖向应尊重原有地形地貌地质，不宜改变原有排水方向。对包含建筑、道路、绿地等的场地进行竖向设计时，应统筹考虑自身产流以及客水对建设场地的影响，综合设计雨水系统方案。兼顾雨水重力流原则并尽量利用原有的竖向高差条件组织雨水流向，将雨水径流自高处的建筑屋顶经逐级降低的绿地系统汇入低处可消纳径流雨水的雨水设施。对最终确定竖向的低洼区域应着重明确最低点标高、降雨蓄水范围、蓄水深度及超标雨水排水出路。

（2）平面布局规划。设计不同下垫面的雨水径流路径，优化硬化地面与绿地空间布局，合理布局室外空间。校核控制性详细规划中提出的年径流总量控制目标，并进一步落实该指标，海绵城市控制目标和指标可在多个地块之间统筹平衡与落实。尽可能保留天然水面、坑塘、湿地等自然空间，规划人工景观水体时优先选择现状高程低洼区。应明确工程型雨水设施的位置、占地和规模等内容。

（3）主要控制指标复核。明确主要经济技术指标，除原有用地面积、建筑面积、容积率、建筑密度（平均层数）、绿地率、建筑高度、停车位数量、居住人口等指标外，还应落实分解地块年径流总量控制率、雨水管网设计暴雨重现期、面源污染削减率等海绵城市强制性指标，因地制宜落实透水铺装率、绿地生物滞留设施比例、绿色屋顶率、不透水下垫面径流控制比例等引导性指标。

（4）给水排水规划。合理设计饮用水管网、非饮用水管网，充分利用雨水、再生水资源作为绿化浇洒、洗车、水景等非饮用和非接触的低品质用水。落实雨水资源回用所需的雨水桶、回用池等回用设施，并与地下给排水管网对接，确定设施位置、容量及其主要用途。结合场地竖向和道路断面，布局植草沟、渗排水沟等地表自然排水设施，将其与地下雨水管网统一布置，有机衔接为一个整体。

（5）绿地规划。绿色景观设计时融入海绵城市理念，兼顾景观效果的同时合理布置雨水花园、植草沟、雨水塘等雨水设施。依据不同的绿地类型、规模采用常规绿地与海绵设施相结合布置方式，通过海绵设施适度消纳周边不透水场地的雨水径流；选择合适的本土植物配置，控制绿地表面的积水时间，减少对环境的不利影响。

（6）道路交通规划。落实上位规划有关海绵城市建设对道路交通的要求，优化道路横断面设计，调整原有道路横坡和纵坡方向设计，确定道路控制点高程；将道路绿化隔离带及防护绿带合理设置为生物滞留设施，将雨水径流引入绿化带，适当设置雨水设施以削减道路径流量。有条件的地区，机动车道、非机动车道可采用透水沥青路面或透水水泥混凝土路面；人行道尽量设置透水铺装，地面停车场宜采用透水铺装。

（7）雨水设施设计要求。保护优先，合理利用场地内原有的湿地、坑塘、沟渠等消纳径流雨水。可结合绿地、水体增设雨水塘、雨水湿地、渗井、蓄水池等工程型设施。编制单一小地块或城市更新地区的修建性详细规划时，因受空间限制等原因不能满足控制目标的，可与区域雨水设施布局相协调，通过城市雨水管渠系统，引入区域性的雨水设施进行控制。明确需要落实到绿地、公共空间等区域的非独立占地的雨水设施要求和要点。

2.4.3　主要相关专项规划海绵内容编制要点

在各层级新编的水系、绿地系统、竖向系统、排水防涝、道路交通等规划中，应优先将海绵城市相关指标和要求纳入编制方案；在对已编制规划进行整合或修编时，须增加海绵城市内容。

1. 城市水系规划

城市水系规划应在水系保护、水系利用、水系新建、涉水工程协调等方面落实海绵城市规划建设的相关要求。

（1）基础研究与评价

分析水系在流域、城市、生态体系中的定位和作用，明确水面率、水系连通、水安全、水环境、水生态等方面的现状及问题。

（2）水系保护

依据城市总体规划的水面率目标，明确受保护水域的面积和基本形态。保护水体完整性，进行蓝线划定，并提出控制要求。

（3）水系利用

统筹水体、岸线和滨水区之间的功能，在促进城市水系多功能复合利用的同时，尽量保护与强化其对雨水径流的自然渗透、净化与调蓄功能，优化城市河道、湖泊和湿地等水体的布局，并与其他相关规划相协调。

岸线利用应体现保护优先的原则，划定生态岸线，并对受破坏的岸线进行生态修复。

在生产性、生活性岸线周边，应结合地块开发功能及建设形态，合理布局植被缓冲带，优先采用自然岸线。

（4）规划新建水系

新增水体应兼顾城市排水防涝及景观功能，并考虑周边地块的雨水径流控制要求。

（5）涉水工程协调

应与给水、排水、防洪排涝、水污染治理、再生水利用、道路等工程进行综合协调，以促进城市水系的保护和提高城市水系的利用效率，减少各类涉水工程设施的布局矛盾。

2. 城市绿地系统规划

城市绿地系统规划应明确海绵城市开发的控制目标，在满足生态、景观、游憩、安全等功能的基础上，通过合理的竖向设计，优化布局海绵设施，实现复合生态功能。

（1）提出不同类型绿地的海绵建设控制目标和指标。根据绿地的类型和特点，明确公园绿地、生产绿地、防护绿地、附属绿地、其他绿地等各类绿地的规划建设目标、控制指标（如年径流总量控制率、年径流污染控制率和调蓄容积等）和适用的海绵设施类型。

（2）合理确定城市绿地系统海绵设施的规模和布局。应统筹水生态敏感区、生态空间和绿地空间布局，落实海绵设施的规模和布局，充分发挥绿地的渗滞、调蓄和净化功能。

（3）城市绿地应与周边汇水区域有效衔接。在满足绿地核心功能的前提下，合理确定周边汇水区域汇入水量（即客水），提出客水预处理、溢流衔接等安全保障措施。通过平面布局、竖向控制、土壤改良、选配植物等多种方式，将海绵设施有机融入绿地景观塑造中，以优美的景观外貌发挥绿地滞留、消纳、净化雨水径流的作用。

在城市绿地系统规划的指导下，下阶段，规划设计城市绿地类建设项目时，应注意：

（1）发挥雨洪调蓄作用绿地中植物的选择应关注植物内在的生态习性以及本地条件（光照、土壤、水分）的契合度，符合园林植物种植及园林绿化养护管理技术要求。通过合理设置绿地下沉深度和溢流口高度，改良土壤、增强土壤渗透性能，配置适宜的乡土植物和耐水湿植物，从而发挥绿地最佳生态功能和景观效果。

（2）合理设置预处理设施。径流污染较为严重的地区，可采用初期雨水弃流、沉淀、截污等预处理措施，在雨水径流进入绿地前截流净化部分污染物。

（3）充分利用多功能调蓄设施调控雨水径流。有条件地区可布局湿塘、雨水湿地等海绵设施，调蓄超标降雨。

3. 城市生态规划

城市生态规划旨在协调人类社会的发展和自然环境的保护，内容上包括环境容量的评估、城市空间发展边界的划定、城市安全空间的预留等。海绵城市建设属于大生态规划的范围，因此生态规划中应同时考虑"山、水、林、田、湖"海绵体的保护、城市海绵空间的预留，并在不同尺度的生态策略中融合海绵城市建设的要求，完善生态安全体系。

（1）在城市总体层面的生态规划中，落实重要的公园绿地、河湖、湿地和沟渠等"海绵体"，将其纳入生态资源保护的适宜性评价内容中，海绵生态敏感性极高的绿地和水体，要求划入生态底线区，通过生态空间的保留，保障城市海绵功能。

（2）在生态安全格局构建时，加以考虑海绵本底对于格局的影响和作用，把潜在海绵要素融入城市生态安全格局的框架。并在"基质－斑块－廊道"的构建时，融入海绵基质、斑块和廊道的内容，补充完善生态安全格局的构建。

（3）在生态功能划分和管控指引制定时，把海绵功能分区尤其是生态区海绵功能分区的结论与管控指引列入生态功能分区的划定与管控指引内容中，在生态规划中落实对海绵基底的保护。

（4）将需要重点修复的海绵"蓝、绿"资源在生态规划中进行重点识别，对于发挥水源涵养、净化功能的公园绿地和发挥滞蓄功能的水体湿地，若其受到人为破坏及干扰的，要求在城市规划中列入生态修复的重点内容，恢复其海绵功能。

（5）在生态措施规划中，要求细化水环境容量的评价，提出面源污染控制要求。城市面源污染是城市水污染的主要来源，在评价城市面源污染的特征后，要求通过透水铺装、城市绿色屋顶、下沉式绿地及生物滞蓄的总量和布局要求，实现面源污染的削减作用。

在控规层面的生态规划内容中，对绿地率、屋顶绿化率、下沉式绿地率和透水铺装率等确定具体要求，有效指导城市规划中融入海绵建设的理念。

4. 城市竖向规划

城市竖向规划应结合地形、地质、水文条件、年均降雨量及地面排水方式等因素合理确定，并与防洪、排涝规划相协调。

（1）明确排水分区。

（2）识别出城市的低洼区、潜在湿地区域。

（3）通过竖向分析确定各个排水分区主要控制点高程、场地高程、坡向和坡度范围，并明确地面排水方式和路径。

（4）提出竖向规划优化设计策略；以减少土方量和保护生态环境为原则，宜优先划定为水生态敏感区，列入禁建区或限建区进行管控。

（5）识别出易涝节点，对道路控制点高程进行优化设计。衔接超标雨水通道系统的规划设计。

（6）统筹城市涉水设施的竖向等。

5. 城市道路交通规划

城市道路是海绵城市规划建设的重要组成部分和载体。城市道路交通专项规划应在保障交通安全和通行能力的前提下，尽可能通过合理的横、纵断面设计，结合道路绿化分隔带，充分滞蓄和净化雨水径流。

（1）确定各等级道路源头径流控制目标。充分利用城市道路自身及周边绿地空间落实海绵设施，结合道路横断面和排水方向，利用不同等级道路的中分带、侧分带、人行道和停车场建设生物滞留设施、植草沟、雨水湿地和透水铺装等海绵设施，通过渗滞、调蓄和净化等方式，实现道路源头径流控制目标。

城市道路中非机动车道、人行道、步行街、停车场可采用透水铺装。

市区路段道路、郊区公路应利用道路隔离带、周边绿地，建设生物滞留设施、植草沟、雨水湿地等设施。

下穿式道路应利用周边场地，结合汇水区建设调蓄设施。

（2）协调道路与周边场地竖向关系，充分考虑道路红线内外雨水汇入的要求，通过建设下沉式绿地、透水铺装等海绵设施，提高道路径流污染及总量等控制能力。

（3）提出各等级道路源头海绵设施类别、基本选型及布局等内容，合理确定源头径流减排雨水系统与城市道路设施空间衔接关系。

6. 城市排水防涝规划

城市排水防涝是海绵城市的重要组成。城市排水防涝综合规划应在满足《城市排水工程规划规范》GB 50318—2000、《室外排水设计规范》GB 50014—2006（2016 年版）等相关要求的前提下，明确海绵城市的建设目标与建设内容。

（1）明确年径流总量控制目标与指标。通过对排水系统总体评估、内涝风险评估等，明确年径流总量控制目标，落实城市总体规划中海绵城市建设目标，并与海绵城市专项规划进行衔接。

（2）确定径流污染控制目标及防治方式。应通过评估、分析径流污染对城市水环境污染的贡献率，根据城市水环境的要求，结合悬浮物（SS）等径流污染物控制要求确定多年平均径流总量控制率，同时明确径流污染控制方式并合理选择海绵设施。

（3）明确雨水资源化利用目标及方式。应根据水资源条件及雨水回用需求，确定雨水资源化利用的总量、用途、方式和设施。

（4）源头海绵设施应与城市雨水管渠系统或超标雨水径流排放系统相衔接，共同发挥作用。最大限度地发挥源头径流减排雨水系统对雨水径流的渗滞、调蓄、净化等作用。

（5）优化海绵设施的平面布局与竖向控制。应利用城市绿地、广场、道路等公共开放空间，在满足各类用地主导功能的基础上合理布局海绵设施。

（6）结合易涝点分析、排水管网竖向规划和雨水回用，进行雨水调蓄规划布点及规模设置，并协调好各市政设施的地下空间使用。

对于规划区内的内涝易发片区、地质灾害严重地区、文物古迹密集区、内涝经济损失大的地区、山洪和泥石流高发地区、重要的生命线工程等特殊地区，应划定范围，提出具体的应对策略和措施体系。

1）内涝易发片区

对于城市内涝易发片区，应根据影响范围单独划定规划边界，提出径流总量和径流峰值控制目标，并与周边用地协调，构建源头径流控制系统，改造提升雨水管渠系统，结合河流、坑塘等条件提出超标雨水径流的排放出路。

2）文物古迹密集区

对于易受内涝影响的城市紫线范围内及周边建设控制区应单独制定内涝防治措施，保证现有水系面积不会出现负增长。紫线范围内因保护文物而不能实现径流控制目标的，应与周边控制区范围作为一个整体，统一进行径流控制，实现海绵城市建设目标。

3）山洪、泥石流高发地区

可针对有历史记录的山洪、泥石流高发地区，通过模型模拟、监测等多种手段进行详细分析计算，确定山洪、泥石流高发地区雨水系统改造的主要内容、时序和重点。通过源头控制设施的建设、现况雨水管渠改造、蓄排系统组合、不同防洪设施布局等一系列工程手段控制疏导山洪、泥石流灾害。

7. 防洪规划

基于海绵城市建设要求的城市防洪规划主要应体现以下内容。

（1）现状分析。对城市防洪风险情况，以及主要高风险区和薄弱区域的分布情况进行调研分析；对城市主要的排水防涝和防洪设施的规划设计标准及分布，以及城市历史洪水和内涝灾害情况进行调研分析；对超标雨水排放系统的水位、流量、流速、水量、洪水淹没界限等水文资料进行调研；了解掌握河流流域范围、流域布局等现状情况；对现有的超标雨水径流系统的设施位置、规模、设计标准、建设情况进行调研分析。

（2）根据城市的等级和人口规模，合理确定城市防洪系统的设计洪水或潮水重现期和内涝防治系统的设计暴雨重现期。

（3）梳理城市现有自然水系，优化城市河湖水系布局，保持城市水系结构的完整性，实现雨水的有序排放、净化与调蓄；将受破坏水系逐步恢复至原有自然生态状态；在用地条件允许的情况下，地势低洼的区域可适当扩大水域面积。

2.5 海绵城市规划主要技术方法

2.5.1 基础分析方法

现场调查工作主要针对当地自然气候条件（降雨情况）、水文及水资源条件、地形地貌、排水分区、河湖水系及湿地情况、用水供需情况、水环境污染等情况的展开，以分析城市竖向、低洼地、市政管网、园林绿地等海绵城市建设影响因素及存在的主要问题（图2-4）。

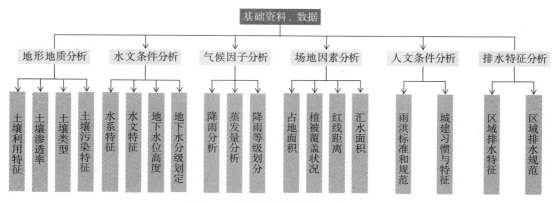

图 2-4 海绵城市关注的影响因子

收集的资料分为重要资料和辅助性资料。重要资料是进行海绵城市专项规划的必备资料，辅助性资料在一定程度上可以丰富规划内容和成果表达。资料收集工作名录如表2-8

所示。相关规划在收集时要明确该规划编制年限、规划范围、规划阶段（初稿、终稿或者待审批）以及需要的文件格式（WORD、PDF 或者 CAD 图等）以方便后期分析。

通过对核心资料进行基础分析与研究，达到以下要求和深度，夯实海绵城市建设基础研究的深度：

（1）明确城市现状硬化覆盖程度、生态保育水平、不良地质（对海绵有不利影响）的分布、地方传统特色做法；

（2）明确设计雨型、暴雨强度公式、典型场降雨；

（3）明确土壤渗透性、地下水位；

（4）明晰基础设施水平、明确现状区域存在的问题和成因；

（5）明确目前产流特征与径流控制水平；

（6）梳理出法定规划中海绵相关内容；

（7）提炼土地利用、竖向、绿地等相关专项规划中海绵相关安排；

（8）明确地方经济承受能力和未来发展规划方向等。

海绵城市调研资料收集对照表　　　　　　　　　　　　表 2-8

序号	分类	名录	资料要点	调研部门
1 ◎	地质地形	地形图	比例尺视规划范围而定	国土资源部门
2 ◎		城市下垫面资料图	国土二调 ArcGIS 更新图、最新现状用地图	
3 ◎		土壤类型分布情况	如果为回填土，说明回填类型、分布范围、回填深度	农业部门
4 ◎		土壤密度、土壤地勘资料	土壤孔隙率、渗透系数	
5 ◎		规划区地勘资料	主要收集土壤和地下水位信息	国土资源部门、地震部门
6 ◎		地下水分布图		
7 ◎		漏斗区、沉降区分布图		
8		工程地质分布图及说明	规划区相关资料	
9		地质灾害分区图		
10		地质灾害防治规划		
11		地质灾害评价报告		
12		矿产资源分布及压矿范围线		
13		基本农田分布情况		
14 ◎		现状及规划用地特征分类	主要分 5 类：已建保留、已批在建、已批未建、已建拟更新、未批未建；现状场地及已批在建、待建场地详细方案设计图	

序号	分类	名录	资料要点	调研部门
15 ◎	水文情况	现状水系分布、水环境情况、环境质量报告书		水利部门
16 ◎		城市内涝情况统计	内涝次数、日期、当日降雨量、淹水位置、深度、时间、范围、现场图片、灾害损失情况、原因分析	
17		暴雨内涝监测预警体系及应急机制		
18 ◎	供水排水特征	城市排水体制分区图、合流制溢流口分布图	最好有管线普查数据及报告	水务部门
19		供排水现状设施资料	水厂、污水厂、再生水厂、泵站、管网等	
20		城市水源资料	水源保护区比例、城市水源的供水保障率、水质达标率	
21		城市供水管网	分布情况、建设年限，供水漏损严重地区、管网年久失修地区	
22		园林绿地灌溉和市政用水定额		
23 ◎	环境生态	环境保护污染物总量控制实施方案		环保部门
24 ◎		污染源普查报告及相关资料		环保部门
25 ◎		城市污染治理行动规划或计划		环保部门
26 ◎		城市蓝线划定与保护制度		规划部门
27 ◎		重要生态要素分布图	包括自然保护区、森林公园、湿地等	林业、园林部门
28 ◎		植被类型及分布、水生生物资源资料		林业园林部门
29 ◎		规划区现状及规划城市公园资料	名录、等级、概况、范围图（CAD 或 ArcGIS）	林业园林部门
30 ◎	气候条件	降雨数据	近 30 年日降雨数据；需进行模型评估时，需收集多年分钟级（每分钟或者每 5min）降雨数据	气象部门
31		初期雨水污染特征		气象部门
32		气候状况公报	近 5 年，气候资源的基本情况（降雨、风、日照等）	气象部门
33		不同重现期（1～50 年）下设计降雨过程线及数据表		气象部门

序号	分类	名录	资料要点	调研部门
34 ◎	相关总规、控规、专项规划	规划区已有总体规划、控制性规划		规划部门
35 ◎		城市水系规划		
36 ◎		城市供水规划		
37 ◎		城市节水规划		
38 ◎		城市排水防涝规划		
39 ◎		城市防洪规划		
40 ◎		城市竖向规划		
41 ◎		城市绿地系统专项规划		
42 ◎		城市道路交通专项规划		
43 ◎		"十二五"、"十三五"地方经济发展规划、城建计划		
44 ◎		规划区改造规划或计划	三旧改造、棚户区改造	
45		水土保持规划、水土流失治理专项规划		
46	相关总规、控规、专项规划	城市水资源综合规划	水资源和用水需求分析	规划部门
47		再生水相关规划		
48		环境保护专项规划、生态建设规划、生态市建设规划		
49		规划区已有海绵城市相关项目	项目资料、报告、现状照片	
50		现有海绵城市建设相关投资渠道		
51	社会经济文化	统计年鉴	近 3 年	统计部门
52		旅游资源普查报告、规划	生态、文化古迹项目等资料	旅游部门

注：◎为重要 / 核心资料，其他为辅助资料。

2.5.2　排水分区划分方法

排水分区划分工作主要是考虑城市的地形、水系、水文和行政区划等因素，把一个地区划分成若干个不同排水分区。考虑到水文、地形特点，排水分区一般按"自大到小，逐步递进"的原则可分为干流流域、支流流域、城市管网排水分区和雨水管段排水分区。

流域排水分区为第一级排水分区，主要根据城市地形地貌和河流水系，以分水线为界限划分，其雨水通常排入区域河流或海洋，反映出雨水总体流向，对应不同内涝防治系统设计标准。

支流排水分区为第二级排水分区，主要根据流域排水分区和流域支流，以分水线为界限划分，其雨水排入流域干流，对应不同内涝防治系统设计标准。根据城市规模，某些城市在划分排水分区时，可能不存在此类排水分区，直接划分城市排水分区。

城市排水分区为第三级排水分区，是海绵城市建设重点关注的排水分区，主要以雨水排水口或泵站为终点提取雨水管网系统，并结合地形坡度进行划分，对应不同雨水管渠设计标准。各排水分区内排水系统自成相对独立的网络系统，且不互相重叠，其面积通常不超过 $2km^2$。值得注意的是，当降雨径流超过管网排水能力形成地表漫流时，原有的排水分区将会发生变化，雨水径流将从一个排水分区漫流至另一个排水分区。所以城市管网排水分区可以根据地形适度合并多个排水分区，但面积不宜过大。

在划分方法上，流域排水分区和支流排水分区的划分主要基于数字高程地形图（DEM），采用 ArcGIS 水文分析工具提取分水线和汇水路径，实现自然地形的自动分割。城市排水分区的划分主要以雨水管网系统和地形坡度为基础，地势平坦的地区，按就近排放原则采用等分角线法或梯形法进行划分，地形坡度较大的地区，按地面雨水径流水流方向进行划分。雨水管段排水分区主要采用泰森（Theissen）多边形工具自动划分管段或检查井的服务范围，再对地形坡度较大的位置进行人工修正。在不采用计算机模型的情况下，亦可以用等分角线法或梯形法进行划分。

以深圳市为例，结合上述排水分区划分技术和方法，划分排水分区。

1. 流域排水分区

深圳市河流分布受沿海山脉和丘陵地貌影响，多以海岸山脉和羊台山为主要分水岭。全市共有流域面积大于 $1km^2$ 的河流 310 条，是区域防洪排洪与排水的重要通道。根据河流的位置、流向，结合地形分区，深圳市境内河流自西向东划分为三大水系、九大流域，如图 2-5 所示。

图 2-5 深圳市九大流域排水分区图

珠江口水系：包括深圳河流域、深圳湾流域、珠江口水系流域和茅洲河流域四大流域。区域内河流流入珠江口伶仃洋，主要有深圳河、大沙河、茅洲河及直接入海河涌。

东江水系：包括观澜河流域、坪山河流域和龙岗河流域三大流域。区内河流发源于海岸山脉北麓，流入东江中下游，主要有有观澜河、坪山河、龙岗河等河涌。

粤东沿海水系：包括大鹏湾流域和大亚湾流域两大流域。区内河流发源于海岸山脉南麓，流入大鹏湾和大亚湾，主要有盐田河、葵涌河、王母河、东涌河等。

2. 支流排水分区

以深圳湾流域为例，叙述支流排水分区的划分。

深圳湾流域地势北高南低，主要的河流水系为大沙河、新洲河、凤塘河、小沙河以及后海河，流向均为自北向南流。根据河流水系流向、地表高程、规划排水管渠系统，将流域划分为 7 个支流排水分区，分别为：大沙河片区、新洲河片区、凤塘河片区、华侨城片区、后海片区、蛇口片区以及直接排海片区 7 个片区，各个片区内水系、排水管渠系统相对独立，最终排入深圳湾（距离海岸线较近的为直接排海片区，图 2-6 中未标出）。

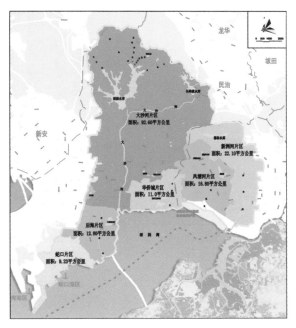

图 2-6 深圳湾流域支流排水分区划分图

图 2-7 深圳湾流域后海片区城市排水分区划分图

3. 城市排水分区

在支流排水分区基础上，以雨水排放口或泵站汇水范围划分城市排水分区。以深圳湾的后海片区为例，该支流排水分区被划分为 22 个城市排水分区，如图 2-7 所示。

2.5.3 易涝风险评估方法[68]

易涝风险区评估是海绵城市规划的重要内容，有助于识别城市内涝风险等级，合理布局相应的工程技术措施，避免内涝灾害发生，保障城市水安全。易涝风险评估应在明确内涝灾害标准、内涝风险等级划分方法的基础上，采用计算机模型技术进行评估。

1. 内涝灾害标准

从目前大部分城市排水防涝标准制定的情况来看，内涝灾害标准主要从积水时间、积水深度和积水范围三方面综合考虑。以深圳市为例，内涝灾害标准为：①积水时间超过30min，积水深度超过0.15m，积水范围超过1000m²；②下凹桥区，积水时间超过30min，积水深度超过0.27m。以上条件同时满足时才称为内涝灾害，否则为可接受的积水，不构成灾害。

2. 内涝风险等级的划分方法

内涝风险等级的划分应综合考虑不同设计重现期暴雨及其发生的内涝灾害后果进行综合确定分析，因此，内涝风险是内涝事故后果（Z）与事故频率（P）的函数。

以深圳市为例，内涝风险等级的划分计算方法详见式（2-1）。内涝风险等级的区划根据不同设计重现期下该公式的计算值，取最大值，根据该最大值所在区间从而确定内涝点的内涝风险等级，详见表2-9。

$$R = \max(P \times Z_i) \tag{2-1}$$

式中：R——内涝风险等级；

    P——设计重现期；

    Z_i——不同设计重现期下事故后果等级分值。

内涝风险等级划分　　　　　　表 2-9

$R = \max(P \times Z_i)$	后果等级（Z_i）	小	中等	严重	重大
事故频率（P）		10	50	70	100
100 年	1	10	50	70	100
50 年	2	20	100	140	200
20 年	3	30	150	210	300
10 年	4	40	200	280	400
5 年	5	50	250	350	500

注：表中，红色区域分值表示高风险区，黄色区域分值表示中风险区，蓝色区域分值表示低风险区。

对于内涝事故后果等级（Z），应综合考虑积水深度，以及内涝区域重要性及敏感性等因素，根据不同的权重，加权得到内涝事故后果，采用式（2-2）进行计算。

$$Z = A \cdot W_A + B \cdot W_B \qquad\qquad (2\text{-}2)$$

式中：Z——事故后果等级；

$\quad\quad A$——区间值（表 2-10）；

$\quad\quad W$——权重（表 2-11）。

区间值取值表　　　　　　　　　　　　　　　　表 2-10

分值	100%	75%	50%	25%
积水深度（A）	≥ 50cm	40 ~ 50cm	27 ~ 40cm	15 ~ 27cm
区域敏感性（B）	下立交桥、低洼区、地铁口、地下广场展馆、学校、民政	生态/城建交界区政府、交通干道、城市商业区、重要民生市政设施	一般地区	生态较多的地区

权重取值表　　　　　　　　　　　　　　　　表 2-11

内容	权重（W）
积水深度（A）	50
区域重要性（B）	50
合计	100

根据式（2-2）的计算结果和表 2-12，得到不同设计重现期下的事故后果等级分布。

事故后果分级表　　　　　　　　　　　　　　　　表 2-12

后果等级	小	中等	严重	重大
Z	≤ 10	10 ~ 50	50 ~ 70	70 ~ 100

3. 计算机模型模拟评估

基于计算机模型平台，耦合城市排水管网模型、城市河道水动力模型和城市二维地表模型，输入不同设计重现期降雨，模拟评估对应降雨的内涝积水分布。根据模型模拟输出结果，分析不同设计重现期下符合内涝灾害标准的内涝区域范围，输入到 ArcGIS 中。在 ArcGIS 界面，对不同设计重现期降雨积水范围图进行叠加计算，从而实现内涝灾害风险区划。

以深圳市为例，采用 MIKE URBAN 模型构建排水管网模型，MIKE 11 模型构建河道模型，MIKE 21 模型构建二维地表模型，以不同设计重现期下 24 小时设计降雨雨型作为降雨条件，水位边界采用《深圳市防洪（潮）规划修编（2010 ~ 2020）》的成果，最终在 MIKE FLOOD 平台中将以上加以耦合，形成完整的内涝风险综合评估模型。

4. 案例分析

经计算，深圳市现状易涝风险区共 570 处（图 2-8），其中，内涝高风险区面积为 27.1km²，内涝中风险区面积为 15.76km²，内涝低风险区面积为 7.32km²。

深圳市易涝风险区主要集中在西部沿海区域及茅洲河流域下游，且主要为高风险区及中风险区域，模型模拟结果与实际情况吻合较好。

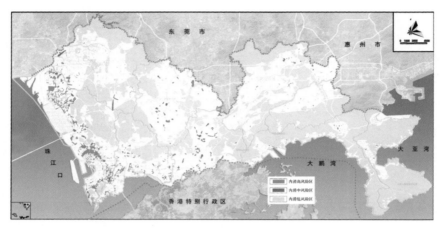

图 2-8　深圳市内涝风险区划图

2.5.4　海绵城市建设分区方法

笔者参考规划、景观、生态多种方法，提出海绵城市建设分区的以下技术思路（图 2-9）。

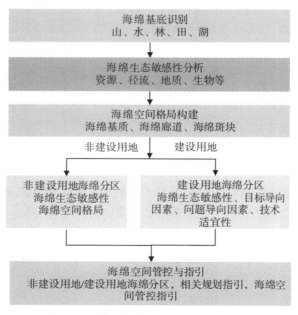

图 2-9　海绵城市建设分区指引步骤说明

1. 海绵基底识别

识别城市山、水、林、田、湖等生态本底条件，研究核心生态资源的生态价值、空间分布和保护需求。

2. 海绵生态敏感性分析

海绵生态敏感性是区域生态中与水紧密相关的生态要素综合作用下的结果，涉及河流湖泊、森林绿地等现有资源的保护、潜在径流路径和蓄水地区管控、洪涝和地质灾害等风险预防、生物栖息及环境服务等功能的修复等。具体的因子可包括：河流、湿地、水源地、易涝区、径流路径、排水分区、高程、坡度和各类地质灾害分布、植被分布、土地利用类型、动物栖息地分布及迁徙廊道等。

在海绵生态敏感性分析中，采用层次分析法和专家打分法，给各敏感因子赋权重，通过 ArcGIS 平台进行空间叠加，得到海绵生态敏感性综合评价结果；并将其划分为高敏感区、较高敏感区、一般敏感区、较低敏感区和低敏感区。

3. 海绵空间格局构建

运用景观生态学的"基质—斑块—廊道"的景观结构分析法，结合城市海绵生态安全格局、水系格局和绿地格局，构建"海绵基质—海绵斑块—海绵廊道"的海绵空间结构[69]。海绵基质是以区域大面积自然绿地为核心的山水基质，在城市生态系统中承担着重要的生态涵养功能，是整个城市和区域的海绵主体和城市的生态底线。海绵斑块由城市公园绿地和小型湿地组成，是城市内部雨洪滞蓄和生物栖息的主要载体，对内部微气候改善有明显效果。海绵廊道包括水系廊道和绿色生态廊道，是主要的雨水行泄通道，起到控制水土流失、净化水质、消除噪声等环境服务功能，同时提供游憩休闲场所。

4. 海绵城市建设技术的用地适宜性评价

综合考虑地下水位、土壤渗透性、地质风险等因素，基于经济可行、技术合理的原则，评价适用于城市的海绵技术措施库。可将规划区分为适宜建设区、有条件建设区和限制建设区，其中适宜建设区可以采用所有海绵城市建设技术，有条件建设区有部分技术不适用，限制建设区仅考虑特定的一种或少数技术。

5. 海绵建设分区与指引

根据城市总体规划对于建设用地/非建设用地的划分，将海绵建设分区分为非建设用地分区和建设用地分区两大类进行细分与指引制定。

（1）非建设用地海绵分区。综合考虑城市海绵生态敏感性和空间格局，采用预先占有土地的方法将其在空间上进行叠加，根据海绵生态敏感性的高低、基质—斑块—廊道的重要性逐步叠入非建设用地，一直到综合显示所有非建设用地海绵生态的价值。

（2）建设用地海绵分区。综合考虑城市海绵生态敏感性、目标导向因素（新建/更新地区、重点地区等）、问题导向因素（黑臭水体涉及流域、内涝风险区、地下水漏斗区等）和海绵技术适宜性，采用层叠法将其在空间上进行逐步叠加，一直到综合显示所有海绵建设的可行性、紧迫性等建设价值。

（3）根据非建设用地海绵分区、建设用地海绵分区的特点及相关规划、相关空间管制线的管控要求等，制订各海绵分区的管控指引。

2.5.5 年径流总量控制率统计方法

源头径流控制系统的径流总量控制一般采用年径流总量控制率作为控制目标。年径流总量控制率与设计降雨量为一一对应关系。理想状态下，径流总量控制目标应以开发建设后径流排放量接近开发建设前自然地貌时的径流排放量为标准。这一目标主要通过控制频率较高的中、小降雨事件来实现。根据《海绵城市建设技术指南——低影响开发雨水系统构建（试行）》，年径流总量控制率和设计降雨量之间的关系通过统计分析方法获得，具体过程为：

（1）针对本地一个或多个气象站点，选取至少近 20～30 年（反映长期的降雨规律和近年气候的变化）的日降雨（不包括降雪）资料；

（2）扣除小于等于 2mm 的一般不产生径流的降雨事件的降雨量，将日降雨量由小到大进行排序；

（3）统计小于某一降雨量的降雨总量（小于该降雨量的按照真实雨量计算出降雨总量，大于该降雨量的按该降雨量计算出降雨总量，两者累计总和）在总降雨量中的比率，此比率即为年径流总量控制率。

计算原理如图 2-10 所示。

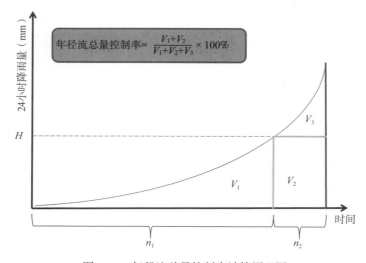

$$年径流总量控制率 = \frac{V_1 + V_2}{V_1 + V_2 + V_3} \times 100\%$$

图 2-10　年径流总量控制率计算原理图

如，对深圳市 1964 年到 2004 年间的基础降雨数据进行排序，逐一计算日降雨量 3mm、4mm、5mm……20mm、21mm……40mm、45mm、50mm…… 所对应的 H，从而可以绘制年径流总量控制率～设计降雨量曲线，如图 2-11 所示，在从图中读出所需年径流总量控制率对应的设计降雨量：年径流总量控制率为 60%、70%、75%、80%、85% 对应的设计降雨量分别为 23.1mm、31.3mm、36.4mm、43.3mm、52.2mm[70]（表 2-13）。

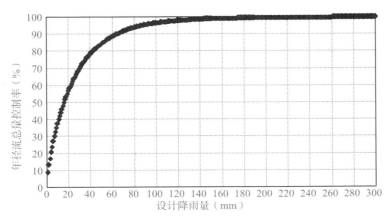

图 2-11　深圳市年径流总量控制率与设计降雨量对应关系曲线

深圳市年径流总量控制率与设计降雨量对应关系表　　　　　表 2-13

年径流总量控制率（%）	50	60	70	75	80	85
设计降雨量（mm）	16.9	23.1	31.3	36.4	43.3	52.2

年径流总量控制率实际上是对体积控制的表征指标，其对应的设计降雨量是基于统计法得到的，所以在实际使用时，要强调以下的认识：

（1）曲线是降雨量统计情况的反映，并没有考虑产汇流因素，因此只因降雨基础资料的变化而变化；

（2）应用于面积较大区域，降雨雨情差异较大时，宜分区制作曲线；

（3）年径流总量控制率不等于场径流总量控制率，不可直接套用在场降雨控制中；

（4）反映了地方日降雨量的统计规律，与用场次等降雨数据的结果存在差异。有条件的地方可以利用此原理统计"场次控制率—设计降雨量"曲线进行综合对比分析，再加以考虑。

2.5.6　径流控制目标分解方法

径流总量控制和污染物控制是海绵城市建设的重要规划目标，也是海绵城市建设的核心要求。径流总量控制和污染物控制，需要落实到具体的地块和工程项目来承担。因此，为了便于实施与管理，需要对径流总量控制目标和污染物控制目标进行分解。目前国内海绵城市建设过程中常用的指标分解方法主要有加权平均试算分解法和模型分解法等。

1. 加权平均试算分解法

（1）年径流总量控制率分解方法

其中加权平均试算分解法一般采用《海绵城市建设技术指南——低影响开发雨水系统构建（试行）》中推荐的容积法进行计算，基本原理是根据各类设施的规模计算单位面积的控制容积，通过加权平均的方法得出地块的单位面积控制容积及对应的设计降雨量，进而得出对应的年径流总量控制率。依据此方法分别进行各地块、各片区及整个城市控制目标的核算[71]。

依据《海绵城市建设技术指南——低影响开发雨水系统构建（试行）》，其具体步骤一般如下：

1）确定城市总体规划阶段提出的年径流总量控制率目标；

2）根据城市控制性详细规划阶段提出的各地块绿地率、建筑密度等规划控制指标，初步提出各地块的海绵相关控制指标，可采用下沉式绿地率及其下沉深度、透水铺装率、绿色屋顶率、其他调蓄容积等单项或组合控制指标；

3）根据容积法计算原理，分别得到各地块海绵设施的总调蓄容积；

4）通过加权计算得到各地块的综合雨量径流系数，并结合上述步骤3）得到的总调蓄容积：

$$V = 10H\varphi F \tag{2-3}$$

式中：V——设计调蓄容积（m^2）；

H——设计降雨量（mm）；

φ——综合雨量径流系数；

F——汇水面积（hm^2）。

5）对照统计分析法计算出的年径流总量控制率与设计降雨量的关系确定各地块的年径流总量控制率；

6）各地块年径流总量控制率经汇水面积加权平均，得到城市规划范围的年径流总量控制率；

7）重复2）~6），直到满足城市总体规划阶段提出的年径流总量控制率目标要求。最终得到各地块的海绵设施的总调蓄容积，以及对应的下沉式绿地率及其下沉深度、透水铺装率、绿色屋顶率、其他调蓄容积等单项或组合控制指标。并可进一步将各地块中海绵设施的总调蓄容积换算为"单位面积控制容积"作为综合控制指标。

8）对于径流总量大、红线内绿地及其他调蓄空间不足的用地，需统筹周边用地内的调蓄空间共同承担其径流总量控制目标时（如城市绿地用于消纳周边道路和地块内径流雨水），可将相关用地作为一个整体，并参照以上方法计算相关用地整体的年径流总量控制率后，参与后续计算。

（2）污染物控制目标分解

污染物的控制目标一般通过径流总量的控制来实现，但其具体转化与控制路径一般比较复杂，应尽量使用模型模拟进行指标分解，如果无此条件，也可参照《海绵城市建设技术指南——低影响开发雨水系统构建（试行）》进行指标计算分解。

比如当以 SS 为污染物控制目标时，年 SS 总量去除率可用下式进行计算：

$$年\,SS\,总量去除率 = 年径流总量控制率 \times 海绵设施对\,SS\,的平均去除率 \tag{2-4}$$

城市或开发区域年 SS 总量去除率，可通过不同区域、地块的年 SS 总量去除率经年径流总量（年均降雨量 × 综合雨量径流系数 × 汇水面积）加权平均计算得出[72]。

2. 模型模拟分解法

根据规划区的下垫面信息构建规划区水文模型，输入符合本地特征的模型参数和降雨，将初设的海绵城市建设指标赋值到模型进行模拟分析，根据得到的模拟结果对指标进行调整，经过反复试算分析，最终得到一套较为合理的规划目标和指标[73]。模型模拟分解法详见 2.6.4 节模型应用要点与实践。

3. 模型模拟与加权平均试算结合法

研究区域面积过大导致工作量过大或当资料不足等原因导致使用模型模拟分解法比较困难时，可以考虑采用模拟模型与加权平均试算法相结合的方法。

具体做法为使用模型对当地降雨、土壤、坡度、下垫面类型等因素进行分析，分别得到不同地块、不同建设类型的控制目标。然后根据统计所得的规划区不同建设区域、不同建设类型下垫面信息，参考模拟所得到的各种用地分类所对应的年径流总量控制目标分别加权核算片区、流域和城市年径流总量控制目标。具体步骤：

（1）根据河流的位置、流向，结合地形分区、竖向规划、规划排水管网等对规划区进行流域、分区的划分；

（2）统计各类建设面积，根据规划图及现状建设图统计各流域／管控片区内各类型下垫面规划用地面积，包括建筑与小区类用地（新建、综合整治、保留）、道路类用地（新建、保留）、公园绿地类用地、生态用地等；

（3）根据不同降雨、土壤、下垫面类型等构件不同用地分类模型，在初设海绵相关指标条件下模拟分析各自年径流总量控制率及对应的控制降雨量，并试算优化；

（4）依据用地类型统计结果及步骤（3）模拟结果，反复核算各个分区的单位面积控制降雨量和对应的年径流总量控制率，进一步核算得到规划区单位面积控制降雨量，查年径流总量控制率—设计降雨量曲线，得到规划区的年径流总量控制率，从而优化核算分区及整个规划区域的年径流总量控制率。

2.5.7 低影响开发技术、设施及其组合系统适用性评价方法

各低影响开发技术按主要功能一般可分为渗透、储存、调节、转输、截污净化等几类。通过各类技术的组合应用，可实现径流总量控制、径流峰值控制、径流污染控制、雨水资源化利用等目标。实践中，应结合不同区域水文地质、水资源等特点及技术经济分析，按照因地制宜和经济高效的原则选择低影响开发技术及其组合系统。在满足控制目标的前提下，低影响开发设施组合系统中设施的总投资成本宜最低。可借助模型模拟多种设施的组合方案并绘制各方案的成本—效益（Cost—Effectiveness）曲线，进而得出低影响开发设施布局及规模的最优方案[74]。

1. 低影响开发设施种类

各类低影响开发技术包含若干不同形式的低影响开发设施，主要包括透水铺装、绿色屋顶、下沉式绿地、生物滞留设施、植草沟、入渗设施等设施，详见表 2-14。

低影响开发设施一览表　　　　　　　　　表 2-14

低影响开发技术	设施类型	注释
透水铺装	透水砖	
	透水混凝土	
	透水沥青	
	植草砖	
	网格砖	
生物滞留设施	入渗型雨水花园	底层土壤渗透，无敷设穿孔盲管
	过滤型雨水花园	底层土壤不渗或渗透系数 $<10^{-6}$ m/s，敷设穿孔盲管
	生态树池	
下沉式绿地	下沉式绿地	表层下沉，不换种植土
绿色屋顶	简单式绿色屋顶	对结构要求不高，基质深度不超过 150mm，主要种植草皮
	花园式绿色屋顶	对结构要求高，基质深度超过 150mm，主要种植灌木，甚至乔木
植草沟	排水型植草沟	草沟底部不换种植土，具备排水功能，入渗、净化雨水能力较低
	入渗型植草沟	草沟底部设置蓄水层、种植土壤层，具备排水功能，入渗、净化雨水效果较好
入渗设施	渗透井	雨水井壁和井底都具备入渗功能
	渗透管	带穿孔的排水管，敷设过程由砾石包裹，具备排水和入渗功能
	渗透渠	渠壁和渠底具备入渗功能，渠底上方覆盖砾石层
	入渗塘	具备入渗功能的人工或天然的洼地
滞留（流）设施	调节池	以削减雨水峰值流量为主
	雨水塘（干、湿）	具备雨水调蓄和净化功能的水体（景观水体）
雨水湿地	雨水表面流湿地	
	雨水潜流湿地	
植被缓冲带	植被缓冲带	建于水体周边的植被带，经植物拦截和土壤入渗减缓地表径流流速
雨水收集设施	蓄水池	人工建造的收集雨水的池
	蓄水模块	具备容纳雨水功能的 PP 骨架结构，通过拼装组合蓄存雨水
	雨水桶	
其他设施	初期雨水弃流设施	弃除污染物浓度高的初期雨水的设施
	初期雨水处理设施	净化污染物浓度高的初期雨水的设施
	环保/除污雨水口	具备净化雨水功能的雨水口
	其他专利产品	

2. 低影响开发设施功能

低影响开发设施往往具有补充地下水、集蓄利用、削减峰值流量及净化雨水等多个功能，可实现径流总量、径流峰值和径流污染等多个控制目标，因此应根据规划控制目标，结合汇水区特征和设施的主要功能、经济性、适用性、景观效果等因素灵活选用低影响开发设施及其组合系统（表 2-15）。

低影响开发设施功能适宜性分析　　　　　　　　　　表 2-15

技术类型 （主要功能）	单项设施	功能			
		集蓄利用雨水	补充地下水	削减峰值流量	净化雨水
渗透技术 （渗）	透水砖	○	◎	◎	◎
	透水水泥混凝土	○	○	◎	◎
	透水沥青混凝土	○	○	◎	◎
	下沉式绿地	○	●	◎	◎
	渗透塘	○	●	◎	◎
	渗井	○	●	○	○
储存技术 （蓄、用）	湿塘	●	○	●	◎
	雨水湿地	●	○	●	●
	蓄水池	●	○	◎	○
	雨水桶	●	○	◎	○
调节技术 （滞）	调节塘	○	○	●	◎
	调节池	○	○	●	○
	简易型生物滞留设施	○	●	◎	◎
	复杂型生物滞留设施	○	●	◎	●
转输技术 （排）	转输型植草沟	◎	○	○	○
	干式植草沟	○	●	○	◎
	湿式植草沟	○	○	○	●
	渗管／渠	○	◎	○	○
	传统雨水管渠	○	○	○	○
截污净化技术 （净）	绿色屋顶	○	○	◎	◎
	植被缓冲带	○	○	○	●
	初期雨水弃流设施	◎	○	○	◎
	人工土壤渗滤	●	○	○	●

注：●—强；◎—较强；○—弱或很弱。

3. 低影响开发设施组合

低影响开发设施组合系统中各设施的主要功能应与规划控制目标相对应。缺水地区以雨水资源化利用为主要目标时，可优先选用以雨水集蓄利用主要功能的雨水储存设施；内涝风险严重的地区以径流峰值控制为主要目标时，可优先选用峰值削减效果较优的雨水储存和调节等技术；水资源较丰富的地区以径流污染控制和径流峰值控制为主要目标时，可优先选用雨水净化和峰值削减功能较优的雨水截污净化、渗透和调节等技术。

在满足控制目标的前提下，低影响开发设施组合系统中各设施的总投资成本宜最低，并综合考虑设施的环境效益和社会效益。

4. 低影响开发设施适用性分析

低影响开发设施组合系统中各设施的适用性应结合场地土壤渗透性、地下水位、地形等特点进行分析（表 2-16、表 2-17），并综合考虑社会、经济、景观等要素。

低影响开发设施工程地质适宜性分析[75]　　　　表 2-16

设施种类	类型	集水区面积	占地面积	土壤渗透系数（m/s）	地下水或不透水层埋深	地形坡度
收集回用	收集回用	集水区面积和需水量确定收集规模	收集规模确定占地面积	—	地下水埋深浅影响地下蓄水设施布置	—
雨水花园	入渗型	< 0.5 ha	小	$4 \times 10^{-6} \sim 10^{-3}$	> 1.20m	
	过滤型	< 0.5 ha	小	配置土壤	> 0.60m	
	植生滞留槽	< 0.5 ha	小	配置土壤	—	
透水路面	透水砖	—	—	$4 \times 10^{-6} \sim 10^{-3}$	> 1.20m	< 2%
	透水混凝土、沥青	—	—	—	> 1.20m	< 2%
绿色屋顶	绿色屋顶			配置土壤	—	2% ~ 15%
植草沟	排水型	< 2 ha	中	—	> 0.60m	1% ~ 5%
	入渗型	< 2 ha	中	$4 \times 10^{-6} \sim 10^{-4}$	> 1.20m	< 2%
入渗设施	渗透井管	< 2 ha	埋地	$4 \times 10^{-6} \sim 10^{-3}$	> 1.2m	< 15%
	渗透洼地	< 2 ha	小/中	$4 \times 10^{-6} \sim 10^{-4}$	> 1.2m	< 15%
	渗透沟	< 2 ha	中	$4 \times 10^{-6} \sim 10^{-4}$	> 1.2m	< 15%
过滤设施	过滤池	< 2 ha	中		> 0.60m	< 5%
	过滤槽	< 2 ha	小		> 0.60m	< 5%
滞留（流）设施	滞留（流）塘	> 10 ha	大	A，B 类土壤需要防渗	地下水位高时有助于保持水量平衡	—
	调蓄池	> 10 ha	埋地	—	—	—
雨水湿地	表面流	> 15 ha	大	A，B 类土壤需要防渗	地下水位高时有助于保持水量平衡	—
	小型潜流	保证 30 天不降雨时不会干涸	小	A，B 类土壤需要防渗		< 2%
附属设备	设备	设备生产厂家要求	设备生产厂家要求	—	—	—

注：—为无要求。

低影响开发设施社会和经济适宜性分析　　　　　　　　　表 2-17

设施种类	类型	建设成本	维护要求	景观效果	公众安全及环境影响	其他
收集回用	收集回用	☆☆☆	☆☆	地下没有影响，地上影响很小	无	
雨水花园	入渗型	☆	☆	☆☆☆	无	减少绿化浇洒
	过滤型	☆	☆	☆☆☆	无	减少绿化浇洒
	植生滞留槽	☆	☆	☆☆☆	无	减少绿化浇洒
透水路面	透水砖	☆	☆	☆☆	无	缓解热岛效应
	透水混凝土、沥青	☆☆☆	☆☆	☆☆☆ 没有雨水口	无	缓解热岛效应降低胎噪 道路不会积水
绿色屋顶	绿色屋顶	☆☆☆	☆☆	☆☆☆	无	缓解热岛效应 降低室内温度
植草沟	排水型	☆	☆	☆☆	无	作为排水设施
	入渗型	☆☆	☆	☆☆	无	
入渗设施	渗透井管	☆☆	☆☆	无	无	
	渗透洼地	☆	☆	☆☆	无	
	渗透沟	☆	☆	☆☆	无	
过滤设施	过滤池	☆☆	☆☆	☆	无	
	过滤槽	☆☆	☆☆	☆☆	无	
滞留（流）设施	滞留（流）塘	☆☆☆	☆☆	☆☆☆	有安全影响	
	调蓄池	☆☆☆	☆☆	☆	无	
雨水湿地	表面流	☆☆☆	☆☆	☆☆☆	有安全影响	
	小型潜流	☆☆	☆☆	☆☆☆	无	
附属设备	设备	☆☆☆	☆☆	多为埋地式	无	—

注：☆——一般；☆☆——较高或较好；☆☆☆——高或好。

2.5.8　海绵措施布局规划方法[75]

海绵城市措施规划可以以问题和目标为导向按照水生态、水安全、水资源、水环境等方面深入细化，再汇总优化，各地在措施规划时应结合本地特点有所侧重。

1. 水资源利用系统规划

结合城市水资源分布、供水工程，围绕城市水资源目标，严格水源保护，制定再生水、雨水资源综合利用的技术方案和实施路径，提高本地水资源开发利用水平，增强供水安全保障度。

明确水源保护区、再生水厂、小水库山塘雨水综合利用设施等可能独立占地的市政重大设施布局、用地、功能、规模，并复核水资源利用目标的可行性。

2. 水环境综合整治规划

对城市水环境现状进行综合分析评估，确认属于黑臭水体的，要根据《国务院水污染防治行动计划》中的要求，结合住房和城乡建设部颁发的《黑臭水体整治工作指南》，明确治理的时序。黑臭水体治理以控源截污为本，统筹考虑近期与远期，治标与治本，生态与安全，景观与功能等多重关系，因地制宜地提出黑臭水体的治理措施。

结合城市水环境现状、容量与功能分区，围绕城市水环境总量控制目标，明确达标路径，制定包括点源监管与控制，面源污染控制（源头、中间、末端），水自净能力提升的水环境治理系统技术方案，并明确各类技术设施实施路径。要坚决反对以恢复水动力为理由的各类调水冲污、河湖连通等措施。

对城市现状排水体制进行梳理，在充分分析论证的基础上，识别出近期需要改造的合流制系统。对于具备雨污分流改造条件的，要加大改造力度。对于近期不具备改造条件的，要做好截污，并结合海绵城市建设和调蓄设施建设，辅以管网修复等措施，综合控制合流制年均溢流污染次数和溢流污水总量。

明确并优化污水处理厂、污水（截污）调节、湿地等独立占地的重大设施布局、用地、功能、规模，充分考虑污水处理再生水用于生态补水，恢复河流水动力，并复核水环境目标的可达性。

有条件的城市和水环境问题较为突出的城市综合采用数学模型、监测、信息化等手段提高规划的科学性，加强实施管理。

3. 水生态修复规划

结合城市产汇流特征和水系现状，围绕城市水生态目标，明确达标路径，制定年径流总量控制率的管控分解方案、生态岸线恢复和保护的布局方案，并兼顾水文化的需求。明确重要水系岸线的功能、形态和总体控制要求。

根据《国务院办公厅关于推进海绵城市建设的指导意见》（国办发〔2015〕75号）中的要求，加强对城市坑塘、河湖、湿地等水体自然形态的保护和恢复，对裁弯取直、河道硬化等过去遭到破坏的水生态环境进行识别和分析，具备改造条件的，要提出生态修复的技术措施、进度安排，改造渠化河道，重塑健康自然的弯曲河岸线，恢复自然深潭浅滩和泛洪漫滩，实施生态修复，营造多样生境。通过重塑自然岸线，恢复水动力和生物多样性，发挥河流的自然净化和修复功能。

4. 水安全保障规划

充分分析现状，评估城市现状排水能力和内涝风险。

结合城市易涝区治理、排水防涝工程现状及规划，围绕城市水安全目标，制定综合考虑渗、滞、蓄、净、用、排等多种措施组合的城市排水防涝系统技术方案，明确源头径流控制系统、管渠系统、内涝防治系统各自承担的径流控制目标、实施路径、标准、建设要求[76]。

对于现状建成区，要以优先治理易涝点为突破口，合理优化排水分区，逐步改造城市排水主干系统，提高建设标准，系统提升城市排水防涝能力。

明确调蓄池、滞洪区、泵站、超标径流通道等可能独立占地的市政重大设施布局、用地、功能、规模。明确对竖向、易涝区用地性质等的管控要求，并复核水安全目标的可达性。

有条件的城市和水安全问题较为突出的城市综合采用数学模型、监测、信息化等手段提高规划的科学性，加强实施管理。

2.6 海绵城市规划主要模型技术

2.6.1 模型应用方向与意义

1. 海绵城市规划模型应用的方向

数学模型是海绵城市规划的重要辅助工具。应用数学模型，可以有效支撑海绵城市规划、设计优化、运行等不同阶段的建设工作。在海绵城市规划设计应用方面，数学模型可以应用于规划范围现状评估，包括现状水文状况评估以及现状、内涝风险评估；也可应用于规划设计方案的评估与优化，包括辅助排水防涝规划方案制定、年径流总量控制率等指标分解与优化、海绵城市设计方案的评估与优化等方面。

2. 海绵城市规划模型应用的目的和意义

2014 年 10 月以来，住房和城乡建设部发布《海绵城市建设技术指南——低影响开发雨水系统构建》，极大地推动了海绵城市建设模式在全国的推广应用。指南推荐采用模型法和容积法作为年径流总量控制率控制指标分解和低影响开发设施规模计算的方法，并针对容积法提供计算案例借鉴。由于年径流总量控制率目标融合了多项目标，径流污染控制目标、径流峰值削减目标、雨水资源化利用目标可通过径流总量控制实现。相比数学模型法，容积法仅能计算实现年径流总量控制率规划设计目标所需的调蓄容积，无法表达雨水径流路径的组织，并计算量化年径流总量控制率目标所发生的复杂的水文效应以及评估其峰值削减效应、径流污染控制目标等[77, 78]。因此，采用数学模型法辅助海绵城市规划方案的设计有着重要的意义。

数学模型法能够弥补容积法实际应用方面的不足。数学模型是对自然界中复杂水循环过程的近似描述，是研究水文循环和水动力的重要工具，是城市水文循环分析与城市排水系统辅助管理与设计的有效手段。采用数学模型法进行年径流总量控制率指标分解和低影响开发设施规模计算时，通过构建不同尺度和精度的模型[79]，可实现年径流总量控制率、径流污染削减效应和径流峰值削减效应等多目标效益评估，更加科学合理的分解目标和确定设施规模，提高规划的指导性和可操作性，弥补容积法的不足。

数学模型法能为海绵城市规划设计和工程应用提供指导。通过数学模型软件的模拟，能够使海绵城市技术措施设计和应用更加科学有效，同时，数学模型法能够以排水分区为研究单位，评估分区目标的可达性，优化规划设计方案。此外，模型的模拟结果还能够用于规划方案评估、决策、教育和政策研究，为规划方案的调整和优化提供理论性的指导，能够将海绵城市理念量化地落实到城市的规划设计，为城市建设过程中落实海绵城市技术设施提供指导。

2.6.2 常用模型对比分析

目前，国内外应用最广泛的海绵城市规划模型软件主要有英国 InfoWorks ICM、澳大利亚 Xp-SWMM、丹麦 DHI MIKE 系列软件和美国 SUSTAIN、EPA-SWMM 等。其中除 SUSTAIN、EPA-SWMM 为开源软件外，其余均为商业化软件。

1. EPA-SWMM 模型

EPA-SWMM 模型最早是 20 世纪 70 年代在美国环保局（EPA）的资助下，由梅特卡夫有限公司、水资源工程师有限公司和佛罗里达大学三家单位组成的联合体开发。其他类似的商业模型软件均基于 EPA-SWMM 模型的源代码进行二次开发。

EPA-SWMM 模型可用于规划、设计和实际操作，是大型的 FORTRAN 程序。它可以模拟完整的城市降雨径流，包括地表径流和排水管网中水流、管路中串联或非串联的蓄水池、地表污染物的积聚与冲刷、暴雨径流的处理设施、合流污水溢流过程等（图 2-12）。根据降雨输入和系统特性（流域、泄水、蓄水和处理等）模拟暴雨的径流水质过程，还可以输出排水系统任何断面的流量过程线和污染过程线。同时，它既可进行单事件模拟，也可进行连续模拟。

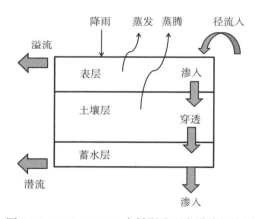

图 2-12 EPA-SWMM 中低影响开发设施概念图

经过不断的升级和完善，目前 EPA-SWMM 模型已经升级至 5.10 版本。最新版本的模型能够直接模拟低影响开发设施的水文效应。根据垂直方向上不同结构，模型中提供了生物滞留单元、雨水花园、绿色屋顶、透水铺装、渗渠、雨水桶、植草沟 7 种类型的低影响开发设施模块（表 2-18）。下沉式绿地、植被过滤带、渗透井管等其他典型的低影响开发设施均可直接进行模拟或通过参数的变换进行模拟。模拟时，可根据汇水区垂直方向上不同土层性质，通过降雨、蒸发、滞留、下渗、过滤等水文过程模拟低影响开发设施的水文效应，结合 EPA-SWMM 模型的水力与水质模块，实现低影响开发设施对汇水区域径流量、径流峰值流量、汇流时间以及径流污染削减效果的模拟。该版本模型，也成为了其他模型软件进行低影响开发模拟的内核[80]。

不同类型低影响开发设施层次结构　　　　　　　　　　　　表 2-18

低影响开发设施	存水层	路面层	土壤层	蓄水层	排水层
生物滞留单元	√		√	√	×
雨水花园	√		√		
绿色屋顶	√		√		√
透水铺装	√	√		√	×
渗渠	√			√	×
雨水桶				√	√
植草沟	√				

注：√为必选，×为可选。

2. SUSTAIN

SUSTAIN 是美国环保局（EPA）为暴雨管理进行最佳管理实践（BMPs）规划而开发的一个决策支持系统，其以 ArcGIS 为基础平台，从费用和效率两方面，针对不同尺度流域进行 BMPs 的开发、评估、选择和设置，从经济、环境和工程角度提供了较为全面实用的评估（图 2-13）。SUSTAIN 在 ArcGIS 的平台下，整合了框架管理、BMPs 布局、土地模拟、BMPs 模拟、传输模拟、优化和后处理程序 7 大模块，SUSTAIN 的地表水文计算、水动力学计算和水质计算方法大部分采用 EPA-SWMM5.0 版本模型的计算方法，部分采用水文模拟程序（Hydrological Simulation Program-Fortran，简称 HSPF）的计算方法：其中降雨、蒸发蒸腾、渗透、地下水、地表径流、径流传输与输送、污染物的累积冲刷和街道清扫方式的模拟来自 EPA-SWMM5.0 版本模型，土壤流失和泥沙迁移算法来自 HPSF。

SUSTAIN 中内置了 BMPs 界面，通过在流域内布置串联式或并联式的 BMPs 控制措施，模拟预测所选区域的水质水量，并评估 BMPs（包括低影响开发设施）的综合效益。

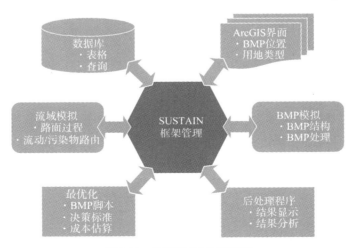

图 2-13　SUSTAIN 总体框架

SUSTAIN 通过评估低影响开发设施的影响和负荷消减潜力，预测出低影响开发设施的负荷消减量和费用，做出最优实施计划并评估计划各个阶段的效率和费用。

3. DHI MIKE 系列软件

（1）MIKE URBAN

MIKE URBAN 是丹麦 DHI 开发的城市排水管网模拟商业软件（图 2-14）。该模型引进了 ESRI 地理信息数据库技术，整合了城市地理信息系统与管网建模技术。该软件包含了 DHI 自主研发的 MOUSE 模型和 EPA-SWMM 模型。两个模型均配置了先进而完整的前后处理编辑工具，并且与 ArcGIS 界面做到了整合，使得该软件具备了良好数据管理功能。MIKE URBAN 主要包含了 3 大模块，分布是降雨径流模块、水动力学模块和实时监控模块[81]。

降雨径流模块提供了四种不同层次的城市水文模型用于城市地表径流的计算，分别为：时间—面积模型（类似于推理公式法）、非线性水库模型、线性水库模型、单位水文过程线模型。

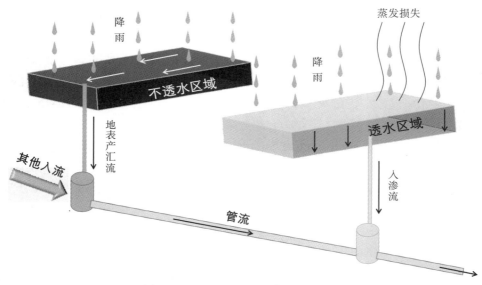

图 2-14　MIKE URBAN 降雨径流模拟
图片来源：丹华水利环境技术（上海）有限公司

水动力学模块通过求解一维圣维南方程组计算管段中的非恒定流。该模块可以准确描述各种水流现象和管网元素，包括：不同横断面形状管段、检查井、蓄水区、堰、泵站、排放口边界条件、水流水头损失等。同时，还能够详细的预报整个管网系统的水动力学情况，包括：管网溢流、蓄水情况、泵站工作情况等。

实时监控模块是对现实中控制策略的模拟，可以实现城市排水管网先进的实时控制模拟。该模块能够以透明和有效的方式设置不同的控制设备，并为各台不同控制设备定义复杂的逻辑控制规则。通过该模块的使用，用户可以控制水泵、堰、孔口和闸门。

由于 MIKE URBAN 中包含了 EPA-SWMM 模型，其低影响开发设施的模拟主要通过 EPA-SWMM5.0 版本模型内嵌低影响开发模块实现[82]。

（2）海绵城市辅助工具（Sponge City Aided Design，SCAD）

DHI 为了响应海绵城市建设，与《海绵城市建设设计指南》紧密结合，基于评估控制指标及构建技术框架开发了"海绵城市辅助工具（SCAD）1.0"。该辅助工具从水量和水质角度定量评估海绵城市规划方案的实施效果，帮助设计人员分析海绵城市规划方案的可行性。SCAD 不但在规划阶段为规划者提供决策支持，同时也能为设计阶段辅助方案比选。SCAD 的主要功能如下：

1）计算设计降雨

SCAD 可以设计场次降雨以及年径流控制率相对应的设计降雨。对于场次降雨，将根据暴雨强度公式，借助雨型设计工具设计场次降雨；对于年径流总量控制率所对应的设计降雨，SCAD 基于历史数据采用牛顿二分法求解得到对应的设计降雨量。

2）水量评估

SCAD 能计算城市降雨产流过程，考虑河道水系调蓄作用、城市管网系统调蓄和外排作用以及低影响开发设施的调蓄作用；评估在不同降雨条件下，城市载体能容纳多少水量，计算欠缺容积。通过添加管道调蓄设施、低影响开发设施等相关措施，复核城市海绵设施滞蓄空间，判断方案是否满足指标。

3）水质评估

SCAD 可以计算城市降雨形成地表径流冲刷的地表污染物，模拟单位面积污染物累积量和任意数量的污染物的产生、流动和运移过程。计算排水分区内污染物削减以及低影响开发设施对污染物的削减作用，最终计算每个排水分区的污染物负荷入河累积量。

4. InfoWorks ICM

InfoWorks ICM 是由英国 Innovyze 公司开发的城市水务模型系统中的一个系列——城市综合流域模型系统（图 2-15）。InfoWorks ICM 可以完整模拟城市雨水循环系统，它在一个独立模拟引擎内，完整地将城市排水管网及河道的一维水力模型，同城市 / 流域二维洪涝淹没模型，海绵城市的低影响开发系统（包括雨水资源的利用）的模拟，洪水风险等的评估等整合于一个平台中。它将自然环境和人工构筑环境下的水力水文特征融合到

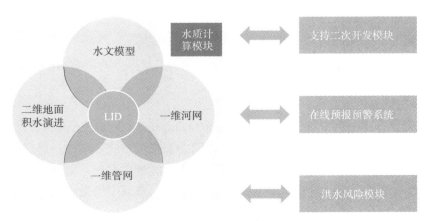

图 2-15　Info Works ICM 计算模块图

图片来源：华霖富水利环境技术咨询（上海）有限公司

了一个完整的模型中。利用 InfoWorks ICM 可以模拟污水系统、雨水系统、合流制排水系统以及地表漫流系统、低影响开发系统、河道系统等。

InfoWorks ICM 具有最完备的计算模块，针对低影响开发系统或设施的模拟，包含两类方法：一类是水文的模型方法（hydrology），另一类是水动力的模型方法（hydraulic）。对于水动力学的方法，又分为一维和二维水动力学的模拟方法，能够模拟各种低影响开发的设施，如绿色屋顶、雨水花园、生物滞留池等，提供了有效的方法进行模拟。这些不同的方式都在 Infoworks ICM 中有各自的方法进行模拟，如图 2-16 所示。

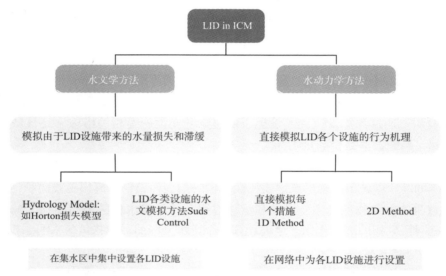

图 2-16 Info Works ICM 在低影响开发中的模拟方法

图片来源：华霖富水利环境技术咨询（上海）有限公司

InfoWorks ICM 除了应用于低影响开发模拟外，还通常用于河流及雨污水排放系统规划研究、地表水体管理规划、可持续性排水系统（SUDS/BMPs）应用规划、城市降雨径流控制与截流设计、洪涝解决方案开发、人口增长和气候变化下流域发展评估、城市排水系统同河流相互作用下的洪涝及污染预报、洪涝规划与管理、溢流排放对河流环境的影响、污水处理厂的水力状态分析、入流与入渗评估及控制、截流设计与分析等。

5. Xp-SWMM

Xp-SWMM（Storm-water and Wastewater Management Model，雨水和污水管理模型）是一个基于图形式交互界面的雨水和污水管理决策支持系统。可以一体化模拟完整的水系统——河道、管渠、街道、控制构筑物、池塘、堰闸、水泵、集水区、地下水层、行洪区域、降雨调蓄设施、渗透沟渠和更多其他对象。模型能够模拟的设施类型、断面形状及各设施的运行控制极其丰富，最大限度地简化了模型，并将对"建模技巧"的需求降低。

Xp-SWMM 模型软件采用动力波求解圣维南方程组，考虑浅水非恒定流的所有项（局地惯性项、迁移惯性项、压力项、重力项、阻力项），动态模拟重力流、压力流、逆向流以及回水对上游的影响，展现真实系统中的复杂流态的动态变化过程。

Xp-SWMM 模型软件完整集成一维、二维耦合模拟，精确分析地表洪水与排水系统（包括地下管道和天然河道）之间的相互影响，追踪流经河道、排水口、涵洞、管道、贯穿地表以及流经建筑物外围或流穿建筑物的水体，更为精确地分析洪涝淹没范围、深度、流速和泄流路径。

软件提供复杂流体网络设计的快速分析，包括环路、潮汐流、水利结构、校准随时间变化的边界条件等。Xp-SWMM 模型软件是流域洪水模拟、城市及乡村洪水过程、水质处理及排水设计等综合软件。软件功能强大，能适应多种流域环境。软件在模拟洪水过程时都包含了水质模拟和处理；将水量水质统一起来，而不是割裂开来单独处理的理念是对水系统一体化管理的具体体现。

Xp-SWMM 模型软件的应用方向包括排水系统规划，流域总体规划，城市洪涝模拟与风险评估，排水系统和河网耦合模拟，溃坝模拟分析，合流制溢流污染研究，合流系统雨水入侵研究，低影响开发模拟分析，水质模拟分析，排水系统优化，调蓄池优化等。

6. 模型软件的对比

各种数学模型软件的对比如表 2-19 所示。

常见海绵城市模型的对比　　　　　　　　　　　　　　　　　表 2-19

模型	EPA-SWMM	SUSTAIN	MIKE URBAN	Infoworks	Xp-SWMM
水力学	动力波模型 - 求解圣维南方程组，分析管网中水流状态，用于系统的设计与优化	动力波模型 - 求解圣维南方程组，分析管网中水流状态，用于系统的设计与优化	动力波模型 - 求解圣维南方程组，分析管网中水流状态，用于系统的设计与优化	动力波模型 - 求解圣维南方程组，分析管网中水流状态，用于系统的设计与优化	动力波模型 - 求解圣维南方程组，分析管网中水流状态，用于系统的设计与优化
水文模拟	使用地下水渗透模型模拟地下水层对渗透流的影响，能评价任何基础设施	使用地下水渗透模型模拟地下水层对渗透流的影响，使用非线性水库模型模拟坡面漫流	能够最为接近真实物理过程的模拟入流和渗透过程，能评价任何基础设施	包括多种产汇流模型，包括但不限于固定径流系数，Horton，Green-Ampt，SCS 等产流（径流量）模型，以及 Wallingford，Large Catch 等汇流模型	使用地下水渗透模型模拟地下水对地表水的影响，能评价任何基础设施，如泵站、闸门、堰等
低影响开发	已开发并升级低影响开发模块，具备模拟各种类型低影响开发设施	内嵌 EPA-SWMM5.0 模型中的低影响开发模块	内嵌 EPA-SWMM 5.0 版本模型低影响开发模块	包括水文和水动力的模拟方法，可以在集水区中批量设置，也可以详细模拟单个的低影响开发设施，辅助设计	内嵌 EPA-SWMM 模型中的低影响开发模块

模型	EPA-SWMM	SUSTAIN	MIKE URBAN	Infoworks	Xp-SWMM
计算能力	可进行单场降雨和连续性降雨模拟，模型计算稳定，运行速度较快	考虑了计算复杂性和实用性的平衡，综合运用了 EPA-SWMM、HSPF 的运算法则，并集成了乔治王子郡的 BMP 模型	具有 Mouse 和 EPA-SWMM 两个计算引擎，无法进行连续性降雨模拟，运行时间较长且不稳定	使用可变步长的稳定的计算引擎，许多附带的图形和报告组件，包括提示和数据管理工具 能够并行计算，利用独立显卡，支持多任务，多电脑，远程计算，可以利用硬件提升计算速度	使用 EPA-SWMM 计算引擎，运行时间较长且不像其他软件那样稳定
校核能力	提供模拟和监测数据导入和导出功能，方便模型参数率定和校核	长期的校核和丰富数据有助于提高模型的精度和准确度	长期的校核和丰富数据有助于提高模型的精度和准确度	流量和流速通过预测和观测曲线被调整匹配	可以确定哪些参数影响暴雨时间并且可以调整这些参数，不能模拟和生成降雨曲线
使用容易度	模型界面简单，且提供详细的操作手册以及案例，便于技术人员使用	需要在良好掌握 ArcGIS 基础上才能使用软件	界面较为复杂，需要在良好掌握 ArcGIS 基础上才能使用软件，需要接受软件培训	需要在良好掌握 ArcGIS 基础上才能使用软件，软件模块众多，需要培训	原理与 EPA-SWMM 一致，可采用 EPA-SWMM 用户手册，但需要良好掌握 ArcGIS 操作
推广难易程度	开源软件，方便推广使用	开源软件，方便推广使用	商业软件，需要购买使用	商业软件，需要购买使用	商业软件，需要购买使用

由上述比较可知，这几种常用模型中，EPA-SWMM 模型为其他模型的内核。其中 MIKE URBAN、InfoWorks ICM、Xp-SWMM 为商业化软件；EPA-SWMM 和 SUSTAIN 均为美国 EPA 资助研发软件，为开源软件。除 EPA-SWMM 模型外，余模型软件均与 ArcGIS 整合，需要熟练掌握 ArcGIS 的技术人员方能运行。

然而，EPA-SWMM 虽然与 ArcGIS 数据库结合差，但其界面简单，操作方便，并且经过四十多年的升级优化，其计算引擎、模拟计算能力、模型稳定性和模型准确性等已经得到世界各地的广泛认同，推广性较强，故目前海绵城市（包括低影响开发系统）项目中多选用 EPA-SWMM 模型进行模拟分析。

2.6.3 模型构建与率定

通常情况下，模型构建的基础工作主要包括基础资料的收集、模型的建立以及模型参数的率定和验证三个方面的内容。

1. 基础资料收集

（1）资料需求

基础数据的准确性与完整性是模型构建的基础。海绵城市规划模型软件所需主要数据包括气象数据、下垫面数据、排水防涝设施数据、河道数据、水量水质监测数据以及其他数据，详见表2-20。此外，还可参考《城市排水防涝设施数据采集与维护技术规范》GB/T 1187-2016以及相应模型软件数据要求开展数据的收集。

基础资料需求表　　　　　　　　　　　　　　　　　　　表2-20

类别	数据名称	数据要求
气象数据	降雨数据	多年逐分钟降雨量，暴雨强度公式
	蒸发数据	蒸发量、蒸发数据
下垫面数据	地形数据	地形图
	土壤数据	土壤类型，渗透系数
	现状下垫面	现状土地利用情况
	土地利用规划	土地利用规划图
	竖向规划	竖向规划图
排水设施数据	排水管网	节点（检查井、雨水排放口、调蓄池）数据，管道（排水管、排水渠）数据
	排水设施	泵站、泵性能曲线，调蓄设施及蓄水曲线等
	低影响开发设施	设施类型、位置、构造、尺寸、汇水范围、污染物去除效率等
河湖水系数据	河道	断面形态
	水工构筑物	涵洞、闸、坝、闸站数据
监测数据	流量监测数据	管网、河道流量监测
	水质监测数据	河湖、管网、排放口水质监测（COD、SS、TP、TN、重金属等）
其他数据	边界条件	水位、水量、水质边界
	其他	规划、设计文件等各类相关数据

（2）资料精度及格式

为保障模型运行的稳定性以及模型结果的准确性和可靠性，模型的数据应满足一定的数据精度和格式要求，如表2-21所示。在开展模型基础数据收集时应尽量保障数据的精度和格式要求，模型构建时减少对数据的评估、整理过程产生的数据误差，保证模型准确性的同时，减少建模工作量。

模型数据精度及格式要求

表 2-21

类别	数据名称	数据类型	数据格式	备注
气象数据	降雨数据	双精度	txt/excel	
	蒸发数据	双精度	txt/excel	
下垫面数据	地形数据	浮点型/双精度	CAD/ArcGIS	
	土壤数据	字符型 双精度	word/CAD	土壤类型为字符型数据；渗透性能为双精度
	现状下垫面	字符型	CAD/ArcGIS	
	土地利用规划	字符型	CAD/ArcGIS	
	竖向规划	浮点型	CAD/ArcGIS	高程数据要求浮点型
排水设施数据	排水管网	—	CAD/ArcGIS	根据《城市排水防涝设施数据采集与维护技术规范》GB/T 1187-2016 要求
	排水设施			
	低影响开发设施	字符型 双精度	CAD	设施类型为字符型；设施参数为双精度
河湖水系数据	河道	字符型 双精度	CAD	名称、桩号为字符型；河道断面、水位、构筑物参数为双精度
	水工构筑物			
监测数据	流量监测数据	双精度	excel/word	
	水质监测数据	双精度	excel/word	
其他数据	边界条件	双精度	excel/word	
	其他	—	—	根据实际情况

注：表格数据来自《南宁市海绵城市规划设计导则》。

2. 模型建立

模型建立是将现实世界部分简化并进行数字化的过程。海绵城市模型的建立过程主要包括数据整理、模型概化、模型参数输入、拓扑关系检查、模型调试运行 5 个步骤。

（1）数据整理

根据模型构建的目的、尺度和精度要求，规划研究的内容，规划范围等情况，按照相关要求开展规划区域模型基础数据的收集。根据不同模型建模数据格式需求，需要将收集基础数据进行数字化整理，并转换为模型可识别的类型。目前大部分模型软件数据要求以地理空间数据库（Geodatabase）作为模型输入。因此，数据整理主要是结合模型参数的数据格式和精度要求，基于 ArcGIS 平台建立地理空间数据库，并在数据库中建立相应的数据集，涵盖下垫面、排水设施、河道、低影响开发等不同类型的数据，作为模型参数输入的前提。

此外，在开展数据整理的同时，还应评估基础数据的精确性、准确性和可靠性，并反复复核、确认、修正、校核，从而有效保证模型的准确性。

（2）模型概化

模型概化是将下垫面及排水系统进行模型数字化的过程，是整个建模工作的重要组成部分，主要包括子汇水区的划分和排水系统的概化两个部分。模型概化既要求减少建模的工作量，同时，又要求不降低模型的准确性，因此，模型概化需要把握一定的原则。

1）排水系统的概化

排水系统概化是利用研究区域已有的排水管网数据信息，得到管网模型的输入文件。通过收集规划范围内市政道路施工图、排水管网规划图以及在现场实地踏勘的基础上，排水系统的概化原则为：保留变管径节点、流向改变处节点、支管起始和汇入处节点，对于其余节点则结合划分的汇水区域和管线长度进行简化，必要情况下可以保留或增加节点（规划条件下需要增加节点），从而在保证最大程度反映现实情况的前提下有效简化现有体系。

2）子汇水区的划分

子汇水区的划分目标是按照排水流域的实际汇流情况，将地表径流汇流分配到相应的排水管网节点（即模型中的检查井节点），进而使排水管网系统的入流量分配更加符合实际情况。子汇水区的划分应遵循 3 个原则：①按地形进行划分；②以社会单位（单元、街区）为单位进行划分；③就近排放。首先利用地形图和排水管网资料划分汇水边界，然后根据每个汇水区的土地利用类型，社会单位、街区、道路边界进行汇水区的细分。

（3）模型参数输入

在模型数据整理和模型概化的基础上，将包含下垫面、排水设施、河道、低影响开发等不同类型数据的地理空间数据库（Geodatabase）与模型参数进行数据匹配和数据交换，从而实现模型参数的快速输入。同时，进一步检查模型参数输入的完整性，针对无法进行数据匹配的参数，则需要手动进行输入，如降雨、蒸发、边界条件等参数。

（4）拓扑关系检查

在完成模型参数输入后，需进行数据准确性以及拓扑关系检查，主要包括管网、河道、低影响开发设施、汇水区相互之间位置与连接关系检查。目前，大部分商业软件均带有拓扑关系检查的工具，可基于模型平台进行检查并修正。对于开源软件，如 EPA-SWMM，则不具备该项功能，可通过 ArcGIS 平台拓扑检查工具进行检查并修正。

管网拓扑关系检查是海绵城市模型拓扑关系检查的主要内容，低影响开发设施、汇水区的拓扑关系检查工作量较小，且相对简单，本书将不进行叙述。

在管网模型中对管线错接、节点空间位置偏移、管线反向、连接管线缺失、管线逆坡、环状管网或断头管、管线重复、管线中间断开等常见拓扑问题进行核查，对于存在拓扑错误的区域需要及时进行现场补测和重新勘察，保证排水管网数据的有效性和真实性。在数据校核后，将数据处理为模拟软件需要的输入文件格式。

（5）模型调试运行

通过上述 4 个步骤基本完成了模型的建立，通过模型调试运行保障模型运行的稳定性，降低模型计算连续性误差，保证模型计算结果的可靠性。

在确保模型能够顺利运行的前提下，通过调整模型旱季和雨季运行时间步长、数据存储时间步长等运行参数，确保模型水量、水质模拟结果的连续性误差控制在一定范围内（通常是 ±5% 以内），从而保证结果的可靠性。

3. 模型参数的率定和验证

模型参数率定和验证是模型构建的必备阶段，能降低模型模拟结果与现实的误差，提高模型的准确性和可靠性。

模型的参数涉及水文参数和水力参数，参数的数量较多。通常情况下，需要开展参数的敏感性分析，确定敏感性参数，进而开展模型参数的率定和验证，具体的方法如下。

（1）参数敏感性分析

参数敏感性分析是通过改变模型参数的初始值，来识别该参数对模型输出结果重要性的一种方法。在城市径流的水文和水质模拟研究中，模型参数的率定和验证过程中最重要的基础工作是参数的敏感性分析，通过对参数进行敏感性分析，确定参数对模型结果影响程度，全面掌握各项参数的重要性。对模型结果影响大的参数，需要精确地校准；对模型结果影响小的参数，可以通过经验及实际情况取值。有针对性地对模型参数进行率定与校核，提高模型的精确性，降低工作量。

模型参数敏感性分析包括全局和局部敏感性分析。对模型的每项参数和参数之间的相互关系进行详细分析后，通过对单个或者多个参数进行变换，以此来评价各项参数对模型输出结果的重要性，这种方法被称为全局敏感性分析法；而只对模型的单个参数进行变换，采用单一变量法，保持其余参数不变，以此来评价单个参数对模型输出结果的重要性，这种方法被称为局部敏感性分析法[83, 84]。全局敏感性分析方法有多元回归法、区域敏感性法（Regional Sensitivity Analysis，RSA）、Sobol 方差分解法[85, 86] 和基于贝叶斯理论的普适似然度法（Generalized Likelihood Uncertainty Estimation，GLUE）[87]。局部敏感性分析法有摩尔斯筛选法和修正摩尔斯筛选法。

全局敏感性分析法的优点在于综合分析了模型所有参数对模型输出结果的影响，又分析所有参数相互之间的关系，可精确地分析出高、中和低敏感性参数，但是其缺点在于分析方法较为复杂且工作量大。该方法对简单模型因其参数少较为适用，而对复杂模型参数较多不太适用。而局部敏感性分析法优点在于有选择性地分析了对模型输出结果影响较重要的参数，大大地减轻了分析和计算的工作量，又因其分析方法和原理较为简单，广泛应用在各种模型的参数敏感性分析中；其缺点在于未对模型所有参数进行综合分析，得到的分析结果精确度低于全局分析法。

摩尔斯筛选法是目前局部分析法中比较常用的一种方法，是单一变量法。每次只选取参数中的一个变量 x_i，对该变量随机改变 x_i，但需保证在该变量的值域范围内变化，最后运行模型得到不同 x_i 的目标函数 $y(x) = y(x_1, x_2, x_3, \cdots, x_n)$ 的值，运用参数 e_i 值来定量地评价各项参数变化对模型输出结果影响的大小[88]，具体见公式：

$$e_i=(y*-y)/\Delta_i \qquad (2-5)$$

式中：e_i——参数变化对模型输出结果影响的大小；

$y*$——参数变化后的输出值；

y——参数变化前的输出值；

Δ_i——参数 i 的变化幅度。

修正的摩尔斯筛选法采用的是单一变量法，通过一个自变量以固定变化量，经过多次参数变化后，得到该参数摩尔斯系数的平均值，该系数平均值即参数敏感度值，可定量评价参数敏感度的高低[89]，其计算公式如下：

$$S=\sum_{i=0}^{n-1}\frac{(Y_{i+1}-Y_i)/Y_0}{(P_{i+1}-P_i)/100}/(n-1) \qquad (2-6)$$

式中：S——摩尔斯系数的平均值；

Y_i——模型第 i 次运行输出值；

Y_{i+1}——模型第 $i+1$ 次运行输出值；

Y_0——参数初始值模型计算结果初始值；

P_i——第 i 次模型运算参数值相对于参数初始值变化的百分率；

P_{i+1}——第 $i+1$ 次模型运算参数值相对于初始参数值的变化百分率；

n——模型运行次数。

其中对参数敏感度的分级如表 2-22 所示，其中 S_i 为模型输出的第 i 个状态变量的摩尔斯系数，i 为模型的第 i 个状态变量[90]。

参数敏感度分级[58]　　　　　　　　　　表 2-22

等级	敏感度范围	敏感度
I	$0 \leqslant |S_i| < 0.05$	不敏感参数
II	$0.05 \leqslant |S_i| < 0.2$	中敏感参数
III	$0.2 \leqslant |S_i| < 1$	敏感参数
IV	$|S_i| \geqslant 1$	高敏感参数

研究一般采用 5% 或 10% 的固定变化量对某自变量参数进行变换，使变量在该自变量参数初始值的 70% ~ 130% 范围内变化，其余参数保持不变，通过修正 Morris 筛选法公式计算该自变量参数 Morris 系数的平均值。

通过参数的敏感性分析，敏感性低的参数可根据经验和实际情况确定，对于敏感性高的参数，需要经过参数率定确定取值。

（2）模型率定及验证

调整参数使模型拟合实测资料最好，即达到最优化的工作叫作"模型率定"。任何模型的任一参数都可通过参数率定方法确定。然而，模型参数的率定是一个十分复杂和困难的过程。数学模型除了模型的结构要合理外，模型参数的率定也是一个十分重要的环节。

模型率定的常见误差指标有 Nash-Sutcliffe 效率系数[91] 和相关系数两种：

1）Nash-Sutcliffe 效率系数

$$E_{NS} = 1 - \frac{\sum\limits_{t=1}^{T}(Q_o(t) - Q_m(t))^2}{\sum\limits_{t=1}^{T}(Q_o(t) - \overline{Q}_o)^2} \qquad (2-7)$$

式中：$Q_o（t）$——在 t 时刻实测值；

$Q_m（t）$——在 t 时刻模拟值。

其中 E_{NS} 的取值范围：$-\infty < E_{NS} < 1$，E_{NS} 值越接近于 1，曲线吻合程度越高。

2）相关系数

$$R^2 = \left[\frac{\sum\limits_{t=1}^{T}(Q_o(t) - \overline{Q}_o(t)) \times (Q_m(t) - \overline{Q}_m(t)}{\sqrt{\sum\limits_{t=1}^{T}(Q_o(t) - \overline{Q}_o(t))^2} \times \sqrt{\sum\limits_{t=1}^{T}(Q_m(t) - \overline{Q}_m(t))^2}}\right]^2 \qquad (2-8)$$

式中：$Q_o（t）$——在 t 时刻实测值；

$Q_m（t）$——在 t 时刻模拟值；

$Q_o（t）$——在 t 时刻实测的平均值；

$Q_m（t）$——在 t 时刻模拟的平均值；

Q_o——模拟降雨的平均值；

T——为时间序列长度。

其中 R^2 的取值范围：$0 < R^2 < 1$，R^2 值越接近于 1，曲线吻合程度越高。

（3）案例分析[92]

根据上述模型参数敏感度分析和参数率定方法，以深圳光明门户区的 EPA-SWMM 模型的参数率定和验证为例进行详细分析。

研究区域面积为 1.73km²，不透水面积占 40.6%，隶属茅洲河流域，区域内共有 3 条雨水暗渠共同汇入总出口（东坑水渠）。根据研究区卫星影像、流域现状地形图和雨水管网图，将研究区域概化为 122 个子汇水区，98 个节点。在区域总出口处采用流速面积法监测流量，并采集水样用于水质监测，同时设置 JL-21 雨量计记录降雨数据（图 2-17）。

选取 3 场监测降雨径流事件及其相应的水量、水质监测开展模型参数率定，降雨特征详见表 2-23。

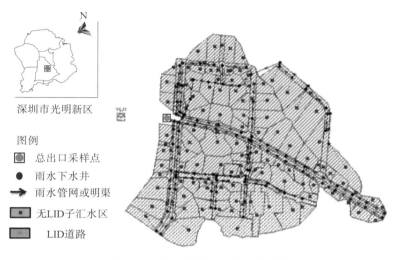

深圳市光明新区

图例

◉ 总出口采样点

● 雨水下水井

➜ 雨水管网或明渠

▣ 无LID子汇水区

▣ LID道路

图 2-17 研究区域和采样点模型图

监测降雨事件的基本特征   表 2-23

降雨日期	降雨量（mm）	降雨历时（min）	平均雨强（mm/min）	最大雨强（mm/5min）	雨峰时间（min）	干期长度（d）	降雨类型
2013-06-15	21.1	95	0.22	5.1	50	11	大雨
2013-06-24	70.8	120	0.59	7.8	20、85、115	9	暴雨
2013-07-15	14.6	115	0.13	3.2	15	21	中雨

注：降雨类型按我国 12 小时内降雨气象标准划分。

EPA-SWMM 模型参数主要为水文水力参数、水质参数和低影响开发设施参数三类，模型参数的选择根据其确定方法可分为确定性参数和不确定性参数。

水文水力模块率定参数主要包括曼宁粗糙率、地表注蓄量和入渗模型参数，其中入渗模型采用 Horton 渗透模型。

水质模块率定参数包括污染物累积模型参数、冲刷模型参数、降雨浓度、污染物衰减常数等其他污染物特征参数。模型主要通过污染物累积和冲刷过程来模拟城市雨水径流污染情况。以 SS 和 COD 为特征污染物，选用饱和函数累积模型和指数冲刷模型进行分析模拟，研究区的土地利用类型分为三种，分别为路面、屋面和绿地。

在进行各个参数局部灵敏度分析的基础上，采用人工试错法，反复调整参数取值直至模拟结果与实测结果相接近，进而完成模型参数的率定。

通过参数灵敏度分析得知，水力模块中参数敏感性大小依次为不渗透面积比例（imperv）、宽度（width）和坡度（slope），灵敏度均在中等或以上。不同的降雨强度对水文水力参数灵敏度的影响不同，如 imperv 在暴雨情况下的灵敏度要低于中、大雨中的灵敏度，而 width 和 slope 的灵敏度则与之相反；在暴雨情况下 N-perv（渗透面积曼宁系数）、Des-perv（渗透面积积注蓄量）、Max.Infilt（最大渗透率）和 Decay constant（衰减系数）

均为敏感参数，但在中、大雨中的灵敏度均为 0；N-imperv 和 Des-imperv 在中、大雨中为敏感参数，而在暴雨中为不敏感参数。

水质参数的敏感性与雨强、下垫面类型和模型输出结果均有关，复杂性高于水文参数的敏感性。总体来说 Exponent（指数）为水质模块最敏感参数，在中雨和大雨降雨条件下，屋面和道路的 Exponent 和 Max.Buildup（最大累积量）都很高，其中 Exponent 对 SS 浓度峰值的灵敏度均大于 1，而在暴雨条件下，屋面和道路的 Exponent 参数灵敏度则降低。这可能是在相对小强度降雨时，雨水的初期冲刷效果不明显，在降雨后期雨水中污染物浓度仍然很高，而在大暴雨时初期冲刷效应较大导致后期雨水水中污染物浓度较低。

根据监测结果，确定研究区晴天时明渠径流量取值为 0.23m³/s，晴天污染物 SS、COD 的浓度取值分别为 31.5mg/L、13mg/L，SS、COD 的降雨浓度分别为 18mg/L、15mg/L，率定后的污染物衰减常数为 0.15d^{-1}，其他参数率定值见表 2-24，表 2-25。

水文水力参数率定结果　　　　　　　　　　　　表 2-24

曼宁粗糙率参数				地表注蓄量参数		
N-imperv（不渗透面积曼宁系数）	N-perv（渗透面积曼宁系数）	Roughness（粗糙度/管道）	Roughness（粗糙度/明渠）	Des-imperv（不渗透面积注蓄量）（mm）	Des-perv（渗透面积注蓄量）（mm）	%zero-imperv（无注蓄量不渗透面积比例）（%）
0.011	0.24	0.013	0.025	1.27	5	50

Horton（霍顿）渗透模型参数	参数类型	单位	绿地	裸地	开发后土地	
	Max.Infil.Rate（最大入渗率）	mm·h^{-1}	70	45	10	
	Min.Infil.Rate（稳定入渗率）	mm·h^{-1}	20	6	3.2	
	Decay-constant（衰减系数）	h^{-1}	2.0	3.5	4.1	
	Drying Time（干燥时间）	d	7	7	7	

水质参数率定结果　　　　　　　　　　　　表 2-25

污染物	参数类型	参数	路面	屋面	绿地
SS	街道清扫	Availability（有效性）	0.45	0	0
	污染物累积	Max.Buildup（最大累积量）（kg/hm²）	270	200	80
		Sat.Constant（累积速率常数）（d）	3	3	10
	污染物冲刷	Coefficient（系数）	0.018～0.028	0.015～0.025	0.014～0.024
		Exponent（指数）	0.8～1.0	0.8～1.0	0.3～1.1
		Cleaning Effic（清扫时污染物去除率）	45	0	0
		BMP Effic（低影响开发设施污染物去除率）	50	0	50

续表

污染物	参数类型	参数	路面	屋面	绿地
COD	污染物累积	Max.Buildup（最大累积量）（kg/hm²）	40	36	14
		Sat.Constant（累积速率常数）（d）	8	10	10
	污染物冲刷	Coefficient（系数）	0.005 ~ 0.018	0.003 ~ 0.015	0.003 ~ 0.014
		Exponent（指数）	0.9 ~ 1.9	1.1 ~ 1.8	1.0 ~ 1.85
		Cleaning Effic（清扫时污染物去除率）	35	0	0
		BMP Effic（低影响开发设施污染物去除率）	40	0	40

模型模拟与实测水量水质过程及误差检验结果见图 2-18。

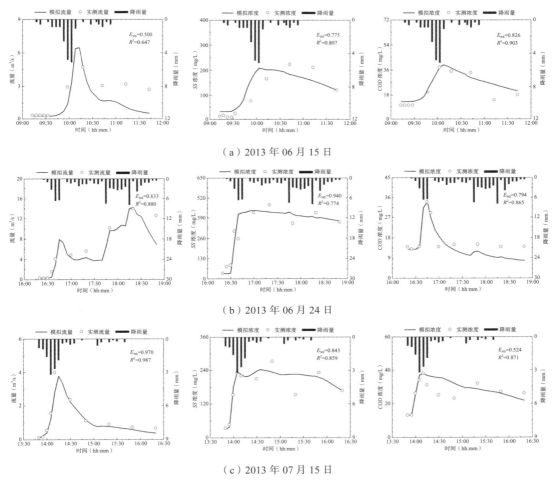

（a）2013 年 06 月 15 日

（b）2013 年 06 月 24 日

（c）2013 年 07 月 15 日

图 2-18　实测与模拟水量水质过程图

通常情况下，在模拟结果中认为 E_{NS}、R^2 在 0.50 ~ 0.65 之间的模拟结果可接受，在 0.65 ~ 0.75 之间的模拟结果较好，0.75 以上的模拟结果非常好。根据上图可以看出：

模拟与实测水量水质过程趋势基本一致，模拟与实测峰值基本同时出现；E_{NS} 值范围为 0.50 ~ 0.97，大多数都在 0.77 以上，R^2 系数为 0.65 ~ 0.99，多数在 0.80 以上。考虑到明渠的干扰及水质的采样测定误差，本案例模拟精度较好。

模型运行的结果是否合理主要取决于参数的设定，EPA-SWMM 模型包含大量无法直接测定的参数，即使完全采用直接测定的参数也并不一定取得准确的结果。因此，目前最常用的方法就是参数率定。然而由于实际情况的复杂性和监测数据的误差性，率定的参数往往不具备良好的重现性，率定只是一定范围的优化，而非全局优化。因此，模拟是一定精度上的模拟，要从整体上把握研究区域不同情境模式下的模拟变化动态，分析可能出现的结果。

2.6.4 模型应用要点与实践

通常情况下，数学模型在海绵城市规划中主要应用于自然水文本底评估、年径流总量控制率等指标分解、排水防涝方案的评估与优化、海绵城市规划设计方案评估与优化等 4 个方面。

1. 模型应用之一：自然水文本底评估

利用数学模型能够评估场地开发前的自然水文本底状态，通过模型模拟计算，评估研究区域各地块、排水分区、流域的现状年径流总量控制率，明确区域开发建设前的自然水文状态，为年径流总量控制率目标的确定提供基础数据支撑。

基于数学模型开展规划范围自然水文本底分析，主要步骤包括下垫面识别和模型构建与模拟。

①下垫面识别：下垫面的自然本底情况和地区降雨特点，是影响地区雨水径流的主要影响因素，决定一个区域的自然水文本底特征。下垫面的识别主要是通过卫星影像图或其他历史资料，识别城市开发建设前的下垫面构成，作为数学模型分解城市开发建设前降雨径流的基础性工作。通常情况下，可将下垫面分为绿地、水体、屋面、路面、裸土和铺装六类，采用 ArcGIS 平台进行数据管理，形成不同矢量的数据图层，作为数学模型评估的数据输入。

②模型构建与模拟：在完成下垫面识别的基础上，构建模型，输入连续多年降雨（降雨数据齐全的城市建议 10 年以上，降雨数据欠缺的城市至少保证 1 年），对研究区域进行模拟，评估产汇流情况，作为确定年径流总量控制率目标的基础数据支撑。

在深圳市海绵城市专项规划编制过程中，采用 EPA-SWMM 模型开展地块、排水分区和流域三个层级自然水文本底的评估。

（1）地块层级自然水文本底评估

以深圳市某块建设用地为例，采用 EPA-SWMM 模型构建地块开发前后的水文模型，模拟评估城市开发建设前后自然水文的变化。

该地块开发建设前主要为裸土及杂草地，生态本底较好，开发建设前模型构建如图 2-19 所示。输入深圳市全年逐分钟降雨数据，模拟评估得到开发建设前年径流总量控制率。

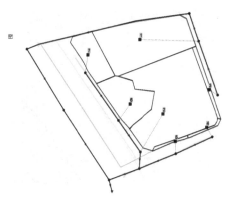

图 2-19　某地块开发前模型构建

由于地块开发建设前生态本底良好，全年的降雨外排径流量中，基本上只有雨量较大的降雨产生径流，大部分雨水入渗补给地下水以及被植物截留蒸发，年径流总量控制率达到 79%。

（2）排水分区层级自然水文本底评估

深圳市开发建设前主要为边陲渔村，主要下垫面类型为村庄、耕地、裸土地、林地等。以深圳市某排水分区为例，构建 EPA-SWMM 模型，评估其开发建设前后自然水文变化情况。该排水分区开发建设前下垫面种类主要为村庄屋面、杂草地、菜地、裸土，构建的排水分区模型如图 2-20 所示。

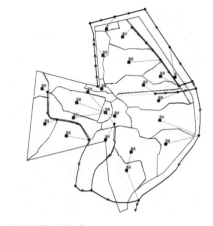

图 2-20　某排水分区开发前模型构建

由于区域开发建设前生态本底良好，全年的降雨外排径流量中，大部分雨水径流通过入渗补给地下水以及被植物截留、蒸发，年径流总量控制率达到 74%。

（3）流域层级自然水文本底评估[93]

以深圳市某支流流域为例，构建流域层面 EPA-SWMM 模型，评估目前该流域自然水文状况，如图 2-21 所示。该支流流域现状用地类型为工业用地，公共绿地，居住用地，主要下垫面为屋面、道路、广场、铺装、绿地。

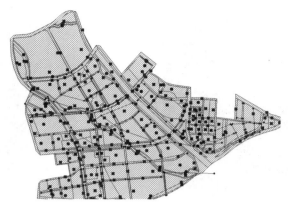

图 2-21　某流域数学模型界面

模型模拟结果显示,该支流流域现状年径流总量控制率为 43.3%。与城市开发前村庄、耕地、林地等自然水文状态相比,年径流量增加约 1.2 倍,一定程度上说明了城市的开发建设改变了本底的自然水文状态（表 2-26）。

某流域现状自然本地评估表　　　　　　　表 2-26

项目	总降水（mm）	总蒸发（mm）	总入渗（mm）	总径流（mm）	年径流总量控制率（%）
某流域	1723.20	160.26	589.14	977.7	43.3%

2. 模型应用之二：年径流总量控制率等指标的分解和优化

利用数学模型可辅助年径流总量控制率、年径流污染削减率指标的分解和优化,将区域或排水分区的目标分解至各个地块或市政道路。通过模型模拟计算,评估指标分解规划设计方案的径流总量和径流污染物总量削减情况,核算控制目标的可达性,并优化调整规划设计方案。此外,基于数学模型还可以评估指标分解方案的峰值流量削减效应。

年径流总量控制率等指标分解的主要思路是在各类建设项目中合理布局低影响开发设施,从而达到各类建设项目年径流总量控制率的目标要求,进而实现规划区的总体目标。

年径流总量控制率指标分解流程如图 2-22 所示,在将年径流总量控制率指标分解到地块时,主要依据地块的用地类型和建设状态进行了分类处理,合理确定各类建设用地的年径流总量控制率,并经过模型重复迭代模拟计算,最终确定分解方案,具体流程如下。年径流污染削减率指标分解思路及步骤相类似。

① 地块分类

按照地块规划及现状建设情况将地块先分为新建项目、改造项目以及现状保留项目。其中,新建项目和改造项目为开展径流控制的重点项目,现状保留项目因地制宜开展雨水径流控制。在每个类别中,再依据各地块的用地性质,将地块分为居住类、公共建筑类、道路广场类、公园绿地类等。

② 初次设定年径流总量控制目标

在地块分类的基础上，初次设定各个地块的年径流总量控制率目标。其中，新建项目目标设定较高，改造项目目标设定较低。

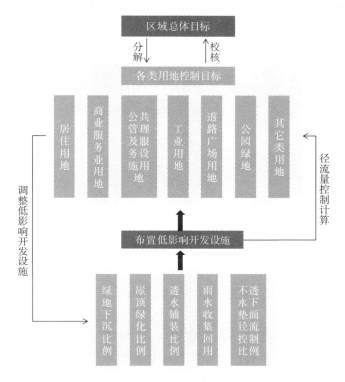

图 2-22　年径流总量控制率目标分解流程

③ 布置低影响开发设施

基于各类建设项目设定的目标，根据下垫面特点（建筑屋面、绿地、铺装等），通过布置绿化屋顶、下沉式绿地、透水铺装等低影响开发设施的方式实现年径流总量控制率目标。基于数学模型，模拟评估布置的低影响开发设施是否满足地块目标，并优化设施布局。

④ 调整径流控制目标

基于构建数学模型，模拟评估各类型地块初步设定的目标是否达到区域径流控制总体目标。如果不达标则反复调整和优化后，得到各地块合理的年径流控制目标。

⑤ 模型输出

经模型模拟评估并优化后，得到各个地块的年径流总量控制目标，作为各地块和建设项目控制的刚性指标，从而实现年径流总量控制率目标分解。而各地块建设项目的透水铺装率、绿地下沉率、绿色屋顶率和不透水下垫面径流控制比例等指标则可作为指引性指标。

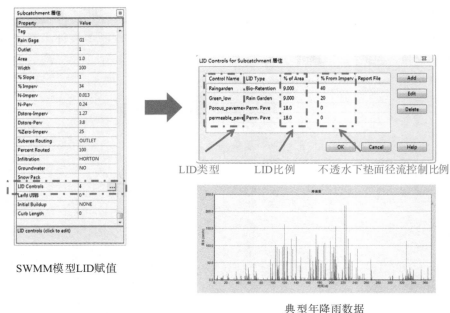

SWMM模型LID赋值

LID类型　　　LID比例　　　不透水下垫面径流控制比例

典型年降雨数据

图 2-23　模型低影响开发设施赋值（EPA-SWMM 模型为例）

采用数学模型，可实现针对不同层次规划的指标分解规划设计方案的评估和优化。

（1）总体规划层次[94]

在深圳市海绵城市专项规划编制过程中，利用数学模型研究不同土壤地质、降雨、下垫面分布情况对建设项目海绵城市控制目标的影响程度，结合各个流域、排水分区的实际情况，复核指标的可达性，从而提高年径流总量控制率等指标分解的合理性和可行性。

1）海绵城市建设影响因子筛选

雨水径流及污染物的控制效果受降雨特征、土壤类型、下垫面种类、地面坡度等因素的影响。因此，在对年径流总量控制率等目标进行分解时应考虑以上影响因子的影响，通过对各影响因子对径流控制效果影响敏感程度的分析，确定较为敏感的影响因子，指导年径流总量控制率等目标的分解。

选择典型地块构建 EPA-SWMM 模型，通过模型模拟研究降雨雨型、土壤、坡度以及下垫面构成等各影响因子对降雨径流总量控制效果影响的大小，从中确定较为敏感的因子，作为指导年径流总量控制率等目标分解的依据（表 2-27）。

不同影响因子对年径流总量控制的影响　　　　　　　表 2-27

影响因素	因子	年径流总量控制率（%）
降雨	珠江三角洲雨型	68.2
	东江中下游雨型	68.1
	粤东沿海雨型	74.7
土壤	壤土	68.2

续表

影响因素	因子	年径流总量控制率（%）
土壤	软土（黏土）	44.7
坡度	1%	71.6
	3%	69.3
	5%	68.2
下垫面构成	居住类	68.5
	公共建筑类	61.9
	工业类	60.5

由以上分析可知，各影响因子中降雨雨型、土壤类型及下垫面对径流总量控制效果的影响较大，因此在进行年径流总量控制率目标分解时主要考虑三者的影响。

2）指标分解思路

深圳市年径流总量控制率目标分解采用分区、分类分解，然后进行复核和调校的方法，根据不同雨型和土壤，对不同用地类型进行措施初定，然后对片区、流域及整个城市进行目标复核，不断优化调整措施（指标）与目标，使之具备可操作性，具体步骤如下（图2-24）。

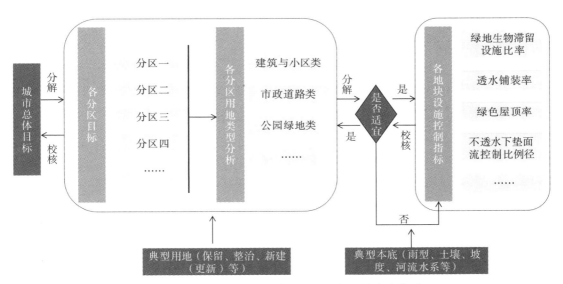

图2-24　年径流总量控制率目标分解复核技术路线图

①划分排水流域：根据深圳市境内河流的位置、流向，结合地形分区、竖向规划、规划排水管网，划分九大流域。

②划分管控片区：根据各流域内河流水系流向、地表高程、规划排水管渠系统，将九大流域划分为25个管控片区。

③统计城市各类建设面积：根据深圳市法定图则（城市规划一张图）统计各流域/管

控片区内各类型下垫面规划用地面积，包括建筑与小区类用地（新建、综合整治、保留）、道路类用地（新建、保留）、公园绿地类用地、生态用地。

④典型地块控制目标确定：构建各典型地块 EPA-SWMM 模型，根据不同雨型分区（东部、中部、西部），不同土壤条件（黏质壤土、软土），在初设的各个地块海绵设施控制指标下进行模拟，得出不同分区、不同土壤条件、不同下垫面类型的年径流总量控制率目标值和地块控制容积。

⑤片区控制目标的复核与确定：依据步骤③用地类型统计结果及步骤④模拟结果，反算核算 25 个管控片区的单位面积控制降雨量和对应的年径流总量控制率。具体方法为根据各片区壤土和软土（黏土）的比例、各下垫面面积、各类用地年径流总量控制率对应的设计降雨量算出各片区的总控制容积，片区总控制容积除以片区的总面积得出片区单位面积控制降雨量，查年径流总量控制率—设计降雨量曲线，进而得出片区年径流总量控制率。

⑥流域及城市年控制目标复核：依据步骤⑤各分区的雨水总控制容积，核算流域及全市总控制容积，查年径流总量控制率—设计降雨量曲线，得到全市的年径流总量控制率。该值与根据本底、需求确定的深圳市年径流总量控制率目标值相比较，若不符合，则相互调整，可调整目标与步骤④中的地块初设指标体系，重复上述④~⑥步骤，最终使目标与核算结果相接近。

3）典型地块目标指标确定

梳理城市用地类型的特征和分类，将城市下垫面用地类型划分为建筑与小区类用地，道路、停车场、广场类用地，公园绿地类用地，生态用地四种。根据各类建设用地典型下垫面构成比例分别构建 EPA-SWMM 模型，并初步设定其海绵城市建设指标体系。依据不同的土壤设置下渗参数，按照雨型分区选取东部、中部和西部的全年逐分钟降雨数据进行模拟，确定各典型用地年径流总量控制率，初步设定目标值（表2-28）。

各类建设用地下垫面构成 表 2-28

建设用地类型	绿地率	建筑覆盖率	道路广场比例	铺装比例
建筑与小区类	30%	30%	20%	20%
道路、广场、停车场类	10%	0%	60%	30%
公园绿地类	85%	0%	10%	5%

以建筑类地块为例，说明各用地类型的地块管控指标的确定方法。选择典型的建筑与小区类用地地块构建 EPA-SWMM 模型，其中下渗参数设置黏质壤土和软土两种工况，降雨数据选用降雨量分别等于或接近多年平均降雨量的东部、中部、西部全年逐分钟降雨数据，其他参数均采用 EPA-SWMM 模型手册推荐参数和本地率定结果。

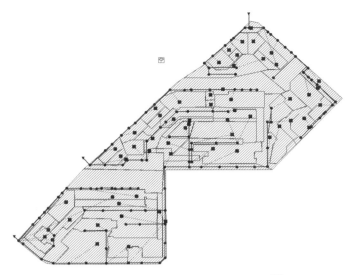

图 2-25　建筑类用地模型概化示意图 [95]

　　根据文献数据及相关项目案例，初步设定建筑与小区类地块的低影响开发设施控制指标，如表 2-29 所示。在两种土壤、三种降雨合计共六种工况条件下分别模拟确定建筑与小区类地块中现状保留项目、综合整治项目和新建项目的年径流总量控制率。

建筑类用地低影响开发控制指标　　　　　　　　　　　　表 2-29

类型	低影响开发控制指标	比例	LID 设施	比例
新建	绿地下沉比例	60%	简易生物滞留设施（下沉式绿地）	30%
			生物滞留设施	30%
	绿色屋顶覆盖比例	—	绿色屋顶	—
	透水铺装比例	90%	透水铺装（透水基础）	45%
			透水铺装（不透水基础）	45%
	不透水下垫面径流控制比例	70%	—	—
综合整治类	绿地下沉比例	40%	简易生物滞留设施（下沉式绿地）	20%
			生物滞留设施	20%
	绿色屋顶覆盖比例	—	绿色屋顶	—
	透水铺装比例	50%	透水铺装（透水基础）	25%
			透水铺装（不透水基础）	25%
	不透水下垫面径流控制比例	50%	—	—

　　依照上述步骤，模拟计算不同土壤和降雨条件下道路类用地、公园绿地类用地控制目标，经过反复调整各用地类型低影响开发控制指标得出各分类项目年径流总量控制率值，见表 2-30 ~ 表 2-32。

现状保留类项目年径流总量控制率　　　　表 2-30

雨型分区	土壤分类	地块分类	绿地率（%）	模拟年径流总量控制率（%）
东部雨型分区	黏质壤土	建筑用地类	30	42.3
		道路用地类	10	28.6
		公园绿地类	85	74.7
	软土	建筑用地类	30	35.2
		道路用地类	10	26.6
中部雨型分区	黏质壤土	建筑用地类	30	35.6
		道路用地类	10	21.3
		公园绿地类	85	68.1
	软土	建筑用地类	30	26.6
		道路用地类	10	19.8
西部雨型分区	黏质壤土	建筑用地类	30	34.7
		道路用地类	10	20.9
		公园绿地类	85	68.2
	软土	建筑用地类	30	25.5
		道路用地类	10	18.5

综合整治类项目年径流总量控制率　　　　表 2-31

雨型分区	土壤分类	地块分类	绿地下沉率（%）	人行道、停车场、广场透水铺装比例（%）	不透水下垫面径流控制比例（%）	模型评估结果（%）（年径流总量控制率）	规划控制目标（%）（年径流总量控制率）
东部雨型分区	壤土	建筑用地类	40	50	50	57.3	55
	软土（黏土）	建筑用地类	40	50	50	58.9	55
中部雨型分区	壤土	建筑用地类	40	50	50	55.6	55
	软土（黏土）	建筑用地类	40	50	50	42.7	45
西部雨型分区	壤土	建筑用地类	40	50	50	56.5	55
	软土（黏土）	建筑用地类	40	50	50	46.5	45

新建类项目年径流总量控制率　　　　表 2-32

雨型分区	土壤分类	地块分类	绿地下沉率（%）	人行道、停车场、广场透水铺装比例（%）	不透水下垫面径流控制比例（%）	模型评估结果（%）（年径流总量控制率）	规划控制目标（%）（年径流总量控制率）
东部雨型分区	壤土	建筑用地类	60	90	70	72.1	72
		道路用地类	80	90	85	71.9	70
		公园绿地类	—	—	—	76.8	75
	软土（黏土）	建筑用地类	60	90	70	70.1	70
		道路用地类	80	90	85	68.5	65

续表

雨型分区	土壤分类	地块分类	绿地下沉率（%）	人行道、停车场、广场透水铺装比例（%）	不透水下垫面径流控制比例（%）	模型评估结果（%）（年径流总量控制率）	规划控制目标（%）（年径流总量控制率）
中部雨型分区	壤土	建筑用地类	60	90	70	66.8	65
		道路用地类	80	90	85	66.9	65
		公园绿地类	—	—	—	76.8	75
	软土（黏土）	建筑用地类	60	90	70	53.9	55
		道路用地类	80	90	85	56.7	55
西部雨型分区	壤土	建筑用地类	60	90	70	68.5	70
		道路用地类	80	90	85	67.8	65
		公园绿地类	—	—	—	68.2	70
	软土（黏土）	建筑用地类	60	90	70	61.8	60
		道路用地类	80	90	85	61.3	60

4）各片区控制目标的确定

依据确定的各个片区不同用地类型的年径流控制值和年径流总量控制率，确定年径流总量控制率目标。具体算法为根据各片区土壤比例、各用地类型面积、各用地类型年径流总量控制率对应的设计降雨量核算其的总调蓄容积，进而计算得到各片区控制设计降雨量，从而得出片区年径流总量控制率值（表2-33）。

各片区年径流总量控制率核算　　　　表2-33

序号	片区	面积（ha）	片区雨水控制容积（m³）	片区单位面积控制降雨量（mm）	核算片区年径流总量控制率（%）	规划片区年径流总量控制率（%）
1	福田河片区	4035.3	1012860.3	25.1	62.7	65
2	布吉河片区	5312.8	1115688.0	21.0	57.2	60
3	深圳水库片区	7923.9	2678278.2	33.8	72.5	75
4	新洲河片区	3896.3	1126030.7	28.9	67.4	70
5	大沙河片区	10361.7	3326105.7	32.1	70.8	72
6	蛇口片区	2207.7	534263.4	24.2	61.5	65
7	前海片区	5536.2	1406194.8	25.4	63.1	65
8	铁岗西乡片区	14604.0	4585656.0	31.4	70.0	70
9	大空港片区	9613.5	2768688.0	28.8	67.3	70
10	石岩河片区	10615.3	3311973.6	31.2	69.9	70

续表

序号	片区	面积（ha）	片区雨水控制容积（m³）	片区单位面积控制降雨量（mm）	核算片区年径流总量控制率（%）	规划片区年径流总量控制率（%）
11	茅洲河南部片区	10935.1	3510167.1	32.1	70.8	72
12	茅洲河北部片区	8608.8	2703163.2	31.4	70.1	70
13	观澜河上游片区	4823.7	1476052.2	30.6	69.3	70
14	观澜河西部片区	10032.1	3250400.4	32.4	71.2	72
15	观澜河东部片区	9844.2	2972948.4	30.2	68.8	70
16	龙岗河上游片区	6081.3	2037235.5	33.5	72.2	72
17	龙岗河中游片区	14524.2	4822034.4	33.2	72.0	72
18	龙岗河下游片区	9186.3	3095783.1	33.7	73.4	75
19	坪山河上游片区	6966.0	2619216.0	37.6	75.9	75
20	坪山河下游片区	6337.5	2078700.0	32.8	71.5	72
21	盐田河片区	4734.0	1737330.3	39.5	77.3	78
22	梅沙片区	3934.4	1260177.9	35.4	74.0	75
23	大鹏东片区	9534.8	3519228.7	38.3	76.4	75
24	大亚湾北片区	9008.7	3303864.6	36.2	74.7	75
25	大亚湾南片区	8613.5	3427820.7	39.3	77.2	78

城市年径流总量控制率核算　　　　表 2-34

流域	流域面积（m²）	流域雨水控制容积（m³）	流域单位控制降雨量（mm）	流域年径流总量控制率（%）
深圳河流域	17272.0	4806823.4	27.8	66.1
深圳湾流域	16465.7	4986410.3	30.2	68.9
珠江口流域	29753.7	8760545.4	29.4	67.9
茅洲河流域	30159.3	8087652.5	31.6	70.3
观澜河流域	24700.0	7699411.1	31.1	69.9
龙岗河流域	29791.8	10319135.7	34.6	73.3
坪山河流域	13303.5	4697908.1	35.1	73.9
大鹏湾流域	18203.2	6516736.9	35.8	74.1
大亚湾流域	17622.2	6731685.3	38.2	76.0

5）流域及城市年径流总量控制率目标确定与复核

将各管控片区雨水控制容积按流域加和，转换得到流域年径流总量控制率；在此基础上，核算全市年径流总量控制率，如表 2-34 所示。

经反复调整及复核后，全市年径流总量控制率可达到 71.3%。此值与根据本底水文情况、各种影响因素初始确定的年径流总量控制率目标值 70% 相比，较为吻合，从而确认完成总体规划层面的年径流总量控制率目标分解与优化工作。

（2）控制性详细规划层次 [96]

对于控制性详细规划层次的年径流总量控制率指标分解规划设计方案，由于各地块之间存在差异，为保证年径流总量控制率指标的可实施性，需要进行大量的方案组合与试算，利用模型工具可实现方案的评估和优化计算，提高计算效率的同时，量化评估方案的效益。

遂宁市面积为 6.58km² 的河东新区一期海绵城市建设区域，以排水分区为研究单位，采用 EPA-SWMM 模型，建立规划区内海绵城市径流管控模型，在评估已开展海绵城市改造项目的基础上，结合区域建设情况、下垫面类型，以排水分区径流管控达标为出发点，统筹区域年径流总量控制率总体目标和市政海绵设施目标、地块海绵设施目标之间的关系，并衔接《遂宁市海绵城市建设专项规划》的要求，优化各建设项目年径流总量控制率，确保指标的可实施性、可操作性。

1）年径流总量控制率目标

河东新区一期自 2002 年开始动工建设，目前已基本建成，建成度高达 70% 以上，建筑密度较高、基础设施健全，硬质化下垫面比例较高，改造难度大、雨水径流控制难度相对较大，而河东新区二期为规划新建区域，目前开发建设程度极低。因此，结合《遂宁市海绵城市建设专项规划》确定河东新区年径流总量控制率目标为 80% 的要求，以及《遂宁市海绵城市建设试点实施计划（2015～2017 年）》确定试点区域年径流总量控制率目标为 75% 的要求，规划确定河东新区一期年径流总量控制率目标为 75%，并建议河东新区二期适当提高目标，以使得整个河东新区年径流总量控制率目标达到专项规划要求。

2）上层次规划指标思路分解

《遂宁市海绵城市建设专项规划》针对公园绿地类、市政道路类和建设用地类项目明确指标分解和指标确定思路，如下：

公园绿地（G1 类用地）、防护绿地（G2 类用地）和广场（G3 类用地）的低影响开发建设条件较好，应按 85% 的目标进行控制。

对于城市道路，根据所在片区的控制率要求，确定年径流总量控制率初值；根据路段红线内机动车道所占比例，对控制率进行修正。

某路段控制率 = 所在片区控制率 + 基于机动车道占地比例的调整值

建设用地类项目，根据所在片区的控制率要求，确定年径流总量控制率初值；依次根据宗地用地性质、建筑密度、绿地率和建成状况，对控制率进行逐步修正。

某项目控制率 = 所在片区控制率 + 基于用地性质的调整值 + 基于建筑密度的调整值 + 基于绿地率的调整值 + 基于建成状况的调整值

此外,《遂宁市海绵城市建设专项规划》制定了 3 个引导性指标,包括透水铺装率、绿地下沉率和绿色屋顶率,通过在建设项目落实指导性指标,从而实现年径流总量控制率目标。

3)本区海绵指标初始赋值思路

结合《遂宁市海绵城市建设专项规划》的要求确定年径流总量控制率目标和引导性指标,根据河东新区的实际建设情况(图 2-26),按照公园绿地类、市政道路类和建设用地类三种类型项目明确指标初始赋值。

图例
■ 在建
■ 已建
■ 未建

图 2-26　河东新区一期规划建设情况

针对公园绿地类建设项目,根据不透水下垫面的比例确定公园绿地类建设项目年径流总量控制率,透水率高的项目则取较高的年径流总量控制率,透水率稍低的项目则取较低的年径流总量控制率。

针对道路广场类建设项目,参考海绵型市政道路建设的基本思路,根据(铺装 + 路面)与绿地的比值确定市政道路年径流总量控制率。该指标越高,说明市政道路绿地空间比例较低,年径流总量控制率目标较低;该指标越高,说明市政道路绿地控制比例较高,年径流总量控制率较高。

针对建设用地类建设项目,参照《遂宁市海绵城市建设专项规划》指标确定思路,综合考虑建成度、绿地率和建筑密度等因素(图 2-27、图 2-28)赋值。

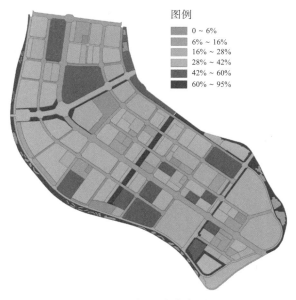

图例
- 0 ~ 6%
- 6% ~ 16%
- 16% ~ 28%
- 28% ~ 42%
- 42% ~ 60%
- 60% ~ 95%

图 2-27　绿地率分布图

图例
- 0 ~ 13%
- 13% ~ 31%
- 31% ~ 45%
- 45% ~ 58%
- 58% ~ 83%
- 83% ~ 100%

图 2-28　建筑密度分布图

　　考虑到建设项目布置海绵城市设施的目的主要是以控制不透水下垫面雨水径流为目标，在《遂宁市海绵城市建设专项规划》的基础上，结合相关项目经验，加入"不透水下垫面的径流控制比例"这一项指标，该指标是指不透水下垫面的径流污染控制量与该下垫面上降雨总量的比值，即一共确定了 4 个引导性指标：透水铺装率、绿地下沉率、绿色屋顶率和不透水下垫面的径流控制比例，通过结合建设项目落实引导性指标，从而实现年径流总量控制率强制性目标。由于增加了"不透水下垫面的径流控制比例"这一引导性指标,各类用地的透水铺装率、绿地下沉率、绿色屋顶率引导性指标相比专项规划则会发生相应调整。

4)指标优化思路

地初始赋值基础上,通过构建模型,进行指标优化,并复核区域目标可达性。从而明确各类建设项目年径流总量控制率控制目标。目标分解与指标优化技术路线如图 2-29所示。

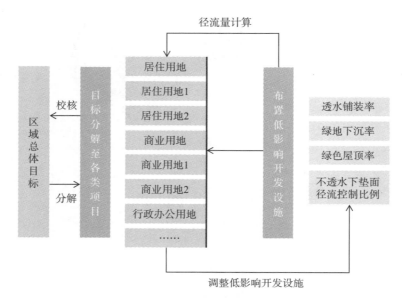

图 2-29　目标分解与指标优化技术路线

在将年径流总量控制率指标分解到地块时,依据地块的用地类型、建设状态和不透水比例进行了分类处理,以合理简化模型。

5)模型构建

模型构建主要用于河东新区一期径流控制规划方案的评估,辅助年径流总量控制率指标的优化。年径流总量控制率尽量在源头实现,即为建筑小区、市政道路、公园绿地等建设项目雨水径流源头控制的主要指标,因此,模型不包含水体、滩涂等。

结合河东新区一期的现状及规划建设情况,模型构建以地块、市政道路为汇水区构建 EPA-SWMM 模型,便于开展指标的分解,模型构建面积约 554 公顷,汇水区 511 个,管段 596 段,节点 590 个(图 2-30)。

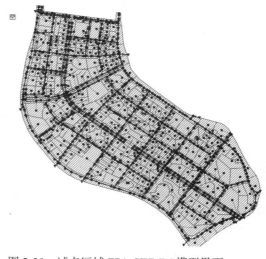

图 2-30　试点区域 EPA-SWMM 模型界面

6）现状海绵城市建设项目目标值

目前河东新区一期已有 25 个项目开展海绵城市建设，其中 2015 年海绵城市改造项目 15 项，按照海绵城市要求开展设计变更项目 10 项，具体信息如表 2-35 所示。

现状海绵城市建设项目一览表（节选）　　　　表 2-35

序号	名称	用地类型	建设情况	面积（m²）	年径流总量控制率（%）
1	华晟软件园	商住混合用地	未建	34583	80.0%
2	保利第一街区	二类居住用地	在建	47361	80.0%
3	铂金公馆	二类居住用地	未建	18189	75.0%
4	鼎盛国际	商业用地	在建	30517	75.0%
5	市政府	行政办公用地	已建	138525	78.9%
6	慈音寺安置房	二类居住用地	已建	34352	73.3%
7	小康经济适用房	二类居住用地	已建	33791	53.0%
8	德水路	道路用地	已建	112898	82.1%
9	五彩缤纷路	道路用地	已建	96626	75.9%
……	……	……	……	……	……

对于未建和在建项目已经开展方案设计修改和设计变更工作，需融入海绵城市设计理念，并通过海绵城市行政主管部门审批，其年径流总量控制率采用《遂宁市海绵城市建设试点实施计划（2015～2017 年）》确定的目标值。对于 2015 年第一批海绵城市改造项目，已开展详细模型评估的 6 个典型项目，应将模型评估结果作为其年径流总量控制率目标值；未开展详细模型评估的项目，在进行排水分区划分的基础上，分析每个排水分区下垫面、设施布局、设施规模等信息，构建简易模型评估确定其年径流总量控制率目标值。

在进行 EPA-SWMM 模型辅助年径流总量控制率指标分解时，将上述 25 个项目的年径流总量控制率作为现状条件输入，不再进行调整。

7）指标优化过程及结果

采用 2005～2014 年日降雨数据，经 EPA-SWMM 模型反复模拟与优化，得到 39 类建设项目年径流总量控制率和各引导性指标，部分结果如表 2-36 所示。其中，年径流总量控制率为强制性指标，引导性指标为推荐值。各类建设项目可改变引导性指标，只要最终满足年径流总量控制率目标即可。具体见图 2-31。

图例
年径流总量控制率
■ <35%
■ 35% ~ 55%
□ 55% ~ 75%
■ 75% ~ 85%
■ >85%

图 2-31 河东新区一期年径流总量控制率分布图

年径流总量控制率指标优化结果   表 2-36

序号	类别	年径流总量控制率目标（%）	引导性指标（推荐）			
			绿地下沉率（%）	屋顶绿化率（%）	透水铺装率（%）	不透水下垫面的径流控制比例（%）
1	居住用地	75.00	50.00	—	50.00	45.00
2	商业用地	70.00	60.00	—	35.00	40.00
3	商务用地	66.00	60.00	—	50.00	40.00
4	商住混合用地	75.00	60.00	—	35.00	40.00
5	行政办公用地	65.00	70.00	—	50.00	27.50
6	图书展览用地	80.00	50.00	30.00	70.00	62.50
7	中小学用地	80.00	60.00	20.00	60.00	80.00
8	服务设施用地	70.00	80.00	20.00	70.00	35.00
9	消防用地	70.00	50.00	—	50.00	45.00
10	医院用地	70.00	60.00	—	70.00	50.00
11	其他用地	75.00	30.00	—	30.00	80.00
12	公园绿地	90.00	20.00	—	60.00	80.00
13	滨水绿地	90.00	20.00	—	60.00	80.00

序号	类别	年径流总量控制率目标（%）	引导性指标（推荐）			
			绿地下沉率（%）	屋顶绿化率（%）	透水铺装率（%）	不透水下垫面的径流控制比例（%）
14	防护绿地	90.00	20.00	—	60.00	80.00
15	市政道路	65.00	90.00	—	70.00	40.50
16	……					

注：1. "—" 表示不作要求。

2. 道路用地的"透水铺装率"指的是人行道和自行车道的透水铺装率，不对车行道的铺装作要求。

8）区域目标复核

将 2005～2014 年降雨数据输入模型，经 EPA-SWMM 模型对指标分解后的整体效果进行评估，以确保满足区域年径流总量控制率目标，区域目标复核结果如表 2-37 所示。

区域目标复核模拟结果　　　　　　　　　　　　表 2-37

降雨类型	总降雨量（mm）	蒸发量（mm）	入渗量（mm）	最终蓄水量（mm）	总外排量（mm）	年径流总量控制率（%）
2005～2014 年连续降雨	9910.9	853.421	6641.797	0.0	2419.329	75.6

由上表可知，河东新区一期年径流总量控制率为 75.6%，目标分解与指标优化的结果满足要求。

9）排水分区径流控制效果评估

根据河东新区一期地表高程、排水管渠系统、排放口划分 8 个排水分区，如图 2-32 所示，各排水分区最终排入涪江和联盟河。

结合指标分解的结果，基于 EPA-SWMM 模型，模拟评估各个排水分区的年径流总量控制率目标达标情况，结果如表 2-38 所示。

排水分区径流控制效果评估表　　　　　　　　　表 2-38

排水分区编号	面积（m²）	年径流总量控制率（%）
1	640685	77.91
2	596256	75.40
3	116010	75.00
4	1465968	75.05

续表

排水分区编号	面积（m²）	年径流总量控制率（%）
5	1969385	75.84
6	384246	76.71
7	59610	81.68
8	307113	75.12

▲ 液位和流量监测点

图 2-32 排水分区图

由上表可知，各排水分区的年径流总量控制率预测可以达到75%的控制目标，实现上层次规划给予的目标，指标分解方案合理。

（3）修建性详细规划层次

对于修建性详细规划层次的规划设计方案，根据年径流总量控制率布置海绵设施，结合模型进行设施组合优选。模型计算输出径流总量、污染物总量、峰值流量与各设施设计参数，实现年径流控制率等指标评估与设计方案的优化。

深圳市某地块开发建设过程落实海绵城市建设要求，通过源头布置低影响开发设施，源头控制雨水径流总量，控制面源污染，削减径流峰值，恢复场地自然水文状态。地块总占地面积为5.33ha，其中，建筑屋面25918m²，铺装场地13625m²，绿化面积为13890m²，其详细蓝图见图2-33。

1）海绵城市建设目标

根据海绵城市建设理念，该地块海绵城市建设目标为：地块开发后的自然水文状态尽

图 2-33　地块详细蓝图

快接近开发前的水平。该地块开发建设前为裸土地、杂草地，保持良好的自然水文状态。采用 EPA-SWMM 模型构建地块开发建设前模型，模拟评估其自然水文状态。经评估，地块开发建设前年径流总量控制率约为 78%。

2）常规开发模式

地块开发建设后，下垫面类型发生了重大的变化，硬质化下垫面增加导致径流总量增大。构建常规开发模式模型，评估地块开发建设导致的自然水文状态的变化。经评估，地块开发建设后年径流总量控制率约为 38%，相比开发建设前，年径流总量增大了约 3 倍。

3）海绵城市设施布局

详细分析下垫面类型，结合地块的自然本地特征，主要采用的海绵城市技术设施包括雨水花园、下沉式绿地、绿色屋顶和透水铺装 4 类。明确雨水径流组织路径，并初始布局海绵城市设施，经过方案的优化、评价、调整，从而得到最终布局方案。

采用 EPA-SWMM 模型构建设施布局方案模型，为准确表达海绵城市设施布局方案，模型构建采用详细模型，即每个海绵城市技术设施、屋顶、道路、绿化、铺装广场等均设置为一个汇水区。模型界面如图 2-34 所示，地块经模型概化后，被

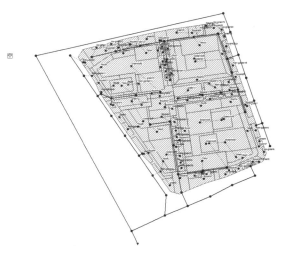

图 2-34　设施布局方案模型界面

划分为 122 个子汇水区。

经模型模拟，布局海绵城市技术设施后，降雨径流得到有效的滞留和控制，年径流总量控制率约为 79%，满足设计目标要求（图 2-35）。

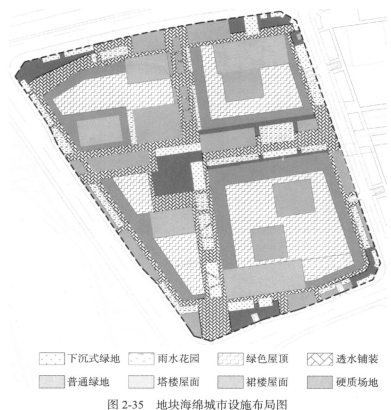

:····: 下沉式绿地	:····: 雨水花园	▨ 绿色屋顶	⧄ 透水铺装
▦ 普通绿地	▦ 塔楼屋面	▦ 裙楼屋面	▦ 硬质场地

图 2-35　地块海绵城市设施布局图

海绵城市设施布局方案经模型反复优化调整后，确认设施的最终布局方案。海绵城市设施的总规模占地块总面积的 50%。其中，绿色屋顶的规模占屋顶面积的 47%，雨水花园和下沉式绿地的规模占绿地面积的 38%，透水铺装的规模占铺装场地面积的 72%。

示范地块布局方案赋值表　　　　　　　　　　　　　　　表 2-39

地块编号	下垫面	面积（m²）	设施类型	面积（m²）	占下垫面比例（%）	占总面积比例（%）
05-01	屋面	25918	绿色屋顶	12160	46.92	22.76
	绿地	13890	雨水花园	3115	22.43	5.83
			下沉式绿地	2107	15.17	3.94
	铺装场地	13625	透水铺装	9787	71.83	18.32

3. 模型应用之三：排水防涝方案的评估与优化

对于城市排水防涝规划方案，传统推理公式的计算方法无法分析管网和地表径流、河道之间水流交换关系，难以评估地表积水的时间、水深、流速，以及对下游区域的影响等内涝相关的内容。鉴于推理公式法存在较大的局限性，《室外排水设计规范》GB50014—2006（2016年版）规定：当汇水面积超过 2km^2 时，宜考虑降雨在时空分布的不均匀性和管网汇流过程，采用数学模型法计算雨水设计流量[97]。住房和城乡建设部发布的《城市排水（雨水）防涝综合规划编制大纲》也建议有条件的地区采用数学模型法辅助排水防涝规划方案的制定。

排水防涝数学模型是对城市真实降雨径流过程的近似表达，是相对复杂的数学模型，通常包含城市排水管网模型、河道模型以及二维地表模型三个部分，并且能够实现三个模型之间水动力的交换，从而实现复杂的降雨径流过程的模拟（图 2-36）。

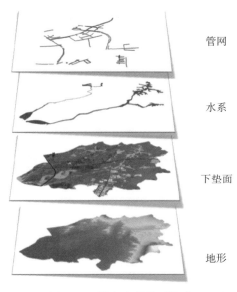

管网

水系

下垫面

地形

图 2-36　排水防涝模型构成

排水管网模型：模拟城市集水区和排水系统的地表径流、管流、水质传输等。通过求解一维圣维南方程组，即质量守恒方程和动量守恒方程，来计算管网中的各项水力参数。

河道模型：可以准确地模拟河网的流向、河道截面的形状和面积、水工建筑物，以及河流的上下游边界条件对于水位的影响等。

二维地表模型：在城市内涝灾害模型中，可用于暴雨引起的城市地表径流的模拟。

通过对三个模型的耦合模拟，充分表达城市排水系统各个组成部分之间的相互作用，可以模拟的常见水流交换过程如下（图 2-37）。

（1）降雨通过地面汇流进入管网；

（2）水流在管网内的流动；

（3）管道内水力线超出地表之后发生的溢流；

（4）管网溢流和未排入管网的雨水在地面的漫流；

（5）雨水通过地表径流进入河道；

（6）排水管网通过排水口向河道泄水（自排或强排）；

（7）河流水位因雨水和上游来水而变化。

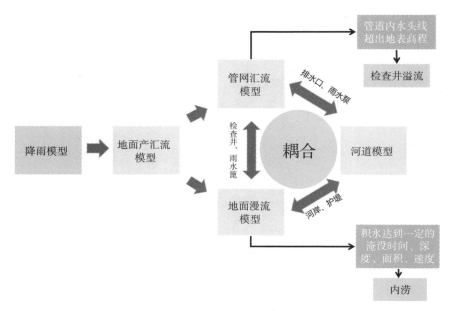

图 2-37　排水防涝模型耦合与模拟

通过构建排水防涝数学模型，综合考虑降雨的时空分布不均，雨水管网的产汇流路径、积水程度等因素，甄别内涝原因，对规划方案进行评估以及优化调整，最终确定最终排水防涝规划方案。

深圳市某片区排水防涝规划编制过程中，采用数学模型辅助方案的评估和优化，协助科学合理地制定规划方案[98]。

（1）区域概况

该区域位于深圳市茅洲河流域中游，面积约 22km²。由于区域地形标高低于茅洲河洪水位，雨水径流通过上下村排洪渠、合水口排洪渠、公明排洪渠三条骨干排水通道，经泵站抽排后排入茅洲河。

<table>
<tr><td colspan="5" align="center">区域现状泵站一览表　　　　　　　　　　　　　　表 2-40</td></tr>
<tr><th>序号</th><th>泵站名称</th><th>服务范围（km²）</th><th>设计重现期</th><th>设计流量（m³/s）</th></tr>
<tr><td>1</td><td>上下村雨水泵站</td><td>2.24</td><td>20</td><td>30.7</td></tr>
<tr><td>2</td><td>合口水雨水泵站</td><td>0.63</td><td>20</td><td>10.28</td></tr>
<tr><td>3</td><td>合口水工业区雨水泵站</td><td>0.07</td><td>2</td><td>1.0</td></tr>
</table>

续表

序号	泵站名称	服务范围（km²）	设计重现期	设计流量（m³/s）
4	合口水应急雨水泵站	0.15	2	4.8
5	马山头雨水泵站	0.90	20	12.4

研究区域内的排水体制为雨污分流制，部分为雨污合流，合流制管（渠）长度约19.24km，雨水管（渠）长度约113km，其中按照1～2年一遇的设计标准建设的管网（渠）占30%。上下村排洪渠、公明排洪渠基本能满足50年一遇的行洪要求（图2-38）。

图2-38 现状工程设施及内涝点分布图

根据2014年和2015年暴雨内涝调查结果，该区域形成了不同程度的内涝和积水点7个，最大积水面积5000m²，最大积水深度0.3m，最长淹没时间4小时。分析其内涝原因，主要是高区的雨水排入低区，从而加重低区的内涝，而低区的地势低于茅洲河洪水位，受顶托以及泵站管网系统不够完善的原因，使得低区的雨水无法顺利排入水体（表2-41）。

历史内涝点及其原因分析一览表 表2-41

序号	内涝面积（m²）	积水深度（m）	积水时间（h）	内涝原因分析
1	1000	0.25	4	周边雨水排至上下村排洪渠，上下村排洪渠水位上涨，高水高排，形成积水
2	2000	0.3	4	原有排水渠道断面较小，部分渠段设计为倒坡，跨北环路箱涵出口约2/3的过水高度被高压电缆遮挡，出水不畅导致雨季大面积的积水
3	2000	0.3	3	长春北路无雨水管，北环至长春北路雨水在此无法排入上下村排洪渠，形成道路长时间积水

续表

序号	内涝面积（m²）	积水深度（m）	积水时间（h）	内涝原因分析
4	600	0.2	2	管网不完善，排水不及
5	5000	0.2	3	排水不畅，形成大面积的积水
6	3000	0.25	3	道路地势较低，路边排水系统不完善，现有排水管道淤积、堵塞
7	1000	0.2	4	地势低洼，收集系统不完善

（2）模型建立

规划采用 DHI MIKE 系列软件构建排水防涝数学模型，采用 MIKE URBAN 水力模型构建城市排水管网模型，MIKE11 构建河道模型，MIKE 21 构建城市二维地表模型，通过MIKE FLOOD 将一维模型（MIKE URBAN 和 MIKE 11）以及二维模型（MIKE 21）进行动态耦合，可同时模拟排水管网、明渠，排水河道、各种水工构筑物以及二维坡面流，作为城市排水管渠系统规划和内涝防治系统规划计算平台（图 2-39）。

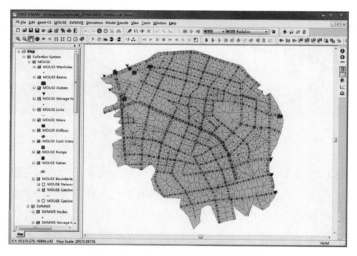

图 2-39　排水防涝数学模型界面

为确保模型模拟精度要求，在搭建二维地面漫流模型时，根据高程点的疏密程度，得到精度为 10m×10m 的模型网格，并根据卫片对异常高程点进行修正，将道路的高程与检查井的地表高程做了匹配。

选择 24 小时作为长历时的雨型统计时段，采用珠江三角洲雨型进行分配，50 年一遇 24 小时降雨总量为 411.32mm，时间间隔取 5min，雨峰最大时刻（9:05）的降雨量为17.32mm。

该区域排洪渠排出口的茅洲河河段为非感潮河段，采用同频率衔接，即 50 年一遇降雨遭遇河道 50 年一遇防洪水位，即该处茅洲河 50 年一遇的设计水位为 6.0m。

（3）规划方案的评估与优化

该区域规划内涝防治标准为 50 年一遇。根据区域排水系统相关规划，确定初步规划方案，将 50 年一遇的设计降雨输入到 MIKE FLOOD 模型中进行模拟计算，分析初步规划方案下内涝积水情况，结果如图 2-40 所示。

图 2-40　初步方案模型模拟结果

通过模型模拟得到内涝风险区域并对其致涝原因进行详细甄别，在初步方案基础上对排水防涝系统进行优化调整。规划采用"高水高排，低水抽排"的规划策略开展初步规划方案的制定（图 2-41）。高区的雨水直接排入公明排洪渠和上下村排洪渠，避免排入低洼区，增加内涝风险；低区的雨水通过沿排洪渠建设截流箱涵集中收集后经泵站排入排洪渠，最终排入茅洲河。

规划方案优化调整为：规划新建下村雨水泵站，规模为 9.1m³/s，规划扩建上下村雨水泵站，规模为 83.4m³/s，规划扩建马山头雨水泵站，规模为 24.5m³/s；规划沿公明排洪渠南侧新建 A5.0m×2.5m 截流箱涵，收集南侧低区雨水径流经马山头雨水泵站抽排进入公明排洪渠；规划沿上下村排洪渠北侧新建 A2.0m×2.0m 截流箱涵，收集北侧低区雨水径流经下村雨水泵站抽排进入上下村排洪渠。

经过模型验证后可以有效缓解 1、2、

图 2-41　初步规划方案

3、6 号积水点的问题，并不能有效消除 4、5 号积水点的积水。

对于 5 号内涝风险区，经模型模拟，在暴雨的情况下，雨水管网的水位容易超出地表高程，从而在低洼处形成内涝积水。因此，规划方案调整此内涝风险区市政道路两侧的雨水管线管径，由 $d1200$ 扩建至 $d1650$，通过模型模拟后，可消除该处的管道溢流问题。

对于 4 号内涝风险区，经模型模拟发现该处道路交叉处的雨水管网水头线超过地面线，雨水检查井发生冒水，造成积水。因此，规划建议将此处的地面标高由原 4.8～5.5m 调整到 6.0～6.5m，可结合城市更新进行调整。

经过上述方案调整后，采用排水防涝模型进行模拟评估，实施后效果如图 2-42 所示，规划措施实施后，在 50 年一遇的降雨下，内涝积水情况得到了有效缓解，区域排水防涝能力整体达到 50 年一遇水平。

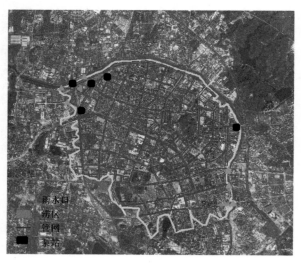

图 2-42　方案优化模型评估结果

4. 模型应用之四：海绵城市设计方案的评估与优化

数学模型能够有效评估海绵城市设计方案的水文效应，辅助方案的优化，为海绵城市的设计、工程应用提供技术指导[99]。目前，大部分的数学模型软件都具备海绵城市技术措施的模拟功能。比如应用最为广泛的 EPA-SWMM 模型，强化了低影响开发模块，具备模拟多种设施水文效应的能力，包括生物滞留设施、透水铺装、植草沟、渗渠等设施；通常情况下，海绵城市设计方案阶段的模型评估需要构建详细模型才能进行较为准确分析和评估，其主要的步骤如下。

①详细解读设计方案：详细识别项目的地形特征、下垫面分布、排水系统、排水分区，分析雨水径流路径组织，海绵城市技术设施的布局、服务范围和溢流方式等。

②模型构建：开展汇水区的划分，排水系统的模型概化，以详细模型的深度构建设计方案模型，明确模型参数，调试运行模型。

③海绵城市技术措施模型表达：针对海绵城市技术措施的详图，明确设施的模型化表

达方式以及布置方式，确保设施水量、水质控制效果模拟的准确性。

④评估边界条件的确定：明确海绵城市设计目标的评估方式，降雨条件等评估边界。

⑤方案的模拟评估：模型中输入降雨数据，模拟计算设计方案水文效应，根据模型输出结果，评估设计目标的可达性。

⑥方案优化建议：结合模型评估结果及设计方案，提出方案优化的实施建议，并进一步评估方案优化后的效果。

某建筑与小区海绵城市改造方案采用 EPA-SWMM 模型进行评估[100]。该小区为政府安置房小区，总占地面积约 3.88ha。小区海绵城市改造主要改变传统雨水排水方式，新建雨水花园、碎石下渗带、雨水花坛、蓄水桶、透水铺装等雨水收集、存储设施，新建沉砂井、除污雨水口等雨水净化系统，同时也利用传统雨水系统进行雨水的溢流排放和错峰排放。

该建筑与小区下垫面解析结果如图 2-43 所示，其下垫面可划分为屋面、铺装、道路和绿化四种类型，分别占总面积的 44.3%、5.0%、31.95% 和 18.75%，不透水下垫面面积比例较高。

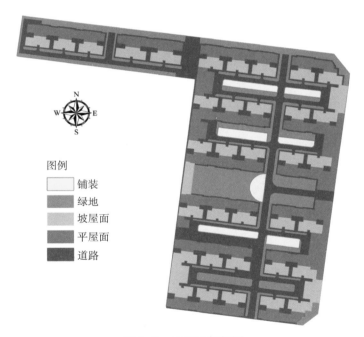

图 2-43　下垫面解析图

（1）海绵城市改造方案

该小区海绵城市改造方案设计目标年径流总量控制率不低于 75%，相对应的设计降雨量为 25.7mm，即单位建设用地面积具备 25.7mm 雨水径流滞蓄空间。

该小区海绵城市改造方案主要以初期雨水处理及分散式雨水回收利用为主，采用"渗、蓄、净、用"的海绵城市建设设施，提高小区的人居环境。雨水径流的排放路径组织及不透水下垫面雨水径流控制方案如图 2-44 所示。

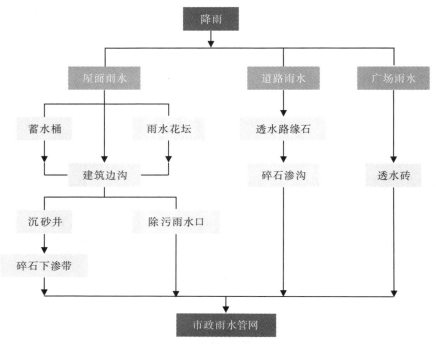

图 2-44　雨水径流排放路径

屋面雨水经建筑立管，排入分散布置的雨水桶或高位花坛，溢流进入现状建筑边沟滞留，超过建筑边沟滞留能力的雨水排入布置于绿地内的碎石下渗带滞留、入渗，超标雨水径流则排入雨水管网。

现状混凝土路面层基础上，铺设 10cm 厚透水沥青面层，增加雨水的滞蓄能力，同时将现状路缘石替换为排水路缘石，在靠近路缘石的绿化带侧内设置碎石渗沟。

铺装广场采用透水砖铺装技术，源头控制雨水径流。同时，在小区中部成片绿地下方建造蓄水模块，收集回用雨水径流作为小区的杂用水。因此，该建筑与小区海绵城市改造方案所采取的设施主要包括雨水桶、高位花坛、碎石渗透带、渗透渠、透水铺装、雨水花园、蓄水模块等，主要设施布局如图 2-45 所示。

（2）模型构建

采用 EPA-SWMM 模型以详

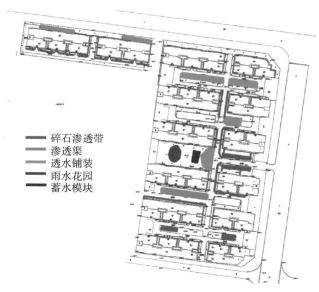

图 2-45　低影响开发设施布局图

细模型的深度构建该小区海绵城市改造方案模型。模型界面如图 2-46 所示，模型包含汇水区 320 个，管渠 65 段，节点 63 个，PP 模块组合水池 1 个，水泵 1 台。

采用 EPA-SWMM 模型中低影响开发设施模块概化海绵城市技术设施，根据设施的详图确定模型中采用的模块类型。其中，透水砖采用透水铺装模块表达，高位花坛、雨水花园、碎石渗透带、渗透渠采用生物滞留设施模块表达，雨水桶采用雨水桶模块表达，蓄水模块采用调蓄设施表达。

模型参数主要包括水文参数、水力参数和低影响开发设施参数，可分为确定性参数和不确定性参数，确定性参数可直接根据图纸、设计文件及其他相关资料直接获取，不确定性参数需要根据 EPA-SWMM 模型手册、相关标准规范确定的典型值而设定。

蒸发量数据采用该小区所在城市多年月均蒸发量，满足模型模拟数据要求。

月平均蒸发量 表 2-42

月份（月）	1	2	3	4	5	6	7	8	9	10	11	12
蒸发量（mm/d）	0.75	1.17	1.98	3.23	4.13	3.85	4.58	4.58	2.89	1.64	1.12	0.67

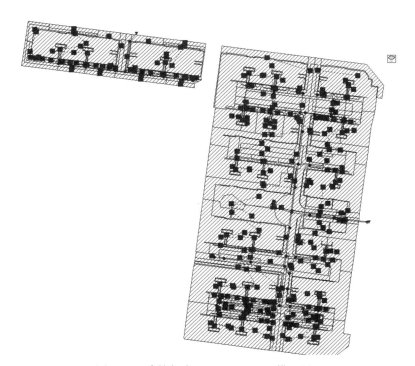

图 2-46　建筑与小区 EPA-SWMM 模型界面

汇水区面积、汇水宽度、不透水率、坡度根据设计资料可直接获取，曼宁系数、洼蓄量、入渗参数根据 EPA-SWMM 模型手册典型值确定，渗透系数通过现场测试的方式获取（表 2-43）。

水文参数取值表　　　　　　　　　　　　表 2-43

曼宁粗糙系数		地表洼蓄量参数		
N-imperv	N-perv	Des-imperv（mm）	Des-perv（mm）	Zero-Imperv（%）
0.013	0.24	1.27	3.8	25
Horton 渗透模型				
Max.Infil（mm/h）	Min.Infil（mm/h）	Decay Constant（h^{-1}）		Drying Time（d）
76.2	2.16	4.14		7

水力参数主要为排水管网特性参数，管道尺寸、长度，检查井高程信息直接根据设计资料获取，管渠的粗糙系数根据《室外排水设计规范》GB 50014-2006（2016 年版）取值 0.013。

低影响开发设施参数根据设计方案对应到相应的模块中，田间持水率（Field Capacity）、凋零系数（Wilting Point）等本地土壤参数通过现场测试获取。

（3）方案评估边界条件

1）评估方法

为了考核该低影响开发设计方案能否满足设计年径流总量控制率的要求，可通过两种方法进行评估。

方法一：采用 10 年及以上的连续降雨数据（时间步长为 10min），进行长系列模拟，计算整体产汇流情况，并进一步计算多年平均径流控制率，与考核要求进行对比。

该方法的优点是能较为准确模拟评估建设项目是否满足海绵城市建设目标，符合指南规定，缺点是对降雨数据要求较高。

方法二：模拟总降雨大于或等于设计控制降雨量，降雨历时分别为 30min、60min、120min、180min 的单场降雨，根据下式计算实际的控制降雨量 $H_{控}$，与设计控制降雨量进行对比，大于或等于设计降雨量则满足设计目标，反之则不满足。

$$H_{控} = \frac{H_{降} \cdot A_{汇} - W_{排}}{A_{汇}} \qquad (2-9)$$

该方法的优点是通过设计降雨简单的模拟评估建设项目是否满足海绵城市建设目标，缺点是不能相对准确的评估径流总量控制率。

2）设计降雨

根据设计目标及评估需要，采用 3 种降雨作为模型输入评估设计方案，分别为 10 年连续降雨、场设计降雨、短历时设计暴雨。其中，10 年连续降雨、场设计降雨主要用于评估年径流总量控制率，短历时设计暴雨主要用于评估峰值流量控制效应。

采用该市近 10 年连续日降雨量评估项目海绵城市建设方案的水文效应，但由于降雨数据时间间隔不满足 10min 间隔的要求，评估结果存在一定偏差，为降低模拟误差，此项目根据该市降雨时程分布曲线，将日降雨分配为时降雨，如图 2-47 所示。

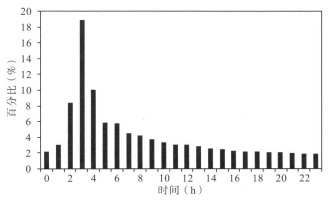

图 2-47　日降雨雨型分配图

场设计降雨采用 25.7mm 和 40mm 降雨量的设计降雨评估海绵城市设计方案，降雨历时分别为 30min、60min、120min、180min 的降雨，并且设计了平均雨强和峰值雨强两种雨型，从而形成良好的对比，如表 2-44 所示。

场设计降雨一览表

表 2-44

降雨量（mm）	降雨历时（min）	平均雨强（mm/min）	峰值雨强（mm/5min）	雨峰时间（min）	降雨类型
25.7	30	0.86	—	—	大雨
	60	0.43	—	—	
	120	0.21	—	—	
	180	0.14	—	—	
25.7	30		9.70	14	大雨
	60		7.85	27	
	120		5.90	54	
	180		5.05	81	
40	30	1.33	—	—	暴雨
	60	0.67	—	—	
	120	0.33	—	—	
	180	0.22	—	—	
40	30		15.10	14	暴雨
	60		12.25	27	
	120		9.15	54	
	180		7.85	81	

根据当地暴雨强度公式，采用芝加哥雨型推求方法[101] 进行分配，得到 1 年、2 年、3 年、5 年、10 年一遇 2h 降雨，降雨历时 120min，雨峰系数 r=0.45 的 5 种设计暴雨雨型，评估设计方案对峰值流量的削减效应，如表 2-45 所示。

短历时设计暴雨一览表　　　　　　　　　　　　表 2-45

重现期（a）	2h 降雨量（mm）	平均雨强（mm/min）	峰值雨强（mm/min）
1 年一遇	47.2	0.39	2.16
2 年一遇	57.9	0.48	2.65
3 年一遇	63.9	0.53	2.93
5 年一遇	71.3	0.59	3.26
10 年一遇	80.9	0.67	3.70

（4）径流总量控制率评估

1）年径流总量控制率

模型输入 10 年连续降雨数据，结果显示（表 2-46），设计方案年平均径流总量控制率为 75.3%，达到 75% 的设计目标，设计方案实施效果较好。

连续降雨模拟结果　　　　　　　　　　　　表 2-46

降雨类型	总降雨量（mm）	蒸发量（mm）	入渗量（mm）	总蓄水量（mm）	总外排量（mm）	年径流总量控制率（%）
2005~2014 年连续降雨	8938.2	1184.3	4502.9	1043.5	2207.5	75.3

2）场径流总量控制率

场设计降雨模拟评估结果如表 2-47 所示，当设计降雨量为 25.7mm 时，该设计方案的控制降雨量为 23.3mm 左右，对应的径流量控制率为 73%，存在少部分外排径流量，主要是因为部分路面雨水径流未能通过低影响开发设施控制而直接排放；当设计降雨量为 40mm 时，该设计方案的控制降雨量为 35.3mm 左右，对应的径流量控制率为 82%，满足设计要求，说明设计方案采用的低影响开发设施具备充足的雨水滞蓄能力，且布局较为合理。

不同设计降雨工况模拟结果表　　　　　　　　　　　　表 2-47

降雨量（mm）	降雨历时（min）	最大雨（mm/5min）	总外排量（mm）	控制降雨量（mm）	对应年径流总量控制率（%）
25.7	30	—	2.6	23.1	73
	60	—	2.5	23.2	
	120	—	2.3	23.4	
	180	—	2.2	23.5	
25.7	30	9.70	2.6	23.1	73
	60	7.85	2.5	23.2	
	120	5.90	2.2	23.5	
	180	5.05	2.0	23.7	

降雨量（mm）	降雨历时（min）	最大雨（mm/5min）	总外排量（mm）	控制降雨量（mm）	对应年径流总量控制率（%）
40	30	—	5.3	34.7	82
	60	—	4.8	35.2	
	120	—	4.4	35.6	
	180	—	4.2	35.8	
40	30	15.10	5.1	34.9	82
	60	12.25	4.6	35.4	
	120	9.15	4.3	35.7	
	180	7.85	4.1	35.9	

通过对比不同场设计降雨的模拟评估结果可知，降雨量的大小对模拟评估结果影响较大，主要因为低影响开发设施的布局位置对径流控制效果影响较大；相同设计降雨量，不同的降雨历时以及不同的降雨雨型对模拟评估结果影响较小，主要因为低影响开发设施提供了充足的雨水滞蓄空间，从而可以有效调节暴雨峰值，降低其对滞蓄效果的影响。

综合比较10年连续降雨模拟以及场设计降雨模拟评估结果可知，采用场设计降雨模拟评估结果受设计降雨量的影响较大，难以较为准确评估设计方案的径流控制效应；采用连续降雨模拟评估，符合《海绵城市建设技术指南——低影响开发雨水系统构建（试行）》的要求，可连续模拟降雨、入渗、蒸发等水文效应，能较为准确的评估方案的径流滞蓄效果，但对基础数据要求较高，很多城市不具备基础资料条件。

因此，在基础资料齐全的条件下，推荐采用多年连续降雨模拟的评估方法，在基础资料不齐全的条件下，可采用场设计降雨模拟评估，但建议采用多场大于控制降雨量的设计降雨进行模拟评估，明确其变化规律，优化方案设计。

（5）峰值流量控制效果评估

为评估设计方案对峰值流量的控制效果，构建了2组模型，分别为现状模型和低影响开发改造模型，从而形成良好对比。将1年、2年、3年、5年和10年一遇的暴雨雨型输入模型中，以该建筑与小区一个排放口峰值流量模拟结果作为对比评估，结果如表2-48所示。结果显示，设计方案在低重现期的设计降雨下的峰值流量削减效果明显，能有效提高该建筑与小区的雨水管渠设计标准，降低对市政雨水管网的冲击。因此，相比现状情况，低影响开发设计方案具有一定的峰值削减效果。

峰值流量削减率结果表 表2-48

设计雨型	模型	降雨量（mm）	峰值流量（L/S）
1年一遇	现状模型	47.2	63.94
	低影响开发改造模型		59.25

设计雨型	模型	降雨量（mm）	峰值流量（L/S）
2年一遇	现状模型	57.9	93.81
	低影响开发改造模型		78.01
3年一遇	现状模型	63.9	109.93
	低影响开发改造模型		97.56
5年一遇	现状模型	71.3	130.71
	低影响开发改造模型		117.84
10年一遇	现状模型	80.9	157.79
	低影响开发改造模型		141.60

（6）结论及建议

案例采用数学模型评估建筑与小区海绵城市改造方案，探索了海绵城市设计方案模拟评估的技术方法，为海绵城市建设工程优化设计提供技术指导，得到的主要结论及建议如下。

1）EPA-SWMM 模型低影响开发模块可以用于量化评估海绵城市技术设施及其布局方案对雨水径流的控制效果。

2）建议采用多年连续降雨数据作为模型降雨输入，模拟评估并优化设计海绵城市设计方案，指导设施的工程设计。

3）海绵城市设计方案应尽量采用源头控制设施，合理组织雨水径流排放路径，优化竖向设施，分散布置海绵城市技术设施控制雨水径流，尽量对每一个不透水下垫面都实现雨水径流源头控制，从而实现径流总量、径流峰值流量和径流污染控制目标。

2.7　海绵城市专项规划实例

2.7.1　总体规划层次 [94]

1. 规划概述

（1）规划主要内容

根据《海绵城市专项规划编制暂行规定》的要求，《深圳市海绵城市建设专项规划及实施方案》的工作内容主要包括以下八大部分：①综合评价海绵城市建设条件；②确定海绵城市建设目标和具体指标；③提出海绵城市建设的总体思路；④提出海绵城市建设分区指引；⑤落实海绵城市建设管控要求；⑥提出规划措施和相关专项规划衔接的建议；⑦明确近期建设重点；明确近期海绵城市建设重点区域，提出分期建设要求；⑧提出规划保障措施和实施建议等。

在此基础上，结合深圳市特点进行了深化，成果内容主要包括如下方面：

1）第一部分：规划概述。

2）第二部分：建设条件。

①自然基础条件；②水环境、水资源、水安全、水生态、水文化的历史与现状；③海绵城市建设的需求分析；④城市降雨情况分析；⑤城市地质、土壤及地下水情况分析；⑥海绵城市建设典型案例分析；⑦海绵城市建设的现状；⑧海绵城市建设拟解决的重点问题分析。

3）第三部分：海绵城市目标与指标。

①规划原则；②规划目标；③海绵城市建设的规划目标和指标体系。

4）第四部分：海绵城市建设思路。

①总体建设思路；②规划策略。

5）第五部分：建设分区指引。

①生态本底条件分析；②生态空间格局构建；③海绵城市分区因子评价；④海绵城市功能分区。

6）第六部分：海绵城市建设管控分区规划。

①本土条件差异化分析；②指标分解复核；③建设单元管控。

7）第七部分：海绵城市基础设施规划。

水安全、水环境、水资源、水生态规划。

8）第八部分：规划衔接和规划管控。

9）第九部分：近期建设重点区域规划和重点项目库。

①凤凰城、坝光详细规划示例；②其他市政重点项目库。

10）第十部分：规划体系保障。

针对上述规划内容，本次《深圳市海绵城市建设专项规划及实施方案》的工作流程共分为八个阶段，分别为现状调研、问题识别与需求分析、目标确定、建设分区指引、建设规划、规划管控与落实、近期建设重点、保障机制等。

（2）技术路线

1）规划技术路线如图 2-48 所示。

2）相关规划解读

分别对《深圳市城市总体规划（2010-2020）》《深圳市排水（雨水）防涝综合规划》、《深圳市防洪（潮）规划修编》、《深圳市基本生态控制线管理规定》、《深圳市排水管网规划》、《深圳市污水系统布局规划修编》、《深圳市雨洪利用系统布局规划》、《深圳市道路网发展规划》、《深圳市治水提质工作计划》等相关规划进行解读，为本规划提供指导或借鉴。

2.海绵城市建设条件评价

（1）自然基础条件分析

分别从降雨量、降雨雨型，径流特征，土壤类型、分布、下渗性能、污染情况，地下水量、水质、埋深等方面等对深圳市自然基础条件进行分析，指导规划。

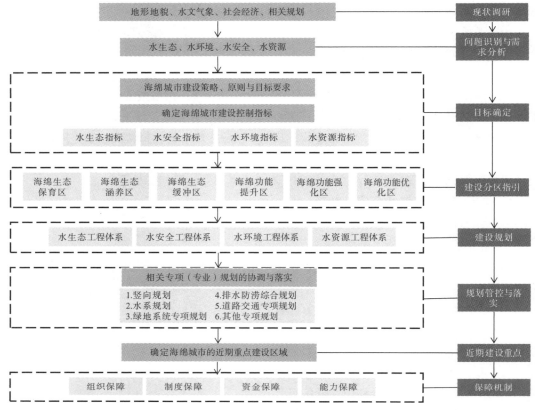

图 2-48　技术路线图

（2）城市建设基础条件分析

通过对深圳市河流水系变化情况、下垫面解析、面源污染研究、排水体制及内涝点调查、城市开发前后水文评估、海绵城市建设现状梳理等方面的分析，识别存在的问题与需求，为专项规划的编制奠定基础。

（3）问题识别与需求分析

1）识别问题：水安全，排水防涝压力大，水安全仍存隐患；水环境，城市水体污染虽有好转，但尚未根本性改善；水生态，水生态环境脆弱和失衡，影响滨海城市的内涵；水资源，本地水资源短缺，尚未构建完善的分质供水体系；水文化，传统水文化载体的保护和文化内涵挖掘工作未得到应有的重视。

2）需求分析，推进海绵城市建设，为实现水与城市的协调发展，在充分保障水安全的前提下，满足城市对水不同层次的需求：充足、多源的水资源；安全、高效的水系统；清洁、优美的水环境；先进、多元的水文化。

（4）海绵技术措施适宜性分析

通过对深圳市地下水位、土壤渗透性、降雨雨型、地形坡度与地质灾害、水资源状况、蓄用空间、水环境质量、面源污染、城市排水系统、内涝灾害影响等本地特征的综合分析，得出深圳市海绵技术设施适宜性分析结果。

3. 海绵城市目标指标

（1）规划原则

①理念转变，生态为本、自然循环，改变传统思维和做法，对雨水径流实现由"快速排除"、"末端集中"向"慢排缓释"、"源头分散"的转变。②系统实施，因地制宜、回归本底，根据深圳市现状问题和建设需求，坚持问题导向与目标导向相结合，因地制宜地采取"渗、滞、蓄、净、用、排"等措施。③协同推进，规划引领、强化管控，加强规划、财政、建设、环保等部门的联动推进、紧密合作，带动社会力量和投资形成合力，共同推动海绵城市建设工作。④注重管理，政策保障、过程管理，构建规划建设管控制度、投融资机制、绩效考核与奖励机制、产业发展机制等，推动海绵城市工作的规范化、标准化、制度化，保障海绵城市建设工作的长效推进。⑤集中与分散相结合，近期重点进行重点区域集中的海绵建设，凸显规模效益；已建片区结合城市更新、道路新建改造、轨道交通建设等有机更新逐步推进。⑥功能与景观相结合，推广绿色雨水基础设施，统筹发挥自然生态功能和人工干预功能，实施源头减排、过程控制、系统治理；在规划设计中要重视和兼顾景观效果。⑦绿色与灰色相结合，优先利用绿色雨水基础设施，并重视地下管渠等灰色雨水基础设施的建设，绿色与灰色相结合，综合达到排水防涝、径流污染控制、雨水资源化利用等多重目标。

（2）规划目标

1）水生态方面，通过海绵城市建设，综合采取"渗、滞、蓄、净、用、排"等措施，最大限度地减少城市开发建设对生态环境的影响，将70%的降雨就地消纳和利用，条件较好的地区（如大鹏新区）应不低于75%。到2020年，城市建成区20%以上的面积达到目标要求；到2030年，城市建成区80%以上的面积达到目标要求。

2）水安全方面，有效防范城市洪涝灾害，内涝灾害防治标准达到50年一遇，城市防洪标准达到200年一遇。

3）水环境方面，有序推进点源、面源的治理工作，保障地表水环境质量有效提升和水环境功能区达标；完善雨污分流制管网，努力实现建设区雨污分流，近期未能实现雨污分流的区域重点加强合流制管网的溢流控制和处置。

4）水资源方面，加强雨水、再生水、海水等非常规水资源的利用工作，有效补充常规水资源，提高本地水源的保障能力。

5）制度建设方面，制定海绵城市规划建设管控制度、技术规范与标准、投融资机制、绩效考核与奖励机制、产业促进政策等长效机制。

（3）规划指标体系

为推进海绵城市建设，落实重点建设任务，考虑本地水环境、水资源、水生态、水安全等方面存在的问题，按照科学性、典型性并体现深圳市自然本底特征的原则，依据《海绵城市建设绩效评价与考核办法（试行）》等国家相关政策要求，参考深圳市相关研究成果，确定了深圳市海绵城市建设的六大类共18项指标的近、远期目标值（表2-49）。

深圳市海绵城市建设指标体系汇总表 表 2-49

类别	序号	指标	目标值		控制性/指导性
			近期（2020 年）	远期（2030 年）	
水生态	1	年径流总量控制率	重点区域率先达到 70%	70%	控制性
	2	生态岸线恢复	60%	90%	控制性
	3	城市热岛效应	缓解	明显缓解	指导性
水环境	4	地表水体水质标准	饮用水达标率 100%，其他河流达到治水提质考核要求	100%（地表水环境质量达标率）	控制性
	5	城市面源污染控制	旱季合流制管道不得有污水进入水体	基本建成分流制排水体制，城市面源污染削减率达到 50%	指导性
水资源	6	污水再生利用率	30%（含生态补水），其中替代自来水 5%	60%（含生态补水），其中替代自来水 15%	控制性
	7	雨水资源利用率	雨水资源替代城市自来水供水的水量达到 1.5%	雨水资源替代城市自来水供水的水量达到 3%	指导性
	8	管网漏损控制率	12%	8%	指导性
水安全	9	内涝防治标准	50 年一遇（通过采取综合措施，有效应对不低于 50 年一遇的暴雨）		控制性
	10	城市防洪（潮）标准	200 年一遇（分区设防，中心城区为 200 年一遇）		控制性
	11	饮用水安全	集中式水源地水质达标率 100%	集中式水源地水质达标率 100%	控制性
制度建设及执行情况	12	蓝线、绿线划定与保护	完成《深圳市蓝线管理规定》，严格执行《深圳市基本生态控制线管理规定》		指导性
	13	技术规范与标准建设	进一步完善海绵城市相关技术规范与标准建设		指导性
	14	规划建设管控制度	在全市范围内进一步推广和完善海绵城市规划建设管控制度、技术规范与标准、投融资机制、绩效考核与奖励机制、产业促进政策等长效机制		指导性
	15	投融资机制建设			指导性
	16	绩效考核与奖励机制			指导性
	17	产业化			指导性
显示度	18	连片示范效应	20% 以上达到要求	80% 以上达到要求	控制性

4. 海绵城市建设总体思路

（1）总体策略与方针

如图 2-49 所示。

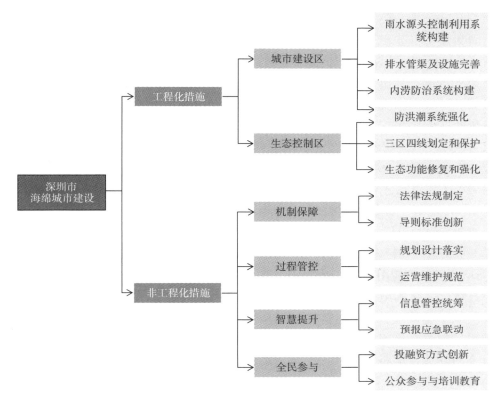

图 2-49 深圳市海绵城市建设总体思路

海绵城市创建是复杂、系统的创新工作，深圳市贯彻落实习近平总书记提出的"节水优先、空间均衡、系统治理、两手发力"治水思路，按照海绵城市建设的总体要求和我市的特点，按以下总体策略与方针开展海绵城市创建整体工作：

战略转型，规划引领的方针要求各级政府高度重视海绵城市建设，将其作为新时期深圳城市发展转型的城市战略，组建协调和实施平台，按规划方案加快实施工作。

两手并重，系统治理的方针要求软硬结合，工程化措施与非工程化措施相得益彰，构建海绵城市的完整系统，推动全方位的精细化管理。

以点带面，空间均衡的方针要求抓示范、促落实，强化生态保护和修复，推动建设区雨水源头、中途、末端的全方位治理。

机制保障，过程管理的方针要求利用深圳独特的法制优势、技术优势实现创新推动海绵城市创建的规范化、标准化、制度化。

智慧提升，全民参与的方针要求结合智慧城市实现管控平台、应急联动；并建立多元化的投融资模式，吸引社会资本、学术机构、人民群众参与海绵城市创建。

（2）总体建设思路

转型规划编制。传统城市规划重视空间和物质，轻生态内容（包含低影响开发在内），给城市发展留下了一定的隐患。城市规划本身是一个开放的体系，深圳市编制完成《城市规划低影响开发技术指引》，拟主动转型，按照海绵城市建设理念和要求，落实和协调各相关专项规划，拟在各层次、各相关专业规划中全面落实海绵城市建设内容。

巩固和强化生态。为在土地开发过程中保护天然坑塘、湿地、洪泛区、行洪通道、生态廊道等水敏感区，深圳市自 2005 年正式划定了国内第一条基本生态控制线，线内土地面积为 974km^2，并出台了《深圳市基本生态控制线管理规定》；在 2009 年出台《深圳市蓝线规划》，蓝线控制面积 255.4km^2，在下阶段工作中，还将继续巩固和强化生态区水土保持和水源涵养功能，出台《深圳市蓝线管理规定》等政策法规。

切实保障安全，软硬两手发力。除创新投融资模式开展工程建设外，还需注重非工程措施的强化，利用深圳经济特区特有的立法机制和大部制工作格局，构建完善、高效的海绵城市工作体系，完善城市排水防涝管理机构，建立数字信息化管控平台，完善应急机制和技能储备，切实实现城市对内涝等灾害有足够的"弹性和恢复能力"。

因地制宜明确目标。深圳市属典型南方降雨条件下的城市化区域，其自然地理、降雨特点、水文条件均带有南方的特点；因此深圳应加强总结过去几年在水务建设、排水防涝、低影响开发推广应用中的经验和教训，因地制宜制定目标，明确指标，并强化实施导向。

统筹建设强化实施。在明晰目标的基础上，深圳市人民政府将协调各部门，共同搭建海绵城市建设平台，制定实施细则和管控机制，分工合作，高效推动实施，在各类建设项目中严格落实海绵城市创建的规划目标和要求，这些建设项目不仅包括政府投资为主的绿地、道路、排水防涝等公共设施，还包括社会投资为主的地块建设开发项目。

（3）规划策略

结合深圳市特点和需求，深圳市海绵城市规划策略将从"水安全、水生态、水环境、水资源"四个方面入手，以城市建设和生态保护为核心，转变城市发展理念，在城市尺度上构建"山、水、林、田、湖"一体化的海绵城市（图 2-50）。

水安全策略：①整治河道断面，提升防洪标准及生态效益；②规划行泄通道，解决超

图 2-50　海绵城区规划策略

标雨水排放；③构建源头、中途和末端全过程控制的雨水排水体系。

水环境策略：①削减点源污染，正本清源完善污水收集处理系统；②控制面源污染，形成径流全过程的管控。

水生态策略：①区域径流控制，维持开发前后水文状态；②涵养绿地系统，构建海绵体系基底；③加强水系保护，划定河道保护控制线；④建设生态型河流断面，恢复水系的雨水调蓄、生物栖息、污水净化等功能。

水资源策略：①雨水收集利用，建立持久低廉的资源化体系；②加强非常规水资源利用，完善城市水资源结构。

5. 海绵城市建设分区指引

（1）生态本底条件分析

深圳市本底条件优良，地貌特征丰富，山、水、林、田、湖等海绵基底资源分布广泛。根据生态敏感性的高低将全市分为五大分区：生态高敏感区（26.0%）、生态较高敏感区（15.0%）、生态中敏感区（23.8%）、生态较低敏感区（17.5%）和生态低敏感区（17.7%）（图2-51）。其中高敏感区主要为山区、水库、河流、基本农田等，具有极高的生态服务功能，应严格控制在区域内进行各类开发建设活动。较高敏感区主要是植被覆盖度高、坡度较大的浅山地区，土地利用类型主要为林地，应控制开发规模和强度。中敏感区主要包括植被覆盖度较高的浅山地区，包括园地、滑坡和泥石流等地质灾害易发区等，应以生态修复和水土保持为主。较低敏感区和低敏感区主要分布是城市建设用地，需要做好海绵城市建设，以缓解城市面源污染、城市内涝等问题。

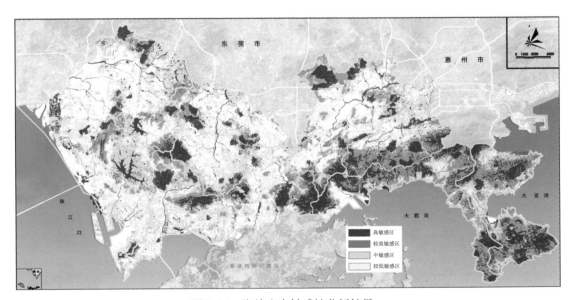

图 2–51　海绵生态敏感性分析结果一

（2）海绵空间格局构建

基于深圳市海绵基底现状空间布局与特征，结合中心城区的海绵生态安全格局、水系格局、和绿地格局，构建深圳市"山水基质、蓝绿双廊、多点分布"的海绵空间结构（图2-52）。

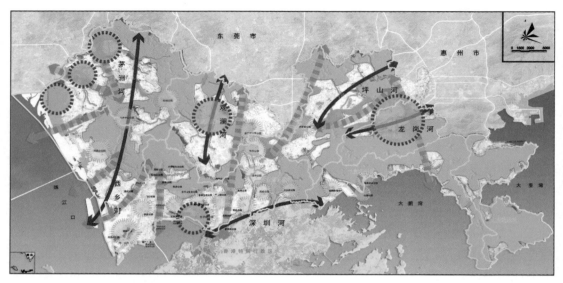

图 2-52　海绵生态敏感性分析结果二

（3）海绵城市功能分区

结合深圳市的海绵生态安全格局与深圳市城市总体规划的组团分布、用地功能、基本农田分布、基本生态控制线范围等，将全市划分为六类分区。如图2-53、表2-50所示。

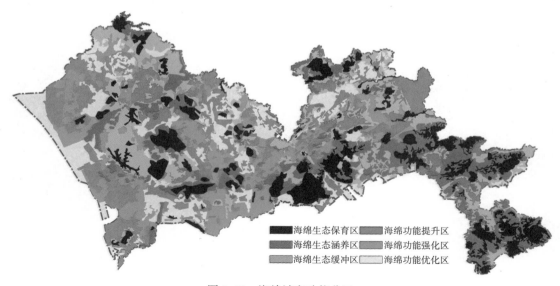

海绵生态保育区　　海绵功能提升区
海绵生态涵养区　　海绵功能强化区
海绵生态缓冲区　　海绵功能优化区

图 2-53　海绵城市功能分区

深圳市海绵空间分区　　　　　　　　　　　　　表 2-50

区域	面积（km²）	特点	空间管制要求	海绵城市管控与建设要求
海绵生态保育区	303.87	对水生态、水安全、水资源等极具重要作用的生态功能	纳入生态控制线	禁止任何城镇开发建设行为
海绵生态涵养区	330.44	具有一定水生态、水安全、水资源重要性的地区，且具备生态涵养功能的海绵生态较敏感区域	纳入生态控制线	除下列项目外禁止建设：重大道路交通设施、市政公用设施、旅游设施、公园。并且上述建设项目应通过重大项目依法进行的可行性研究、环境影响评价及规划选址论证
海绵生态缓冲区	326.05	连接海绵生态保育区、涵养区与城市建设用地的区域地块	酌情纳入生态控制线	有计划、有步骤地对该区域内包括水体、裸地、荒草地等进行生态修复。城市建设用地需要尽量避让，如果因特殊情况需要占用，应做出相应的生态评价，在其他地块上提出补偿措施
海绵功能提升区	444.91	近期新建、更新的地块，海绵建设基础良好，且海绵技术适宜性相对较高，适宜全面推进海绵城市建设的区域	城市建设区	按照海绵城市建设的要求，合理确定建设项目海绵建设的指标，积极开展新、改、扩建项目的规划建设管控。近期海绵化达标的重点区域
海绵功能强化区	293.03	内涝问题突出的街道和水体黑臭的排水分区	城市建设区	积极推进面源污染控制、河道生态化改造、增加调蓄设施等，改善水体黑臭和城市内涝问题
海绵功能优化区	274.29	城市已开发强度较高的地区，和海绵技术限制建设、有条件建设区	城市建设区	以技术优化使用和现状海绵本底优化为主

6. 海绵城市建设管控分区规划

指标分解部分内容详见 2.6.4 模型的典型应用章节中总体规划层面年径流总量控制率等指标分解。

（1）建设单元管控方案

根据深圳市海绵城市建设规划指标体系，考虑本地环境、水资源、水生态、水安全等方面存在的问题，依据《海绵城市建设绩效评价与考核办法（试行）》等国家相关政策要求，参考深圳市相关研究成果，除年径流总量控制率外，选取雨水管渠设计标准、内涝防治标准、防洪标准、地表水环境质量标准等关键指标，结合深圳市海绵城市建设单元划分，制定管控方案。

各片区年径流总量控制率、雨水管渠设计标准、防洪标准、地表水环境质量标准管控标准如表 2-51 所示。

建设单元管控标准

表 2-51

流域	片区	年径流总量控制率目标（%）	雨水管渠设计标准（特殊地区除外）①	内涝防治标准（部分地区除外）②	河流防洪标准	地表水环境质量标准
深圳河流域	福田河片区	65	5 年	50 年	200 年	地表水Ⅴ类
	布吉河片区	60	3 年	50 年	200 年	地表水Ⅴ类
	深圳水库片区	75	5 年	50 年	200 年	地表水Ⅴ类
深圳湾流域	新洲河片区	70	5 年	50 年	50～100 年	地表水Ⅴ类
	大沙河片区	72	5 年	50 年	50～100 年	地表水Ⅴ类
	蛇口片区	65	5 年	50 年	50～100 年	地表水Ⅴ类
珠江口流域	前海片区	65	5 年	50 年	200 年	地表水Ⅴ类
	铁岗西乡片区	70	3 年	50 年	200 年	地表水Ⅴ类
	大空港片区	70	3 年	50 年	200 年	地表水Ⅴ类
茅洲河流域	石岩河片区	70	3 年	50 年	200 年	地表水Ⅴ类
	茅洲河南部片区	72	3 年	50 年	200 年	地表水Ⅴ类
	茅洲河北部片区	70	3 年	50 年	200 年	地表水Ⅴ类
观澜河流域	观澜河上游片区	70	3 年	50 年	100 年	地表水Ⅳ类
	观澜河西部片区	72	3 年	50 年	100 年	地表水Ⅳ类
	观澜河东部片区	70	3 年	50 年	100 年	地表水Ⅳ类
龙岗河流域	龙岗河上游片区	72	3 年	50 年	100 年	地表水Ⅳ类
	龙岗河中游片区	72	3 年	50 年	100 年	地表水Ⅳ类
	龙岗河下游片区	75	3 年	50 年	100 年	地表水Ⅳ类
坪山河流域	坪山河上游片区	75	3 年	50 年	100 年	地表水Ⅳ类
	坪山河下游片区	72	3 年	50 年	100 年	地表水Ⅳ类
大鹏湾流域	盐田河片区	78	3 年	50 年	50～100 年	地表水Ⅴ类
	梅沙片区	75	3 年	50 年	50～100 年	地表水Ⅴ类
	大鹏东片区	75	3 年	50 年	50～100 年	地表水Ⅴ类
大亚湾流域	大亚湾北片区	75	3 年	50 年	50～100 年	地表水Ⅴ类
	大亚湾南片区	78	3 年	50 年	50～100 年	地表水Ⅴ类

注：① 特殊地区包括特别重要区域和中心城区。

　　② 部分区域是指水坑河、高峰河、松岗河、沙井河、山厦河、东涌河、新大河八条河流流域范围防涝标准为 20 年。

（2）建设项目管控指引

　　海绵城市建设过程中，项目控制目标及指标的选择应综合考虑项目类型、区位、土壤及降雨等因素，合理选择目标指标（表 2-52、表 2-53）。

新建类目标和管控指标表　　　　　　　　　　表 2-52

类比		建筑与小区（%）⑥	道路与广场（%）	公园绿地（%）⑤
控制目标	东部雨型　壤土	72	70	80
	东部雨型　软土（黏土）	70	65	—
	中部雨型　壤土	65	65	75
	中部雨型　软土（黏土）	55	55	—
	西部雨型　壤土	70	65	75
	西部雨型　软土（黏土）	60	60	—
引导性指标	绿色屋顶比例（%）①	—	—	—
	绿地下沉比例（%）②	60	80	305
	人行道、停车场、广场透水铺装比例（%）③	90	90	90
	不透水下垫面径流控制比例（%）④	70	85	95

注：①绿色屋顶比例指进行屋顶绿化具有雨水蓄滞净化功能的屋顶面积占全部屋顶面积的比例，公共建筑／工业建筑要求绿色屋顶率不低于 50%，其他类型根据总体需求合理布置。

②绿地下沉比例是指包括简易式生物滞留设施（使用时必须考虑土壤下渗性能等因素）、复杂生物滞留设施等，低于场地的绿地面积占全部绿地面积的比例，其中复杂生物滞留设施不低于下沉式绿地总量的 50%。

③指人行道、停车场、广场具有渗透功能铺装面积除去机动车道意外全部铺装面积的比例。

④不透水下垫面径流控制比例是指受控制的硬化下垫面（产生的径流雨水流入生物滞留设施等海绵设施的）面积占硬化下垫面总面积的比例。

⑤此处指标指街头绿地，公园绿地目标根据汇水范围或具体情况确定。

⑥公共建筑类的年径流总量控制目标可以在上表建筑与小区类的取值中上调 3%，工业类下调 3%。

综合整治类目标和管控指标表　　　　　　　　　表 2-53

类比		综合整治区域（%）
控制目标	东部雨型　壤土	65
	东部雨型　软土（黏土）	60
	中部雨型　壤土	55
	中部雨型　软土（黏土）	45
	西部雨型　壤土	55
	西部雨型　软土（黏土）	45
引导性指标	绿地下沉比例（%）	40
	人行道、停车场、广场透水铺装比例（%）	50
	不透水下垫面径流控制比例（%）	50

7. 海绵城市基础设施规划

（1）水安全保障规划

对深圳市现状河道水系、调蓄水体、雨水管网及泵站进行梳理，对近年存在的内涝点进行调查，并通过构建 MIKE URBAN 模型对城市排水管网系统进行评估，模拟确定城市内涝风险范围及其程度，指导城市内涝防治，合理布局内涝防治工程以及科学确定非工程措施（图 2-54）。

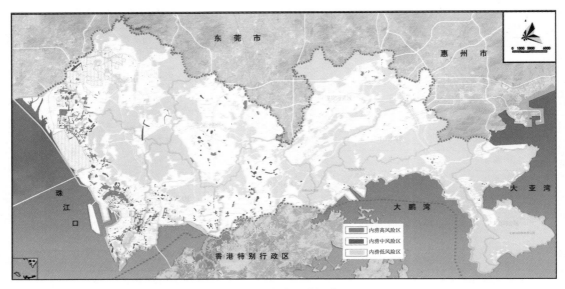

图 2-54 内涝风险评估图

规划新建雨水管渠 2371km，改扩建雨水管渠 601km；全市规划雨水泵站 53 座；深圳市建议建设用地性质或竖向调整的区域共有 68 处；建议调整规划竖向高程的有 15 处，用地建议调整的有 1 处。深圳市规划对 76 条河道开展综合治理，治理标准按 50～200 年一遇。规划建设雨水行泄通道总长度为 214.2km，总设计流量达 9227.1m³/s；规划建设雨水调蓄设施 97 处（图 2-55）。深圳市的防洪（潮）标准为 200 年一遇。除了大水坑河、高峰河、松岗河、沙井河、山厦河、东涌河、新大河等 7 条河道防洪（潮）标准为 20 年一遇外，其余河道均为 50～200 年一遇。

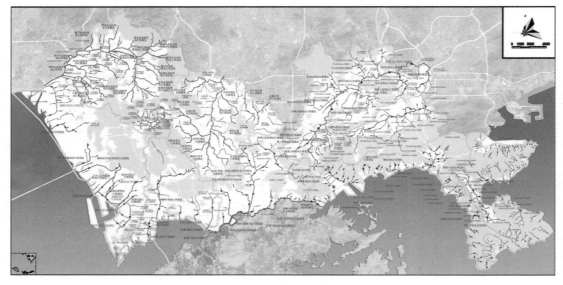

图 2-55 雨水行泄通道规划图

（2）水环境综合整治规划

根据国家要求，深圳市于 2015 年 10 月底完成了黑臭水体排查工作。经统计，深圳市建成区共有黑臭水体 36 条，其中轻度黑臭 12 条，重度黑臭 24 条。

水体治理要以控源截污为本，统筹考虑近期与远期，治标与治本，生态与安全，景观与功能等多重关系，因地制宜地提出黑臭水体主要的治理措施。治理措施主要从点源污染控制和面源污染控制两方面出发，综合污水处理设施建设、推进雨污分流改造、低影响开发设施建设以及河道生态修复等措施，统筹推进水环境综合整治。

（3）水生态修复规划

现状河道的保护，确定水体、岸线和滨水（海）区作为整体进行水域保护，包含水域保护、水生态保护、水质保护和滨水空间控制等内容。

生态驳岸改造，在充分考虑城区河段城市服务功能与定位，营造不过多干涉原有生态系统的亲水空间，保证防洪的前提下将硬化护岸生态软化。依据生态自然的设计理念，对深圳市已有河道的岸线和河道进行改造，保证雨洪安全的同时发挥河流的生态和景观功能。

水系生态系统修复措施：①正本清源和治污控污，通过完善排水体质，建设雨污水管网和污水处理厂达到正本清源和控污治污。②多层次复合型的生态修复系统，针对不同类型的河段应采取不同的修复措施进行处理，如再生水补水、生态湿地规划。

（4）水资源利用系统规划

分析各类非常规水资源利用的水质安全性、水源稳定性、环境友好度及经济性等因素，确定各类非常规水资源开发利用的优先级为：①生态区雨洪，应进行充分挖潜并优先利用；②集中式再生水，应作为城市的第二水源，成为城市水源的重要补充；③海水直接利用，应物尽其用；④海水淡化利用，应作为战略储备；⑤建设区雨洪，依托海绵城市和绿色建筑，实现替代部分自来水目标；⑥分散式再生水，应作为集中式再生水利用未覆盖片区的补充。

8. 规划管控与规划衔接

（1）规划管控制度

结合深圳市规划建设现行机制，在规划建设领域率先转型，分规划项目、建设项目两大类建立规划管控制度（图 2-56）。

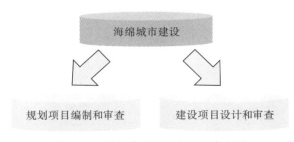

图 2-56　规划建设管控制度两条主线

从而将海绵城市的建设要求落实到城市总规、控规和相关专项规划的编制过程中，落实到建设项目的规划建设管控过程中。

（2）与相关规划衔接

在各级城市规划编制阶段，如城市总体规划、分区规划、详细规划（法定图则、详细蓝图）及其他深圳市特有的规划（旧改、城市更新、发展单元等）中应逐层落实海绵城市建设要求，合理安排城市用地布局，并在竖向系统、绿地系统、给排水系统、生态环境保护与建设以及市政基础设施设计过程中实践海绵城市建设模式。

此外，还对相关规划及《法定图则编制技术指引》的调整提出建议。

（3）建设项目规划管控

建设项目从立项开始到竣工验收，主要涉及的主管部门有发改部门、规划部门、建设部门、水务部门、环保部门等，此外还有负责技术审查的审图机构等相关机构。针对各部门职责，构建规划管控机制，详见本书第3章。

9.近期建设重点区域规划和重点项目库

（1）近期建设重点区域确定

以重点发展片区、成片建设区、具备雨洪资源利用条件的区域为载体，在前海深港现代服务业合作区、国际低碳城、坝光生物谷、龙华北站片区等24个区域全面开展海绵城市建设，总面积约250.13km²，其中建设用地面积约199.6 km²，占深圳市2020年规划建成区面积的20.5%，建设时序处于2016～2020年之间，如表2-54所示。

深圳市海绵城市近期建设重点区域概况　　　　　　表2-54

序号	海绵城市建设重点区域	面积（km²）	建设时序
1	大空港新城	15.53	2016~2020 年
2	石岩浪心片区	2.52	2016~2020 年
3	宝安中心区	2.88	2016~2020 年
4	前海合作区	14.92	2016~2020 年
5	蛇口自贸区	13.22	2016~2020 年
6	光明凤凰城	14.85	2016~2020 年
7	深圳北站商务中心区	6.1	2016~2020 年
8	留仙洞战略性新兴产业总部基地	2.85	2016~2020 年
9	高新技术北区	2.51	2016~2020 年
10	深圳湾超级总部基地	1.29	2016~2020 年
11	福田河新洲河片区	21.73	2016~2020 年
12	福田保税局	3.01	2016~2020 年
13	平湖金融与现代服务业基地	2.25	2016~2020 年
14	坂雪岗科技城	22.15	2016~2020 年

序号	海绵城市建设重点区域	面积（km²）	建设时序
15	笋岗 - 清水河片区	5.42	2016~2020 年
16	深圳水库	15.63	2016~2020 年
17	大运新城	8.43	2016~2020 年
18	国际低碳城	53.42	2016~2020 年
19	坪山中心区	4.98	2016~2020 年
20	北核片区	14.42	2016~2020 年
21	机场南侧西湾公园片区	2.88	2016~2020 年
22	盐田港后方陆域片区	9.13	2016~2020 年
23	大梅沙片区	4.33	2016~2020 年
24	坝光地区	5.68	2016~2020 年
	总计	250.13	

（2）近期建设重点区域规划方案示例

结合《海绵城市专项规划编制暂行规定（试行）》对海绵城市专项规划编制内容的要求，梳理形成近期建设重点区域海绵城市建设详细规划的内容，主要包括：1）海绵城市建设条件分析。分析重点片区的区位、自然地理、经济社会现状和降雨、土壤、地下水、下垫面、排水系统、城市开发前的水文状况等基本特征，识别城市水资源、水环境、水生态、水安全等方面存在的问题。2）海绵城市建设目标与指标。确定海绵城市建设目标（主要为雨水年径流总量控制率），落实上层次海绵规划对本片区的要求，并根据本片区实际情况优化和完善海绵城市建设的指标体系。3）海绵城市建设总体思路。依据海绵城市建设目标，针对现状问题，因地制宜确定海绵城市建设的实施路径。老城区以问题为导向，重点解决城市内涝、雨水收集利用、黑臭水体治理等问题；城市新区、各类园区、成片开发区以目标为导向，优先保护自然生态本底，合理控制开发强度。4）海绵城市建设目标分解及管控要求。识别山、水、林、田、湖等生态本底条件，优化和落实上层次规划对本片区的海绵城市的自然生态空间格局，明确保护与修复要求；针对现状问题，划定海绵城市建设分区，提出建设指引。5）海绵城市工程规划。针对内涝积水、水体黑臭、河湖水系生态功能受损等问题，按照源头减排、过程控制、系统治理的原则，制定积水点治理、截污纳管、合流制污水溢流污染控制和河湖水系生态修复等措施，分别进行相关工程的规划。6）相关规划衔接。提出与城市道路、排水防涝、绿地、水系统等相关规划相衔接的建议。7）近期建设任务。提出分期建设的要求。8）规划保障体系。

针对24个近期重点建设区域，以光明新区凤凰城和大鹏新区坝光地区为例，从海绵城市建设条件分析、海绵城市建设目标与指标、海绵城市建设总体思路、海绵城市建设目标分解及管控要求、海绵城市工程规划、近期建设任务等6个方面介绍重点区域海绵城市建设详细规划的编制内容及要求，其他重点区域可参考这两个区域开展详细规划的编制，指导海绵城市建设。

（3）近期重点项目库

除重点片区道路类、海绵型建筑与小区项目外，梳理涉及内涝点整治、黑臭水体、河道整治、水环境修复等方面项目，并形成项目库。

其中近期城市水安全建设类项目 99 个项目，总投资为 201.98 亿元；近期河道整治类项目 100 个项目，总投资为 202.65 亿元；近期治污类项目 111 个项目，总投资为 175.7 亿元；近期水生态修复及水资源利用类项目 59 个项目，总投资为 57.43 亿元。

10. 规划保障体系

分别从组织保障、制度保障、资金保障、技术保障、能力建设五个方面着手，制定完善的保障体系，确保海绵城市规划的落地实施。

2.7.2 详细规划层次（控制性详细规划）[70]

1. 项目概况

深圳市海绵城市试点区域位于深圳市西北部光明新区凤凰城（图 2-57）。该区域较完整覆盖了茅洲河的东坑水流域和鹅颈水流域。流域面积 24.6km²，研究范围扩展至 27.74km²，其中，城市建设面积 16.39km²，生态区用地为 11.35km²，生态本底较好。

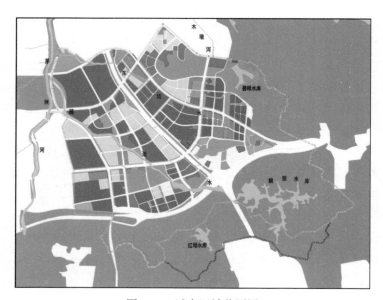

图 2-57　试点区域范围图

2. 试点区域海绵城市建设条件分析

（1）问题分析

水安全方面，试点区域现有 6 个易涝点，排水设施建设标准偏低；水环境方面，试点区域鹅颈水部分河段（光侨路至汇入口区段，4.14km，轻度黑臭）已被列入深圳市第一批公示的 36 条建成区黑臭水体治理清单；水资源方面，人均水资源严重不足，资源及水质型缺水；水生态方面，水生态缺失，河道硬质化严重。

（2）需求分析

全面提升防洪减灾应急能力，构建满足 5 ~ 10 年一遇的新建雨水管渠系统以及 50 年一遇城市内涝防治系统；全面推进水污染治理，消除黑臭现象，提升水环境质量；落实节水优先及非常规水资源利用,进一步提高供水保障能力;恢复生态岸线,减少水土流失,改善生态环境。

3. 规划总则

（1）规划原则

1）坚持生态优先。贯彻"节水优先、空间均衡、系统治理、两手发力"的治水思路，充分发挥山水林田湖对降雨的积存作用，充分发挥自然下垫面对雨水的渗透作用，充分发挥湿地、水体等对水质的自然净化作用，努力实现城市水体的自然循环。

2）坚持问题导向与目标导向相结合。明确试点区域存在的城市内涝和水体黑臭等问题，采取"源头减排、过程控制、末端治理"的技术路线解决问题；科学合理确定海绵城市建设目标和具体指标，引导建设项目落实海绵城市建设要求。

3）强化政策保障。构建规划建设管控制度、投融资机制、绩效考核与奖励机制、产业发展机制等，推动海绵城市工作的规范化、标准化、制度化，保障海绵城市建设工作的长效推进。

4）集中与分散相结合。新建区域全面落实海绵城市建设要求，已建片区结合问题导向、城市更新、道路新建改造、轨道交通建设等有机更新逐步推进。

5）功能与景观相结合。推广绿色雨水基础设施，重视和兼顾景观效果，实现环境、经济和社会综合效益的最大化。

6）绿色与灰色相结合。优先利用绿色雨水基础设施，并重视地下管渠等灰色雨水基础设施的建设，绿色与灰色相结合，综合海绵城市建设多重目标。

（2）海绵城市建设指标

为推进海绵城市建设，根据试点区域水生态、水环境、水安全和水资源现状和评价，以及海绵城市建设情况，结合已经编制的相关规划，按照科学性、典型性并体现试点区域自然本底特征的原则,依据《海绵城市建设绩效评价与考核办法（试行）》等国家相关政策要求，参考深圳市相关研究成果，确定了凤凰城海绵城市建设的六大类共 19 项指标（表 2-55）。

试点区域海绵城市建设指标一览表   表 2-55

类别	项	指标	指标值	性质
一、水生态	1	年径流总量控制率	70%，设计降雨量 31.3mm	定量（约束性）
	2	生态岸线恢复	100%	定量（约束性）
	3	城市热岛效应	夏季（按 6~9 月）日平均气温不高于同期其他区域的日均气温	定量（鼓励性）
	4	天然水域面积保持程度	不得低于现状值（现状天然水域面积 1.24km^2，占试点区域研究范围的 4.46%，蓝线保护面积 4.82km^2）	定量（约束性）

续表

类别	项	指标	指标值	性质
二、水环境	5	水环境质量	不低于水环境功能区划确定的水质标准，地表水体水质达标率达到100%	定量（约束性）
	6	污染控制	基本建成雨污分流系统； 雨水直排或合流制管渠溢流进入城市内河水系的，采取生态治理后入河； 径流污染物削减率（以SS计）不低于60%	定量（约束性）
三、水资源	7	污水再生利用率	≥30%（含生态补水），其中替代城市自来水供水的水量达到15%	定量（鼓励性）
	8	雨水资源利用率	≥3%（雨水资源替代自来水的比例）	定量（鼓励性）
	9	管网漏损控制	供水管网漏损率不高于12%	定量（鼓励性）
四、水灾害防治	10	防洪标准	东坑水和鹅颈水防洪标准50年一遇，防洪堤达标率100%	定量（约束性）
	11	城市暴雨内涝灾害防治	50年一遇	定量（约束性）
	12	饮用水安全	饮用水水源达到《地表水环境质量标准》GB 3838—2002 Ⅲ类标准	定量（鼓励性）
五、制度建设	13	规划建设管控制度	制定海绵城市建设的规划（土地出让、两证一书）、建设（施工图审查、竣工验收等）方面的管理制度和机制，在试点区域率先试行	定性（约束性）
	14	技术规范与标准建设	制定较为健全、规范的技术文件，保障海绵城市建设的顺利实施	定性（约束性）
	15	投融资机制建设、政府补贴标准及按效果付费标准	制定海绵城市建设投融资、PPP管理方面的制度机制，在试点区域率先试行	定性（约束性）
	16	绩效考核机制	（1）对于吸引社会资本参与的海绵城市建设项目，建立按效果付费的绩效考评机制，与海绵城市建设成效相关的奖励机制等； （2）对于政府投资建设、运行、维护的海绵城市建设项目，建立与海绵城市建设成效相关的责任落实与考核机制等	定性（约束性）
	17	蓝线、绿线划定与保护	在城市规划中划定蓝线、绿线并制定相应管理规定	定性（约束性）
	18	产业化	制定促进相关企业发展的优惠政策等，在试点区域试行	定性（鼓励性）
六、显示度	19	连片示范效应和居民认知度	60%以上的海绵城市建设区域达到海绵城市建设要求，形成整体效应。 试点区域实现"小雨不积水、大雨不内涝、水体不黑臭、热岛有缓解"的绩效	定性（约束性）

4. 海绵城市建设总体思路

（1）问题导向

试点区域存在城市内涝和黑臭水体突出问题，如表2-56、表2-57所示。

试点区域现状内涝点及其成因分析　　　　　　　　　　　表 2-56

编号	易涝点位置	影响程度	成因
1	光明大道（高速桥底至观光路）	内涝面积 5000m²，积水深度 0.4m，持续时间 3h	排水系统不完善，垃圾树叶堵塞雨水口
2	观光路与邦凯二路交界处	内涝面积 1000 m²，积水深度 0.4m，持续时间 4h	周边地块开发，市政管道刚建成，管养不到位
3	公园路公安局门前路段	内涝面积 500 m²，积水深度 0.3m，持续时间 2h	排水管网不完善，低点处雨水管网未实施
4	长风路红坳市场	内涝面积 1500 m²，积水深度 0.3m，持续时间 4h	道路地势较低，道路排水管网不完善
5	东长路（光侨路 - 长风路）	内涝面积 3000 m²，积水深度 0.6m，持续时间 4h	地势低洼
6	塘明路塘家路段	内涝面积 1000 m²，积水深度 0.3m，持续时间 1h	路面太低，没有排水沟

试点区域黑臭水体情况一览表　　　　　　　　　　　表 2-57

编号	黑臭水体名称	长度	汇水范围	黑臭级别	黑臭成因分析
1	鹅颈水（光侨路 - 茅洲河干流）	4.14km	9.52km	轻度	污水管网和截污不完善、水体底泥

针对城市内涝问题，落实《深圳市排水（雨水）防涝综合规划》规划要求，从雨水径流控制、雨水管网系统建设、竖向调整、雨水调蓄、雨水行泄通道建设、内河水系治理等方面构建完善的排水防涝系统。

针对黑臭水体问题，根据《城市黑臭水体整治工作指南》，按照"控源截污、内源治理；活水循环、清水补给；水质净化、生态修复"的技术路线具体实施。

（2）目标导向

通过海绵城市建设将可实现城市建设与生态保护和谐共存，构建"山水林田湖生命共同体"。试点区域率先转变城市发展理念，从水生态、水环境、水安全、水资源等方面出发，规划先导，在不同城市发展尺度上，集成构建大、中、小三级海绵城市体系（图 2-58）。

以生态绿环、水库、河流为生态本底，保障高比例的生态用地比例，构建试点区域生态安全格局的"大海绵"体系；统领试点区域涉水相关规划，从供水安全保障、防洪排涝、水污染治理、水资源等方面，构建试点区域水安全保障度高、水环境质量提升、水资源丰盈的"中海绵"体系；落实低影响开发建设理念，源头削减雨水径流量、峰值流量，控制雨水径流污染，构建具备恢复自然水文循环功能的"小海绵"体系。通过不同层级海绵体系的层层递进，共同助力试点区域海绵城市建设。

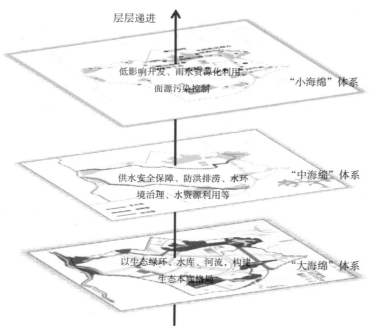

图 2-58　试点区域海绵城市建设总体思路

通过海绵城市建设，试点区域实现以下海绵城市建设目标。

1）试点区域生态保育和修复得以强化：强化保育和修复、系统打造山体绿地、公园绿地、道路绿地、河流湿地等生态网络系统。

2）试点区域城市建设区低影响开发达到国内领先水平：发挥建筑、道路、公园绿地对雨水的吸纳、蓄渗和缓释作用。

3）试点区域城市水安全得以提升，区域排水防涝、防洪能力得到有效提高：按照"源头治理、中间削减、系统治理"的技术理念，安排源头建设项目径流控制设施、城市排水管渠和设施、内涝防治设施，并与防洪河流综合整治工程相结合，保障水安全。

4）试点区域河流水质得到有效改善，治水提质工作取得阶段性成果：通过控源截污、内源治理、水质净化、生态修复、再生水补水的综合运用，完成黑臭河道治理并建成生态河流。

5）试点区域水资源得以保障，非常规水资源利用率提升，节水工作实质性推进。

6）试点区域河流生态得以改善，实现"河畅、水清、岸绿、景美"。

（3）规划思路

试点区域海绵城市建规划主要从水生态、水安全、水环境、水资源角度出发，构建海绵城市规划体系，指导海绵城市建设，系统实现海绵城市建设目标（图 2-59）。

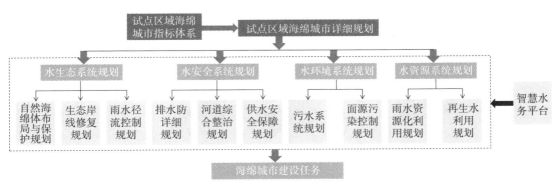

图 2-59 试点区域海绵城市建设规划思路

水生态规划：识别生态绿环、河湖水系、湿地等重要生态节点，保障区域生态空间，落实低影响开发建设理念，源头控制雨水径流，修复自然水文和水生态系统。

水安全规划：从供水安全保障出发，明确水量需求，水厂管网布局；从城市防洪排涝安全出发，开展河道综合整治，内涝点治理等，构建城市水安全工程体系。

水环境规划：开展河道、岸线生态修复，提升水系生态修复能力及水环境容量，从点源污染控制和面源污染控制出发，明确污水处理厂、管网布局，水质目标以及面源污染控制目标及策略。

水资源规划：分析用水量需求，从再生水利用、雨水资源化利用出发，提出切实可行的水资源利用方案。防洪排涝安全出发，开展河道综合整治，内涝点治理等，构建城市水安全工程体系。

5. 海绵城市指标分解及管控要求机制构建

（1）年径流总量控制率指标分解

试点区域年径流总量控制率目标为 70%，对应设计降雨量为 31.3mm。试点区域雨水径流控制规划紧扣"海绵城市"建设总体目标，采用低影响开发设施源头、分散控制雨水径流，从而实现年径流总量控制率目标。

综合比较各类水文模型的优劣势，规划采用 EPA-SWMM 模型构建光明试点区域水文模型（图 2-60）。EPA-SWMM 模型具有开源性，运算稳定，计算结果可靠等优点，新增的低影响开发模块能模拟计算低影响开发设施的水文效应，是径流控制可靠的模拟评估计算平台。

模型构建主要用于光明试点区域径流控制规划方案的评估，辅助年径流总量控制率指标的分解。由于本次规划年径流总量控制率尽量在源头实现，即为建筑小区、市政道路、公园绿地等建设项目雨水径流源头控制的主要指标，因此，模型不包含水体、滩涂等。

结合试点区域的现状及规划建设情况，本次模型构建以地块、市政道路为汇水区构建模型，便于开展指标的分解，模型构建面积约 16.53km²，汇水区 959 个，管段 962 段，节点 1016 个。

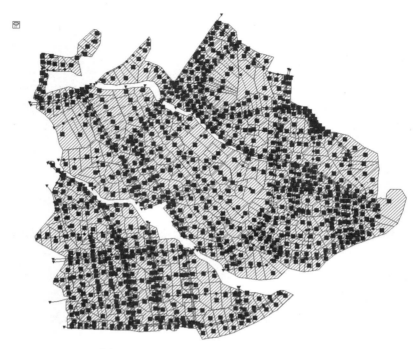

图 2-60　试点区域 EPA-SWMM 模型界面

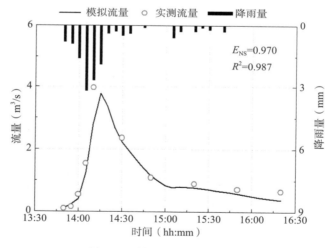

图 2-61　模型水量参数的率定

　　模型参数主要包括水文、水力参数。其中，汇水区面积、管段长度、管径、高程等参数可以直接通过图纸获取，曼宁系数、洼蓄量等需要率定（图 2-61）。

　　将修正莫尔斯分类筛选法作为 EPA-SWMM 模型参数局部灵敏度分析方法，分析各参数的局部灵敏度分析，采用人工试错法，反复调整参数取值直至模拟结果与实测结果相吻合。

　　根据以上思路，经模型反复调整和验证，试点区域年径流总量控制率目标达到 70%，各类地块年径流总量控制率指标分解如表 2-58 所示，并作为试点区域地块出让的强制性控制指标。

年径流总量控制率指标分解结果一览表   表 2-58

土地利用类型	用地代码	年径流总量控制率（%）	设计降雨量（mm）
商业服务业设施用地	C	70	31.3
绿地	G	85	52.2
行政用地	GIC	70	31.3
工业用地	M	61	23.8
居住用地	R	72	33.2
主干道		63	25.4
次干道	Road	61	23.8
快速路		36	10.2
停车场	S	59	22.4
公用设施用地	U	59	22.4

对于区域内面积较小的旧工业区及旧居住区，根据用地类型，在进行改造时，将年径流总量目标在上述指标的基础上下降 5%～10%。对于试点区域内部的建设项目，需严格执行年径流总量控制率目标，以保证试点区域总体目标的实现。其中，对绿地等自然本地条件较好的建设用地，采用较高的年径流总量控制率控制标准，对快速路、市政设施用地等不透水面积较大的建设用地，年径流总量控制率标准较低，对于居住、商业、行政办公用地，执行 70% 左右的年径流总量控制率目标。

（2）年径流污染削减率指标分解

试点区域面源污染控制目标采用年径流污染削减率指标表征，与年径流总量控制率指标同步实现，主要是通过对低影响开发设施布置的调整实现面源污染控制，通过优化低影响开发设施的类型实现对面源污染的控制。面源污染控制目标以 SS 和 COD 削减率计。

模型中水质参数主要为各类下垫面的累积和冲刷参数的率定。本方案将下垫面类型划分为路面、屋面和绿地三类，每个用地根据开发建设情况赋予不同比例的下垫面类型，从而对不同下垫面类型的累积和冲刷参数进行率定，从而保证模型水质模拟的可靠性。

以试点区域内广深港高铁站门户区东坑水排放口作为水质监测点，选取暴雨、大雨和中雨 3 场不同场次降雨水质取样化验数据进行水质参数率定（图 2-62）。

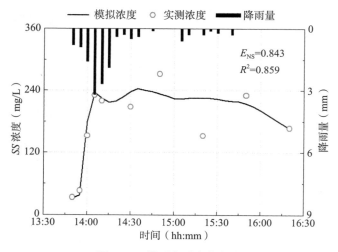

图 2-62　模型水质参数率定

经模型模拟，传统开发条件下，试点区域年 SS 和 COD 排放量分别为 954.11t 和 263.67t。本规划方案将面源污染物削减率指标分解至各个地块，实现"地块—排水分区—流域"污染物的削减，如表 2-59 所示。

年径流污染削减率指标分解一览表　　　　　　　　　　表 2-59

土地利用类型	用地代码	SS 削减率（%）	COD 削减率（%）
商业服务业设施用地	C	45.70	47.19
农林用地	E	92.16	92.01
防护绿地	G	92.16	92.01
行政用地	GIC	44.01	45.33
工业用地	M	41.82	42.65
居住用地	R	48.53	50.38
主干道	Road	42.74	43.76
次干道		40.62	41.57
快速路		5.80	5.64
停车场	S	38.22	39.09
公用设施用地	U	35.77	4.75

经模型模拟，对不同地块赋予其削减率目标后，试点区域年 SS 和 COD 排放量分别为 524.89t 和 142.38t，从而实现 45% 的 SS 削减率和 46% 的 COD 削减率。此外，结合试点区域内河道综合整治，水生态修复，湿地的建设，将进一步实现径流污染削减率 60% 的目标。

（3）管控要求

结合法定图则修编以及城市更新规划，将所在分区的径流总量控制目标、径流污染控制目标分解为建筑与小区、道路与广场、公园绿地等地块的指标，并纳入法定图则的地块规划控制指标。

将年径流总量控制率、径流污染削减率等指标作为城市规划许可的管控条件，纳入规划国土行政主管部门的建设项目规划审批程序，引导和鼓励建设项目与主体工程同时规划、同时设计、同时施工、同时使用海绵设施。

结合现有建设项目审查审批工作要求，发改、环保、建设、水务等部门按照自身职责分别对海绵城市管控指标进行审核。

6. 海绵城市工程措施规划

（1）自然海绵体布局和保护详细规划

基于海绵基底现状空间布局与特征，构建试点区域海绵骨架格局，保障试点区域海绵骨架结构；合理识别需要重点保护和修复的海绵基底，确定其空间位置及相应保护及修复要求。

1）自然海绵体空间布局

试点区域隶属珠江口 - 茅洲河平原水系生态系统上游区域，位于多条蓝绿廊道交汇处，是沟通区域山水资源的重要环节，生态区位优越，保护价值高。

试点区域将打造"光明绿环"项目，串联起试点区域内的山、水、田园等自然海绵体，建构凤凰城的"翡翠项链"，成为打造海绵城市的重要载体。

"光明绿环"项目总用地面积约 381ha，全长 12km，由湿地公园、光明新城公园、碧眼水库、麒麟山公园、都市田园等大型绿地形成基本斑块，沿东坑水、鹅颈水和高铁绿廊形成连接廊道，与光明森林公园、观澜森林公园等基质相连，形成光明绿环的基本框架。

光明绿环作为城市生态系统包围下的生态敏感带，是城市区向周边生态腹地过渡的媒介，需注重在城市发展过程中对绿环的生态保护（图 2-63）。

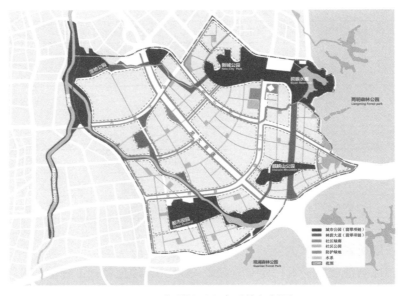

图 2-63　光明绿环生态系统规划图
图片来源：《光明绿环方案设计》

2）绿地系统规划

把区位相邻或相关的两个公园看作统一整体定位规划，使其生态效应成倍发挥；结合现有水系，完善海绵城市生态基础设施，形成"蓝色"生态环。

根据绿地功能和等级，将凤凰城绿地依次分为城市公园、线性廊道、林荫大道、社区公园和社区街道绿化（表2-60）。绿环内包括所有城市公园、线性廊道和少部分社区公园、林荫大道和街道绿化。

绿地系统分级规划内容一览表   表 2-60

绿地等级	面积（ha）	规划内容
城市公园	207.42	3个特色鲜明的公园成为绿环的主要斑块，使绿环功能复合多样。以800m作为城市公园的服务半径，基本可覆盖凤凰城所有社区，为市民提供休闲好去处
线性廊道	58.41	通过滨水绿廊和高铁沿线绿廊将各公园联系起来，形成完善的绿环空间体系
林荫大道	1.13	位于城市交通性道路和主要生活性道路两侧，串联各个公园，形成纵横交错的线性绿网格局
社区公园	5.17	按照服务半径500m布置社区公园，形成完善的社区公园绿地系统，满足居民的日常生活需求
社区街道绿化	—	重要生活性道路两侧的建筑控制线后退道路红线5~20m，为社区提供线性活动空间。打造宜人的街道环境，使绿环渗透各个社区

3）水系保护规划

试点区域范围内涉及2条河流、3座水库，划定蓝线内总面积约4.82 km²（表2-61、表2-62）。

河道蓝线控制一览表   表 2-61

河流名称	防洪标准（年）	河道长度（km）	蓝线控制最小宽度（m）	蓝线内面积（m²）
鹅颈水	50	6.12	15	350836
东坑水	50	4.88	15	268944

水库蓝线控制一览表   表 2-62

水库名称	水库类型	蓝线内面积（m²）	备注
鹅颈水库	小（1）型，一级水源保护区	2549116	正常水位外延200m
碧眼水库	小（2）型	497557	集水范围
红坳水库	小（2）型	1149824	集水范围

4）生态修复规划

对于麒麟山、智慧公园一带，因开发建设，现状山体原生植被部分遭到破坏，土地裸露，不能滞留雨水及增加下渗，容易发生水土流失并增加洪水灾害发生的可能性。因此，山体区域的建设策略为植被修复，尽量使用乡土植被及树种，并最大程度保留、恢复地形原貌。

对于新城公园、碧眼水库一带，进行保育工作，严禁开发建设等破坏。

在鹅颈水、东坑水汇入茅洲河的交汇处，营造人工湿地来调蓄、过滤、净化基地内收集的雨水、污水，同时作为野生动植物的栖息地。

在都市农田区域建设蓄水池，通过农田附近的生态草沟、雨水花园及滞留塘收集雨水并初步过滤后输送进入蓄水池，以用于田间灌溉。

（2）排水防涝详细规划

1）规划标准

雨水管渠、泵站及附属设施规划设计标准：根据《深圳市排水（雨水）防涝综合规划》，试点区新建雨水管渠、泵站及附属规划设计标准为5年一遇，高铁站及周边区域为10年一遇。

内涝灾害标准：道路积水时间超过30分钟，积水深度超过15cm；或下凹桥区积水时间超过30分钟，积水深度超过27cm。

内涝防治设计标准：试点区内涝防治设计重现期为50年，即通过采取综合措施，有效应对不低于50年一遇的暴雨。

与防洪标准的衔接：采用同频率衔接方式，即50年一遇降雨遭遇河道50年一遇防洪水位设计内涝防治设施。

2）数学模型构建

应用MIKE FLOOD系列模型辅助规划设计，该数学模型由MIKE URBAN、MIKE 21、MIKE 11等模块构成，并为不同模块之间提供了有效的动态连接方式，使模拟的水流交换过程更接近真实情况。通过MIKE URBAN中的MOUSE组件与MIKE 21、MIKE 11等模块耦合，应用于评估城市的排水防涝能力及规划方案推演。

3）排水能力和内涝风险评估

设计暴雨：通过对深圳市近50年来的气象降雨资料进行整理和分析，结合试点区域所在流域的降雨特征，推求出不同重现期下的短历时和长历时设计暴雨。

下垫面解析：采用ArcGIS空间分析技术，对不同下垫面的矢量进行分类和切割，形成不同的图层数据，并为不同类型下垫面的不透水比率赋值（表2-63）。

下垫面解析结果一览表　　　　　　　　　　　表2-63

下垫面类型	面积（km²）	占比（%）	综合径流系数
道路	0.81	2.90	0.90
铺装	6.39	23.9	0.90
绿地	14.20	51.8	0.20
屋顶	2.22	8.10	0.90
水体	1.60	5.8	1.0
裸土	2.20	8.0	0.30

4）排水能力及内涝风险评估

研究区域内的现状雨水管渠按重力流设计，总长为52.5km。采用MIKE URBAN模型对区域内现状排水管网系统进行评估,分析管网系统的实际排水能力（图 2-64）。若模拟结果显示管道出现超载,即管道内形成压力流,则认为该雨水管道不满足相应的重现期标准。分别采用 1 年一遇、2 年一遇、3 年一遇和 5 年一遇的 2 小时典型暴雨作为边界条件,利用模型进行管网排水能力评估的降雨数据。

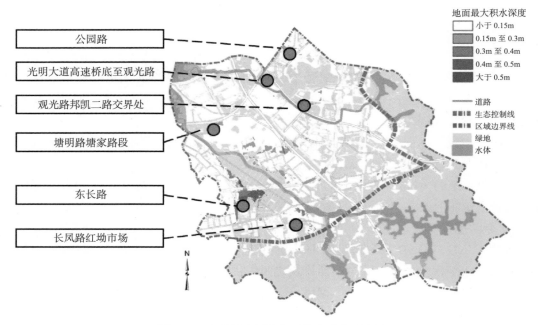

图 2-64　内涝风险评估与现状内涝点对比图

采用 MIKE FLOOD 平台对于规划条件下的管网、河道和地表进行耦合模拟,确定城市内涝的范围及程度,对 50 年一遇的暴雨条件下城市的内涝风险进行评估。在结果分析中,以地面积水 15cm 以上,持续时间超过 30min 的区域作为内涝风险区加以识别。同时,与水务部门提供的历史内涝点记录进行对比与校核。

基于现状评估的结果,对于区域的排水防涝系统提出整治方案。目标是提高管网排水能力标准,消除系统中的排水系统瓶颈,保证区域内涝防治能力达到 50 年一遇。

5）规划方案

基于 MIKE FLOOD 平台耦合管网水力模型与二维地表模型,同时,管网排放口水位衔接东坑水和鹅颈水河道综合整治 50 年一遇设计水面线,构建排水防涝综合模型。

规划对于区域的排水系统进行完全分流制改造。结合城市建设与城市更新,对现状合流管道逐步改造,规划远期实现完全分流制排水。至规划末期,区域内新建管网 83.3km,管网设计标准为 5 ~ 10 年一遇。同时,将应对内涝风险区的管网改造工程列入近期整治计划优先实施。

通过对于排水管网的新建和改造工作,规划区域的内涝防治能力将得到有效提高,满足 50 年一遇暴雨条件下不发生内涝灾害的标准。以积水深度超过 15cm,积水时间超过 30min 为内涝标准进行模型评估，在规划条件下遭遇 50 年一遇暴雨的内涝模拟情景如上所示。建成区内的主要内涝风险点均得到消除。

（3）河道综合整治详细规划

1）设计标准

堤防工程建设标准，按照《水利水电工程等级划分及洪水标准》SL252-2000 及《堤防工程设计规范》GB 50286-2013 规定，对规划标准进行复核调整，确定相应的河道防洪标准为 50 年一遇，堤防等级为 2 级。

完善截污系统，保证旱季 100% 入河污水收集进入污水处理厂或附近污水干管。

蓝线范围内（河道、滞洪区）进行绿化，对驳岸进行生态化改造，提高河道的亲水性、观赏性和城市休闲功能；将滞洪区建设成为河口水功能综合区，发挥其防洪削峰、调蓄处理、湿地景观、休闲娱乐的综合水功能。

2）东坑水综合整治规划

河道综合整治包括四个方面内容：首先是对现状已经成型的河道进行清淤疏浚，保证防洪达标；其次采用截污治污（主要为完善点截污）、生态补水改善河道水质，满足茅洲河干流水质标准；第三，对东坑水碧眼水库至光侨路段河段揭盖开放并进行生态化整治；第四，对已经成型的河道堤防、驳岸进行生态软化、形式丰富、空间多种利用及交通联系贯通等多功能的改造，使东坑水不仅满足防洪基本功能，而且与城市建设、发展融为一体。

根据各河段的场地环境及功能需求，在不同的河段采用不同的设计理念和手法。根据东坑水两边用地及河道本身的断面形态，将河道驳岸空间分为三种方式塑造。

矩形河道驳岸主要体现在光明新区新城中心（光侨路 ~ 三十一号路），结合河道行洪、水质等要求，削减直立墙高度，减少河道空间压抑感；右岸紧邻观光路，保留现有的沿河步道和绿化带；左岸沿河设置步道、亲水平台，局部点开挖停留空间，从整体上打造城区段滨水空间（图 2-65）。

图 2-65　矩形河段断面生态化改造图

梯形河道驳岸主要体现在河道中游段（三十一号路 ~ 东明大道），创造为周边居民提供的滨水植被空间，让人们亲近河流、感受河流。在现状河道断面的基础上，拓宽河道，一种是台地式退让，结合地形设计亲水台地；一种是改变现状硬质的驳岸为绿坡，让人们更易亲近河流（图2-66）。

图 2-66　梯形河段断面生态化改造图

河口水功能综合区建设包括滞洪区、自然湿地、华新光电人工湿地、调节池等，水功能综合区集人工湿地、自然湿地、滞洪区、初雨调蓄池、河流等多水体形态于一体的水功能综合区，在满足滞洪调蓄、水质净化功能的同时，为周围人们提供休闲娱乐的空间。

3）鹅颈水综合整治规划

基本保持现状河道平面走向，堤防设计结合规划须满足形成以河道为主体的城市绿廊的要求，本次结合河道防洪断面要求、两岸用地条件及深圳目前已划定河道蓝线，将河道现状堤防向外偏移至河道蓝线附近，形成两岸真正绿道体系。

治理河道总长约5.6km，堤防总长约11.5km。河道断面形式以梯形为主，局部结合两岸用地条件采用复式和矩形断面，河底宽10～20m，纵坡1/1000～5/1000。

鹅颈水蓄滞洪区位于鹅颈水下游河口左岸，可利用土地总面积12.72万 m²，其中河道占地面积3.53万 m²。

蓄滞洪区的功能定位为茅洲河流域防洪安全储备，考虑充分发挥其雨洪利用、水质净化和生态湿地、城市休闲公园、绿地氧吧等综合性多功能效益，平时以水域、公共休闲设施为主，建设雨洪利用区和绿地系统，形成内湖水面面积35000m²，绿地面积72200m²。受河道水质条件限制，内湖与河道之间设隔离堤，隔离堤堤顶高程为13.30m，调蓄湖的正常蓄水位11.50m，其雨水利用的最低水位为11.00m，湖底高程为10.0m，进水口门的堰顶高程为12.30m。蓄滞洪区内不作居住等功能用地，区域内风险损失小，不设安全区。

结合河道现状冲淤状态及工程治理方案，按设计纵坡进行河床底泥疏浚。总清淤量为4.60万 m³，主要采用挖掘机进行清淤开挖，最终将清淤底泥运送至福永处置场进行封闭填埋处理。

（4）生态岸线修复详细规划

合理规划试点区域内东坑水和鹅颈水两条河道的驳岸类型，通过不同边坡、宽度及植物群落的设计，实现河道景观的复兴、水环境质量的提升和生态功能的加强。试点区域河道水系岸线规划情况总结如表2-64所示。

规划驳岸功能和要求一览表 表2-64

驳岸类型	宽度要求	边坡	功能	推荐植物
生态型	≥ 50m	1:9 ~ 1:6	满足野生生物对生境的需求，提高生物多样性	生态型植物群落，如墨西哥落羽杉、水杨梅等
湿地型	20 ~ 50m	1:6 ~ 1:3	保护鱼类、小型哺乳类动物；过滤面源污染物	特定功能型植物，如芦苇、菖蒲等净水植物
休闲型	0 ~ 20m	1:3 ~ 垂直	保护鱼类、小型哺乳类动物；过滤面源污染物	观赏性植物，如大花紫薇、人面子等

试点区域河道水系岸线规划情况总结如表2-65所示。

岸线规划情况一览表 表2-65

名称	规划岸线长度（km）	现状岸线类型	岸线修复/提升类型
东坑水	10.4	以混凝土直立挡墙及石笼挡墙为主；河道上游从碧眼水库溢洪道至光侨路段为暗渠	暗渠进行揭盖开放；规划岸线均按生态护岸进行建设，分为生态型、湿地型和休闲型三种生态驳岸
鹅颈水	11.2	大部分为天然驳岸	规划岸线均按生态护岸进行建设，分为生态型、湿地型和休闲型三种生态驳岸

（5）供水安全保障规划

1）规划目标

根据试点区域实际情况，充分与上层次规划相协调，科学布局供水厂站和供水管网，合理有效利用水资源、提高饮用水水质和供水安全保障、节约用水、降低供水管网漏损率、节约工程投资，建设符合试点区域定位和经济发展需求的优质饮用水供水系统。

具体目标为：优化给水场站布局和管网互联互通规划，完善原水供应体系，实现多水源供水，提高供水安全保障；完善给水管网，提高供水普及率至100%；合理选择供水管材，建设符合优质饮用水要求的供水管网；提高供水管理水平，降低供水漏损率至 ≤ 8%。

2）用水量预测

考虑试点区域用水现状及功能定位，结合《深圳市城市规划标准与准则》（2013年版），预测试点区域平均日用水量为11.86万 m^3/d，日变化系数采用 K_d=1.18，最高日用水量为13.99万 m^3/d。

3）规划方案

试点区域本地水源主要有鹅颈水库，97%保证率年可供水量为217万 m^3；除了本地水资源外，试点区域周边还建设了众多外部水源的原水分配管道系统，形成了较强的外部水资源的供应能力。较大的原水输送工程有120万 m^3/d 的北线引水工程，以及130万 m^3/d 的公明—鹅颈—石岩输水 $DN3600$ 原水输水管道，总供应能力超过250万 m^3/d。两条输水管道均与鹅颈水库连接，形成了多水源输水体系，共同为光明水厂输送原水，保障试点区域的原水供应。

试点区域内规划有光明水厂，是试点区域的主力供水水厂，规划规模为40万 m^3/d，控制用地规模为 50 万 m³/d，厂区高程 50m，占地 16.1ha。光明水厂一期工程基本建成，规模为 20 万 m³/d。

为提高供水安全保障，规划将各水厂管网相连且呈环状布置，给水管沿道路敷设，宜设置在道路东侧、南侧的人行道或绿化带下，当道路宽度大于 40m 时，宜采用双侧布置给水管；当道路宽度小于 40m 或虽然车行道宽度大于 40m，但仅在单侧有用水负荷时，则采用单侧布管；给水管道埋深一般为路面下 1.5 ~ 2.5m 左右，给水主干管管径约 DN500 ~ DN1600。

4）节水及管网漏损率控制

试点区域通过宣传、建立节水管理程序、政策研究、推广节水器具等方式实现节约用水。供水主管及运营单位应提高供水管理水平，主要从供配水管网、用户端加强管理工作，降低漏损水量。

（6）污水系统详细规划

1）规划目标

建立布局合理、安全可靠、适度超前、运行高效的城市污水收集处理系统，改善城市水环境，全面提升城市污水基础设施承载力，满足未来城市高强度发展需求。

排水体制采用雨、污完全分流制，至 2020 年，污水收集处理率达到 100%；合流制溢流污染控制率 100%，旱季无污水直接进入水体。

2）污水量预测

预测试点区域平均日污水量为 9.49 万 m³/d。

3）规划方案

试点区域排水体制采用雨、污分流制。截流倍数根据旱流污水的水质、水量、受纳水体的水环境质量、水体卫生要求、水文、气象条件和排水区域大小等因素经计算确定，一般应采用 2 ~ 5 倍，在同一排水系统中可采用不同的截流倍数。根据试点区域特点，截流倍数建议取 2。

根据《深圳市污水系统布局规划修编（2011—2020）》，试点区域属于光明水质净化厂服务范围。光明水质净化厂位于试点区域北部，茅洲河东侧，龙大公路西侧，木墩村西北侧，总占地 15.7ha，现状规模为 15 万 m³/d，2020 年规划规划规模 25 万 m³/d，2030 年规划规模为 36 万 m³/d，控制规模为 40 万 m³/d。

试点区域内龙大路南侧区域，沿道路布置 d400 ~ d800 污水管，收集沿线污水排往鹅颈水 d800 ~ d1200 现状截污干管，最终排往光明污水处理厂处理。

试点区域龙大路北侧区域，沿道路布置 d400 ~ dd800 污水管，收集沿线污水排往双明大道 d1000 ~ d1200 现状污水干管，最终排往光明污水处理厂处理。

市政道路下污水管最小管径采用 d400，污水管沿道路的西侧、北侧敷设，道路红线宽度大于 40m 时，宜双侧布管。

（7）雨水资源化利用规划

1）雨水资源化利用目标

根据试点区域水资源建设目标与指标，试点区域雨水资源化目标为：雨水利用量替代自来水比例为3%。根据供水安全保障规划水量预测结果,试点区域需水量约为11.86万 m^3/d。因此,雨水资源化利用量目标为130.0万 $m^3/$ 年。

试点区域包含生态区与城市建设区。生态区多为林地且大多分布在生态控制范围线内,生态本底较好,生态区雨水资源化利用主要为水库收集雨水作为饮用水源或城市杂用水用水。城市建设区建筑采用绿色建筑标准要求进行建设,需开展非常规水资源利用,是雨水资源化利用的主要对象。

2)生态区雨水资源化利用

生态区内本底良好,雨水水质较好,基本可以达到地表水Ⅲ类标准,是雨水资源化利用的重点区域,其主要的利用手段为通过水库收集雨水作为城市饮用水源、城市杂用水以及河道生态补水等(表2-66)。

生态区雨水资源化利用一览表 表2-66

水库名称	总库容(万 m^3）	水质情况	主要用途
鹅颈水库	583	良好	饮用水源
碧眼水库	80	良好	城市杂用水
红坳水库	91.5	良好	河道生态补水

其中,鹅颈水库主要功能是作为饮用水源,红坳水库作为河道补水,不计入试点区域雨水资源化利用目标。根据《光明新区再生水与雨洪利用详细规划》,碧眼水库收集雨水作为碧眼杂用水厂水源,属于雨水资源化利用目标范畴。

3)城市建设区雨水资源化利用

城市建设区雨水收集回用可分为屋面雨水收集回用和其他下垫面雨水收集回用。

屋面雨水收集回用即直接收集屋面雨水,经初期雨水弃流及适当处理后进入蓄水池,可回用于浇灌绿地、浇洒道路、补充景观用水、冲厕、洗车、循环冷却补水、消防用水等。屋面作为集雨面集水效率高,并且屋面雨水水质污染较轻,是雨水收集回用的首选。

其他下垫面,如广场、庭院、运动场、非机动车道路、绿地等环境条件较好的地面雨水亦可收集利用。该系统由雨水汇集区(各下垫面)、输水管渠(管道、明渠、暗渠)、弃流、截污装置、储存系统(地上或地下蓄水池)、净化和配水系统等几部分组成。

光明新区为绿色建筑示范区,政府投资及社会投资项目均至少采用绿色建筑一星级标准进行建设,需要开展非常规水资源利用。据统计,试点区域内已经竣工并投入使用的绿色建筑项目共有9项,雨水资源化利用量达到17.25万 $m^3/$ 年。

此外,试点区域内华强创意产业园,光明新区外国语学校、光明新区平板显示园中小企业综合体等正在开工建设以及即将开工建设建筑小区也将执行绿色建筑的标准。根据《绿色建筑评价标准》,绿色建筑重点针对居住、办公、商业等类型建筑。因此,结合试点区域内已经开展案例,本次规划雨水资源化利用重点关注居住用地、商业用地和行政办公用地等类型,估算可实现雨水资源化利用量55万 $m^3/$ 年。

同时，考虑到试点区域内工业用地较为集中，本次规划推荐工业用地因地制宜开展雨水资源化利用，雨水资源化利用方向为绿化、杂用以及工业回用。

综上所述，试点区域城市建设区年雨水资源化利用量达到 152 万 m^3/ 年，满足替代自来水 3% 用水量的目标。

（8）再生水利用规划

1）再生水回用对象分析

根据《城市污水再生利用分类》GB/T 18919—2002，城市污水回用对象分为五类：①工业用水；②城市杂用水；③环境用水；④农、林、牧、渔业用水；⑤补充水源水。通过走访调研、问卷调研等分析，确定试点区域再生水系统的潜在用户为：工业用水、道路绿化浇洒等市政杂用水及生态用水，审慎示范公建冲厕用水。

2）城市杂用水用水量预测

结合现状潜在用户和区域未来规划，取一定的替代比例预测再生水量，商业用地和行政办公用地取 10%，工业用地取 20%，绿地和道路取 80%。预测试点区域再生水最高日用水量约为 2.2 万 m^3/d。经核算，替代城市自来水供水的水量达到 15.7%。

3）再生水厂站布局

试点区再生水供水主要来自区外的光明再生水水厂。光明再生水厂近期规模 4 万 m^3/d，远期规模 10 万 m^3/d，规划采用超滤或微滤的处理工艺，出水水质应达到深圳市《再生水、雨水利用水质规范》的要求，处理后的水主要用于工业用水和城市杂用水。

4）管网布局

试点区已建、在建及改建的部分市政道路中均已按《光明新区再生水及雨洪利用详细规划》的规划成果设计了再生水管。统计结果以已批道路施工图为基础，目前已开展再生水管设计的市政道路长约 30.6km（其中综合管廊内约 5.6km），但由于投资放缓的原因，大多管网未建成。

落实上层次规划，依据规划新建路网，沿市政道路规划新增 DN100 ～ DN300 再生水管，长约 29.3km，以完善区域的再生水系统，提高供水稳定性。

5）河道生态补水

拟采用最小生态环境需水量预测法预测试点区的河道生态补水量，通过计算：东坑水生态补水量约为 0.5 万 m^3/d，鹅颈水生态补水量约为 1.0 万 m^3/d。

规划拟采用光明污水处理厂一级 A 的出水进行鹅颈水和东坑水的生态补水，补水点为 2 处，补水管敷设于河道蓝线范围内，总长度约为 10.3km。

综上所述，试点区域内污水再生回用总量达到 3.7 万 m^3/d，占试点区域污水量（9.49万 m^3/d）39%，满足污水再生回用率 30% 的目标。

7. 近期重点建设任务

（1）建设任务

根据试点区域海绵城市建设目标，结合建设项目具体情况，综合确定试点区域近期重点建设任务。在试点区域海绵城市建设详细规划的指导下，梳理出 55 个建设项目，每个建设项目的功能是复合的，同时对指标体系中的多个指标的落实起到贡献作用。

55 个建设项目涉及海绵型公园与绿地、海绵型建筑与小区、海绵型道路与广场、水系整治与生态修复、防洪与排水防涝、水污染治理、供水安全保障、管理平台建设等九类。预期实施后，试点区试海绵化覆盖度达 64%，并彻底解决基础设施方面存在的问题。对未列入项目库的，计划出让的建筑与小区、道路与广场项目将按海绵城市要求进行管控，提升海绵化覆盖度。

（2）投资估算

试点区域近期建设任务共计 55 个，海绵城市相关投资总额约为 40.92 亿元，其中，水污染治理类项目、海绵型公园与绿地项目、防洪与排水防涝项目、再生水项目等占海绵城市投资比例超过 80%。

2.7.3　详细规划层次（修建性详细规划）[102]

2012 年 5 月 3 日，在比利时布鲁塞尔举行的"中欧城镇化伙伴关系高层会议"上，许勤市长重点提出深圳与荷兰合作规划建设深圳国际低碳城，打造中欧可持续城镇化合作旗舰项目。深圳国际低碳城坚持低碳发展理念，积极践行海绵城市建设。深圳市国际低碳城位于龙岗区坪地街道，总规划面积 53km²，高桥园区及周边 5km² 范围为拓展区，并以其中的核心区域 1km² 为启动区，作为低碳城开发起点。结合启动区规划首先确定实施海绵城市建设示范区（如图 2-67 红线所示）。示范区的选择基本满足了覆盖低碳城典型建设类型、涉及保留 / 新建 / 改造等类型、排水组织清晰，客水较少等这几个要求。

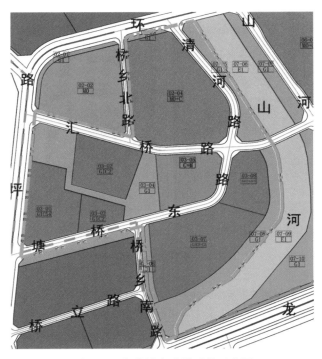

图 2-67　海绵城市建设示范区范围

海绵城市建设年径流总量控制率目标是通过对每一个子汇水区采用分散的海绵城市设施，由小及大，逐级实现的。即先将规划区划分为若干个子汇水区，对每一个子汇水区内的下垫面（屋顶、路面及人行道、广场及停车场、绿地、水体等）采用海绵城市设施进行雨洪的源头控制，进而可以控制子汇水区的外排径流总量和峰值流量；通过对每一个子汇水区的控制，进而又可以控制规划区的外排径流总量与峰值流量，最终达到径流总量控制目标。

本案例将从详细蓝图层面利用 EPA-SWMM 模型落实地块的径流总量控制指标，布局海绵城市技术设施。

1. 示范地块概况及控制目标

规划结合 08-02 示范地块详细蓝图开展海绵城市修建性详细规划编制，开展年径流总量控制率指标分解。

该地块位于丁山河西侧，为规划环坪路、清河路、汇桥路和桥乡北路包围地块。地块总占地面积为 4.62ha，其中，建筑屋面 24374m²，铺装场地 11954m²，绿化面积为 10659m²（图 2-68）。

该地块位于海绵城市建设示范区内，考虑到整个示范区的系统性问题，根据《深圳市龙岗区国际低碳城详细蓝图规划》和《国际低碳城启动区低影响开发详细规划》确定该示范地块的径流总量控制目标，即年径流总量控制率为 72%。同时采用 EPA-SWMM 模型模拟评估，并优化调整确定海绵城市技术设施引导性建设指标（表 2-67）。

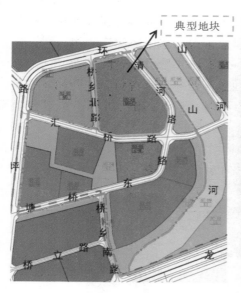

图 2-68 示范地块位置及详细蓝图

示范区地块海绵城市技术设施引导性建设指标 表 2-67

地块编号	总面积（m²）	低影响开发设施	面积（m²）	比例（%）
08-02	46184	绿色屋顶	11697	25.33
		下沉式绿地	1530	3.31

地块编号	总面积（m²）	低影响开发设施	面积（m²）	比例（%）
08-02	46184	雨水花园	2538	5.50
		透水铺装	5146	11.14

2. 海绵城市技术设施布局思路

结合年径流总量控制率目标要求，在精确甄别蓝图方案下垫面以及本底资料的基础上，制定海绵城市技术设施布局方案，确定海绵技术设施的布设位置、数量、尺寸和雨水径流关系。

根据海绵技术设施引导性建设指标，布局方案主要采用的海绵技术设施的类型为雨水花园、下沉式绿地、绿色屋顶和透水铺装4类。

雨水径流总体控制方案如图2-69所示，地块详细蓝图中，绿地呈分散布置，将部分绿地改造为雨水花园和下沉式绿地，以消纳控制不透水下垫面雨水径流。建筑物屋顶主要分为塔楼屋顶（高于40m）和裙楼屋顶（低于40m）。塔楼屋顶不适宜改造为绿色屋顶，其径流直接排入雨水管道；裙楼屋顶部分改造为绿色屋顶，绿色屋顶排水经普通绿地消纳后再进入市政雨水管道，普通裙楼屋面雨水径流则就近排入雨水花园进行消纳控制。铺装场地主要分为透水铺装场地和硬质场地，透水铺装场地雨水径流经入渗、蒸发后，溢流雨水排入雨水管道，硬质场地雨水则就近经下沉式绿地消纳控制后，溢流雨水排入雨水管道。低影响开发设计与地块内雨水排水系统设计充分衔接，雨水口设置于海绵技术设施内（雨水花园、下沉式绿地、透水铺装），使雨水径流经海绵技术设施控制后再排入雨水管道。

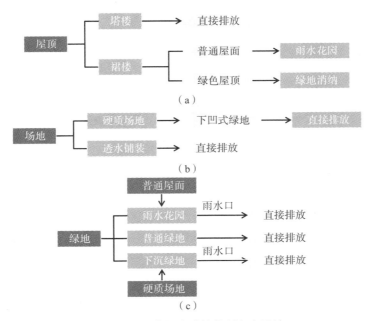

图 2-69　雨水径流总体控制方案设计
（a）屋面；（b）场地；（c）绿地

3. 海绵城市技术设施初始布局

首先，考虑到不同类型设施布置的位置和下垫面不同（雨水花园和下沉式绿地布置在绿地上，绿色屋顶布置在屋面上，透水铺装布置在铺装场地上），按照不同的下垫面类型（屋面、场地、绿地）对地块进行子汇水区的划分。其次，根据雨水径流总体控制方案、控制点竖向设计和径流就近排放原则，进行径流排放路径的组织。该过程需确保较高的硬化下垫面径流污染控制比例（除塔楼屋面外，尽量保证其余硬化下垫面径流污染均得到控制），从而实现较少的海绵技术设施获得较好的径流总量控制效果。然后，在径流排放路径组织的基础上，进行海绵技术设施初始布局，初始布局方案及海绵城市技术设施赋值如图 2-70 及表 2-68 所示。最后，采用 EPA-SWMM 模型进行布局方案的模拟评估与优化调整。

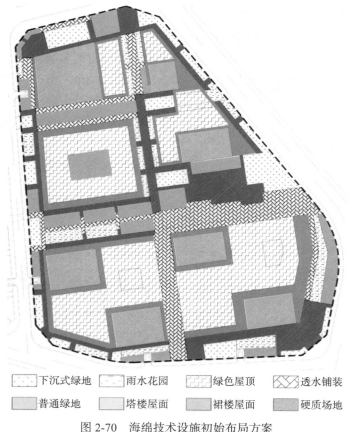

图 2-70　海绵技术设施初始布局方案

初始布局方案赋值表　　　　　　　　　　　　表 2-68

地块编号	下垫面	面积（m²）	设施类型	面积（m²）	占下垫面比例（%）	占总面积比例（%）	控制要求（m²）
08-02	屋面	24374	绿色屋顶	12143	49.82	25.84	11697
	绿地	10659	雨水花园	2420	22.70	5.15	2538
			下沉式绿地	3459	32.45	7.36	1530
	铺装场地	11954	透水铺装	5310	44.42	11.30	5146

基于 EPA-SWMM 模型的布局方案设计采用场地层面的海绵技术设施布置方式，即每一个海绵设施采用一个单独的汇水区表示，可详细表达雨水径流路径组织以及每项设施的服务范围。经模型概化后，被划分为 110 个子汇水区。其中，塔楼屋面 7 个，普通裙楼屋面 18 个，绿色屋顶 6 个，雨水花园 17 个，下沉式绿地 15 个，普通绿地 18 个，普通铺装场地 18 个，透水铺装场地 11 个，模型界面如图 2-71 所示。

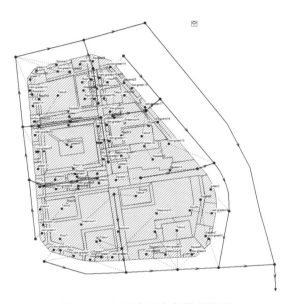

图 2-71　初始布局方案模型界面

由模拟结果可知，加入海绵技术设施后，全年降雨中几乎中小雨均被滞留和控制。根据模型输出结果报告可知，初始布局方案条件下，地块年径流量总量控制率为 69%，达不到上层次详细规划控制指标值。这说明海绵技术设施初始布局方案不尽合理，需进行优化调整，力求达到上层次规划确定的控制指标值，降低场地开发成本（图 2-72）。

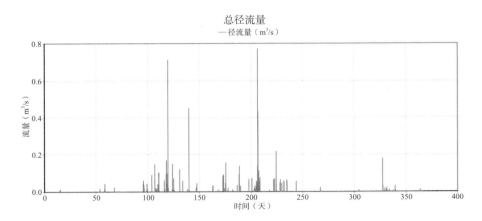

图 2-72　初始布局方案年径流曲线图

4. 设施布局优化

设施布局方案优化是基于 EPA-SWMM 模型重复迭代、模拟的过程，其总体思路是基于海绵城市建设目标的雨水径流路径组织以及海绵技术设施类型、规模和布置的优化。首先，对比初始布局方案海绵设施的赋值是否满足上层次规划要求，明确方案优化的方向。其次，甄别初始布局方案条件下各海绵设施的径流总量（硬化下垫面径流经海绵城市设施后再排放），再结合场地特征、景观、排水特征等因素对海绵技术设施规模及位置进行优化。最后，对优化方案进行模拟、评价和优化调整，直至设施布局方案控制指标满足上层次详细规划要求。

通过与上层次规划指标控制要求比较可知，绿色屋顶、透水铺装和雨水花园的规模接近详细规划控制要求，下沉式绿地的规模超过控制要求。因此优化方向为：调整绿色屋顶和透水铺装的布局，适当增加雨水花园的规模，减少下沉式绿地的规模，优化径流排放路径。经优化调整后，地块被概化为 120 个子汇水区，模型界面如图 2-73、图 2-74 所示。

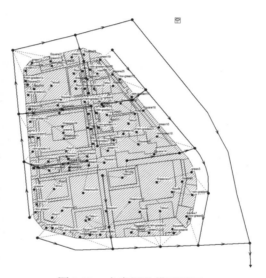

图 2-73　方案调整模型界面

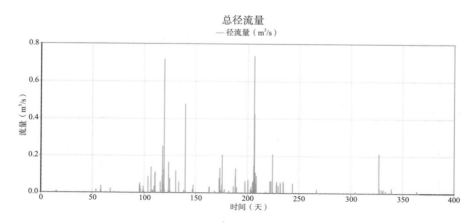

图 2-74　布局方案调整年径流曲线图

　　由模拟结果可知，设施布局优化后降雨径流得到有效的滞留和控制。根据模型模拟输出结果报告可知，设施布局经优化调整后，地块年径流量总量控制率为72%，满足上层次详细规划控制要求，海绵城市设施布局方案比较合理。

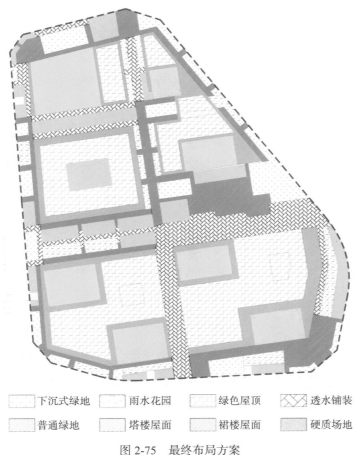

| 下沉式绿地 | 雨水花园 | 绿色屋顶 | 透水铺装 |
| 普通绿地 | 塔楼屋面 | 裙楼屋面 | 硬质场地 |

图 2-75　最终布局方案

　　布局方案优化调整经模型验证后，径流总量控制效果达到上层次详细规划的控制要求，从而确定最终布局方案（图 2-75）。通过对比上层次详细规划控制要求可得，绿色屋顶、雨水花园、下沉式绿地和透水铺装的规模均基本满足控制要求（表 2-69）。

最终方案赋值表　　　　　　　　　　　　　　　　　　　　表 2-69

地块编号	下垫面	面积（m²）	设施类型	面积（m²）	占下垫面比例（%）	占总面积比例（%）	控制要求（m²）
08-02	屋面	24374	绿色屋顶	12143	49.82	25.84	11697
	绿地	10659	雨水花园	2564	24.05	5.46	2538
			下沉式绿地	1848	17.34	3.93	1530
	铺装场地	11954	透水铺装	5767	48.24	12.27	5146

3 管理篇

　　从城乡规划编制体系来讲，海绵城市规划属于专项规划，是海绵城市理念在土地利用、水、生态、基础设施规划等方面的细化和落实，其规划管理审批符合专项规划的一般程序。

　　本章从海绵城市规划、建设的特征入手，首先明确了海绵城市建设组织管理的责任主体——城市人民政府及其他相关部门，包括财政、发改、国土、规划、水务（水利）、建设、园林、交通、城管、环保、气象等职能部门及下级人民政府，在各自的职权范围内承担相应的海绵城市职责。在明确海绵城市组织管理主体的基础上，提出四项海绵城市建设工作机制模式，包括海绵城市任务分解表的制定、海绵城市联席会议制度的建立、海绵城市信息报送制度、海绵城市绩效考评制度等。

　　海绵城市规划管理方面，从海绵城市规划编制管理、规划审批管理、规划实施管理三个方面提出了相关管理措施；并重点剖析了海绵城市建设项目规划许可管理制度。海绵城市建设运营模式方面，对目前国家力推的PPP模式进行了重点解读和引导。为有效鼓励海绵城市的实施，在充分借鉴国内外海绵城市建设相关经验的基础上，提出海绵城市激励措施建议。另外，对海绵城市效益分析方法、海绵设施维护管理等其他相关管理内容也进行了论述。

3.1 海绵城市建设组织管理

3.1.1 组织管理架构

海绵城市涉及城市开发建设的诸多方面，其建设项目包括建筑与小区、道路与广场、公园与绿地、自然水系保护与生态修复、污水治理、排水防涝等；其涉及专业包括给水排水、城市规划、生态学、水利、水文、环境工程、道路、景观等。海绵城市涉及专业的多样性要求必须建立专业统筹衔接机制，在团队成员配置上，需考虑专业的全面性，这样才能保障海绵城市项目符合各专业要求。

海绵城市建设的复杂性和广泛性决定了其涉及部门的多样性。一般来讲，海绵城市建设涉及规划、住建、市政、园林、水务、交通、财政、发改、国土、环保、水文等多个部门。然而，由于我国长期形成的建设项目管理的单部门管理惯性，导致目前城市管理碎片化问题非常突出，部门各司其政——"九龙治水"的方式很容易造成权责混乱、互相推诿、效率低下等诸多弊端。

为了有效保障海绵城市的实施，《海绵城市建设技术指南——低影响开发雨水系统构建（试行）》提出海绵城市建设必须要建立与之相适应的管理体制，并且要求城市人民政府作为海绵城市建设的责任主体，完善部门协调与联动平台，建立规划、住建、市政、交通、园林、水务、防洪等部门协调联动、密切配合的机制，统筹海绵城市规划与建设管理。

海绵城市建设的组织管理架构如图 3-1 所示。

3.1.2 责任主体

城市人民政府是落实海绵城市建设的责任主体，应统筹协调财政、发改、国土、规划、水务（水利）、住建、园林、交通、城管、环保、气象等职能部门及下级人民政府，增强海绵城市建设的整体性和系统性，做到"规划一张图、建设一盘棋、管理一张网"。

为了切实加强海绵城市建设的领导和管理，城市人民政府可成立海绵城市建设工作领导小组，明确成员单位及各单位责任分工，健全工作机制。

领导小组的主要职能包括统筹推进海绵城市建设，决策建设工作的重要事项，研究制定相关政策，协调解决工作中的重大问题等。

领导小组组长一般由城市人民政府的主要领导担任，领导小组成员由海绵城市建设相关的职能部门以及下级人民政府的主要领导构成。海绵城市建设工作领导小组典型的组织架构示意图如图 3-2 所示。

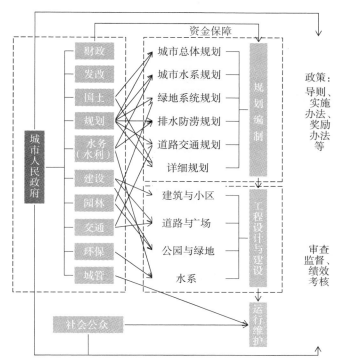

图 3-1　海绵城市建设组织管理架构示意图

图 3-2　某市海绵城市建设工作领导小组架构

海绵城市建设工作领导小组可设置办公室（指挥部）作为日常办公机构，并落实经费预算和人员编制。根据各地实际情况，领导小组办公室（指挥部）可依托建设、水务、规划等部门设置，也可从领导小组成员单位抽调，实行集中办公。办公室肩负着海绵城市规划建设综合协调的责任，需积极调动各成员单位乃至社会的积极性，做好内外衔接，组织好全市的海绵城市建设工作。

经笔者统计，第一、二批共计30个国家海绵城市试点城市的海绵城市领导机构及办公机构设置如表3-1所示，其他城市可参考试点城市的相关做法实施。

试点城市海绵城市领导机构及办公机构设置一览表　　　　　表3-1

试点城市	领导机构	办公机构	牵头部门	备注
迁安	领导小组	办公室	市住房和城乡建设局	—
白城	领导小组	指挥部	市住房和城乡建设局	下设规划设计、工程指导、建设实施、拆违指导、资金保障、宣传报道、督查督办、绩效考核等8个工作组
镇江	领导小组	指挥部	市住房和城乡建设局	内设综合处、规划统筹处、工程建设处、财务处、督查考核处五个部门
嘉兴	领导小组	指挥部	市城乡规划建设管理委员会	抽调人员集中办公；分项目组
池州	领导小组	办公室	市住房和城乡建设委员会	
厦门	领导小组	办公室	市政园林局	—
萍乡	领导小组	办公室	市建设局	下设综合管理科、项目管理科、绩效考评科、资金管理科
济南	领导小组	办公室	市市政公用事业局	—
鹤壁	领导小组	办公室	市住房和城乡建设局	成员从有关部门抽调，负责海绵城市建设的具体工作
武汉	领导小组	办公室	市城乡建设委员会	
常德	领导小组	办公室	市住房和城乡建设局	—
南宁	领导小组	办公室	市城乡建设委员会	下设规划编制、项目建设、五象新区规划建设、项目验收、资金保障、项目督促、建设宣传、数据监测和技术顾问等9个组
重庆	领导小组	办公室	市城乡建设委员会	—
遂宁	领导小组	办公室	市住房和城乡建设局	—
贵安新区	领导小组	指挥部	新区管理委员会	—
西咸新区	领导小组	办公室	新区管理委员会	—
北京	领导小组	办公室	市水务局	—
天津	领导小组	办公室	市城乡建设委员会	—
大连	领导小组	办公室	市城市建设管理局	—
上海	协调联席会议	办公室	市住房和城乡建设管理委员会	

试点城市	领导机构	办公机构	牵头部门	备注
宁波	领导小组	办公室	市住房和城乡建设委员会	—
福州	领导小组	办公室	市城乡建设委员会	—
青岛	领导小组	办公室	市城乡建设委员会	—
珠海	领导小组	办公室	市市政和林业局	—
深圳	领导小组	办公室	市水务局	—
三亚	领导小组	工作组	市规划局	下分项目督导组、项目融资和推进组、项目资金管理和绩效考评组等
玉溪	领导小组	指挥部	市住房和城乡建设局	从市财政局、市住建局、市规划局、市水利局等相关部门抽调业务熟、能力强的工作人员为期三年集中办公
庆阳	领导小组	办公室	市住房和城乡建设局	—
西宁	领导小组	办公室	市城乡规划和建设局	—
固原	领导小组	办公室	市住房和城乡建设局	抽调30多名工作人员集中办公

注：统计截至 2016 年 11 月。

除了在市级层面建立海绵城市建设工作领导小组，在下辖区（县）级、镇（街）等级政府也可仿照建立相应的领导机构、办公机构，并充分与市级相关部门对接，进一步加强海绵城市建设工作的组织管理。一般而言，市级层面主要解决统一标准、研究机制、探索社会化融资等问题，区（县）级、镇（街）级则应该着力统筹实施工作、抓重点区域和重点项目，纵向间相互协调、共同推进海绵城市建设。

海绵城市建设工作领导小组的设置具有阶段性、临时性的特点，在推进海绵城市建设工作的初期阶段，有助于加大系统推进的力度。但当海绵城市建设的理念已经彻底融入政府日常工作当中，并成为常态工作之后，海绵城市建设工作领导小组可逐步弱化机构职能、融入其他常设机构，直至撤销。

3.1.3 职能分工

海绵城市建设工作领导小组涉及的众多部门，应根据各地政府架构及职能划分，制定各成员单位职责分工，做到分工明确、各司其职。

各部门的职责分工可参考下文设置。

1. 发改部门

发改部门常见的职责一般包括：负责研究提出辖区国民经济和社会发展战略规划；负责辖区内基本建设项目的审批、申报；安排年度基本建设计划和重点建设计划，组织协调重点建设项目的前期论证、立项、设计审查、建设进度、工程质量、资金使用、概算控制、竣工验收等；会同有关部门确定和指导辖区内自筹建设资金、各类专项建设基金等资金的投向等。

发改部门涉及海绵城市建设的职能分工一般包括如下几条：

（1）负责将海绵城市建设相关工作纳入国民经济和社会发展计划；

（2）对建设项目海绵城市建设相关内容在立项进行审查时予以把关；

（3）会同财政部门开展海绵城市建设项目PPP运作模式研究与实施。

2. 财政部门

财政部门常见的职责一般包括：负责承办和监督辖区内财政的经济发展支出、政府性投资项目的财政拨款；参与拟订建设投资的有关政策，制定基本建设财务制度，负责有关政策性补贴和专项储备资金财政管理工作；承担财政投资评审管理工作等。

财政部门涉及海绵城市建设的职能分工一般包括如下几条：

（1）积极拓宽投资渠道，强化投入机制；负责筹措和拨付政府投资海绵城市建设项目的资金；

（2）负责海绵城市建设项目PPP运作模式研究。做好PPP项目建设投资、收益等财务收支预测，落实政府购买服务付费方案；

（3）负责海绵城市建设项目投融资机制研究，包括财政补贴制度、绩效考评资金需求总额及分年度预算、资金筹措情况、长效投入机制及资金来源、奖励机制等；

（4）会同其他相关部门考核PPP公司海绵城市设施运营、管理和维护，依据考核结果，核发政府购买服务资金。

3. 国土部门

国土部门常见的职责一般包括：编制、修订辖区土地利用总体规划、年度计划，并组织实施；拟订土地供应政策，组织编制土地供应计划，并监督实施；负责建设用地预审管理等。

国土部门涉及海绵城市建设的职能分工一般包括如下几条：

（1）负责将海绵城市建设要求纳入相关土地审批环节；

（2）负责管控具有涵养水源功能的城市林地、草地、湿地等地块的保护、出让和使用；

（3）保证海绵城市建设项目土地需求；

（4）根据海绵城市建设要求及部门职责编制相关规范、技术标准和政策文件。

4. 规划部门

规划部门常见的职责一般包括：组织编制辖区近期建设规划、相关专项规划；贯彻执行国家有关方针政策、技术规范、标准，并组织实施；负责建设项目的规划选址、建设用地的规划管理工作；负责建设项目规划、建筑设计方案初步设计审查工作等。

规划部门涉及海绵城市建设的职能分工一般包括如下几条：

（1）根据海绵城市建设要求编制相关规划、导则和其他政策文件，组织编制海绵城市专项规划；

（2）负责将海绵城市理念及要求纳入总体规划、详细规划、道路绿地等相关专项规划；

（3）负责划定城市蓝线、绿线和黄线，并出台相关政策；

（4）负责海绵城市建设项目的规划设计审查工作，将海绵城市的建设要求落实到控规和开发地块的规划建设管控中。将年径流总量控制率等指标作为城市规划许可"两证一书"的管控条件。

5. 水务（水利）部门

水务（水利）部门常见的职责一般包括：起草有关法规、规章，拟定相关政策，经批准后组织实施；承担水务工程的建设管理及其质量和安全的监督管理责任；贯彻执行国家、省、市有关水行政工作的法律、法规、规章和政策；承担辖区防汛抗旱指挥部的日常工作，组织、协调、监督、指导辖区防洪抗旱工作等。

水务（水利）部门涉及海绵城市建设的职能分工一般包括如下几条：

（1）根据部门职责，负责编制水务工程海绵相关规划、标准和政策文件；

（2）在项目的排水施工方案审查和排水许可证等方面落实海绵城市建设要点审查；

（3）在水库、湖泊、河流等涉水项目，以及雨污分流管网改造、排水防洪设施建设、再生水和雨洪利用等相关城市排水项目中，全面落实海绵城市建设理念；

（4）负责内涝区整治、内涝信息收集、三防能力建设等相关工作。

6. 建设部门

建设部门常见的职责一般包括：贯彻执行国家、省、市城市建设、管理和环境保护各项方针、政策、法规，并组织实施和监督检查执行情况；拟定城市规划、工程建设的政策、规章实施办法并指导实施；指导辖区城市建设、负责建设项目监察和管理工作；贯彻执行工程勘察设计、施工、工程质量监督检测的法规，并负责监督管理。全面负责工程建设实施阶段的管理工作，监督工程建设程序的执行，抓好施工许可、开工报告、质量监督、竣工验收等工作；负责全市建设行业执业资格和科技人才队伍建设的管理工作，指导行业教育培训工作等。

建设部门涉及海绵城市建设的职能分工一般包括如下几条：

（1）指导、监督部门主管行业范围内的海绵城市建设项目的建设和管理；

（2）负责编制海绵城市相关施工、运行、维护、验收的技术指南或政策措施；

（3）将海绵城市建设要求纳入开工许可、竣工验收等城市建设管控环节，加强对项目建设的管理；

（4）督促施工图审图单位加强对项目海绵设施的审查；

（5）会同相关部门对竣工项目进行海绵城市设施验收；

（6）负责对海绵城市建设项目监管人员和设计、施工、监理等从业人员进行专业培训。

7. 园林部门

园林部门常见的职责一般包括：起草辖区相关地方性园林法规草案、政府规章草案；制定园林绿化发展中长期规划和年度计划，同有关部门编制城市园林专业规划和绿地系统详细规划，负责公共绿地管理，包括各类公园、动物园、植物园、其他公共绿地及城市道路绿化管理等。

园林部门涉及海绵城市建设的职能分工一般包括如下几条：

（1）负责制定公园和绿地等的海绵设施建设、运营维护标准和实施细则；

（2）负责海绵型公园和绿地的建设与管理维护。

8. 交通部门

交通部门常见的职责一般包括：贯彻执行国家、省、市有关交通的政策、法规，制订有关交通的政策和规定，并监督实施；负责辖区公路桥梁、交通重点工程的建设、维护、造价控制和质量监督的管理工作等。

交通部门涉及海绵城市建设的职能分工一般包括如下几条：

（1）负责编制道路交通设施的相关海绵城市技术指南或政策措施；

（2）负责道路交通设施中的海绵城市相关设施的建设和管理工作。

9. 环保部门

环保部门常见的职责一般包括：负责权限内规划和建设项目的环评审批工作；对各类环境违法行为依法进行查处；调查处理辖区内的重大环境污染事故和生态破坏事件；负责环境监测、统计、环境信息工作；负责提出环境保护领域固定资产投资规模和方向、国家财政性资金安排的意见，参与指导和推动循环经济和环保产业发展，参与应对气候变化工作等。

环保部门涉及海绵城市建设的职能分工一般包括如下几条：

（1）加强对海绵城市建设中具体建设项目或相关规划环境影响报告书（或规划的环境影响篇章、说明）的组织审查；

（2）严格环境执法，加强对企业污染源监管；

（3）负责开展相关河湖水质的环境监测工作；

（4）探索城市面源污染监控、评估、削减等机制、标准和方法。

10. 市辖下级部门

各市所辖下级政府部门主要负责实施并监督、监察辖区内海绵城市建设情况，保障道路广场、公园、建筑小区、水务相关项目符合条件的均配套海绵设施；建议建立海绵城市建设重点区域、重点项目专人跟踪制度，完善项目全过程管控、加强区级海绵城市机制的探索工作，因地制宜地引导实践。

3.1.4 工作机制

各地在建立机构、平台的同时，结合各市特点，可考虑采取任务分解表、联席会议、信息报送等工作方式建立工作制度。

1. 制定任务分解表

依托海绵城市建设工作领导小组，可逐年制定"海绵城市建设任务分解表"，将本年度的机制建立、规划编制、标准制定、建设项目推进、重点区域推进等各项任务分配到各成员单位，并明确完成时限。各单位根据任务分解表的任务清单，结合本单位职责分工，制定具体的工作方案和计划，将每一项工作和每个项目分解落实到责任人。各成员单位协力推动、共同推进海绵城市建设任务。市海绵城市建设领导小组或其下属办公机构负责对各单位落实任务分解表的情况进行跟踪检查，分阶段对各单位履行职责和工作完成情况进行考核。

如深圳市政府印发的《深圳市推进海绵城市建设工作实施方案》中，就按年度制定了深圳市海绵城市建设工作任务分解表，分机制建设、实施推进、技术支持、考核监督、宣传推广5个大类，并细分18个小类，提出共计57项任务，对每一项都明确完成时间、责任单位（表3-2）。

深圳市海绵城市建设工作任务分解表（第一批）　　　　　　　　表3-2

大类	小类	任务项数
一、机制建设	（一）机构设置	1
	（二）政策制定	6
	（三）标准制定	10
	（四）管控机制	3
二、实施推进	（一）规划与研究	5
	（二）建筑与小区	3
	（三）道路与广场	3
	（四）公园和绿地	3
	（五）水务项目	3
	（六）综合整治类旧改项目	1
	（七）各区及重点区域	5
	（八）国家试点区域	6
三、技术支持	技术支持	1
四、考核监督	（一）绩效考核	1
	（二）检查监督	1
	（三）项目审计	1
五、宣传推广	（一）公众宣传	3
	（二）行业推广	1

2. 建立联席会议制度

为充分协调相关单位，协调推动工作，海绵城市建设工作领导小组办公室应建立联席会议制度或其他制度，定期召开全体会议和工作会议。全体会议由海绵城市建设领导小组组长及所有成员单位负责人参加，工作会议由领导小组办公室通知各相关单位和部门负责人参加。

各成员单位需指定落实一名联络员，定期参与工作会议，沟通和交流各部门及各区海绵城市建设的工作进度与动态。

3. 建立信息报送制度

为及时了解和掌握下级各辖区的海绵城市建设推进情况，海绵城市建设工作领导小组办公室可建立工作报送制度。下级各辖区政府定时（每月、每季、半年）向海绵城市建设工作领导小组办公室报送海绵城市建设推进情况；并要求在每年年底前，编制年度海绵城市项目建设计划，包括各辖区各年度海绵城市建设项目数量、建设内容、建设规模、所处区域、建设周期、投融资方式等内容，报领导小组办公室备案。

领导小组办公室可根据全市推进情况，定期编制工作简报（图3-3），向各部门通报，以便及时总结全市海绵城市建设工作经验教训，反映海绵城市建设的进展与问题，促进各相关部门和机构共同协作努力提升；也可将工作简报向社会发布，向公众传播海绵城市建设的理念与成效。

图 3-3 海绵城市工作简报实例

3.1.5 绩效考评

1. 绩效考核目的

2015 年 7 月，住房和城乡建设部印发《海绵城市建设绩效评价与考核办法（试行）》（建办城函〔2015〕635 号）（以下简称《办法》），要求各省市结合实际，在推进海绵城市建设中参照执行。《办法》明确由省级住房城乡建设主管部门定期组织对本省内实施海绵城市建设的城市进行绩效评价与考核。绩效评价与考核结束后，将结果报送住房和城乡建设部。住房和城乡建设部根据各省上报的绩效评价与考核情况，对部分城市进行抽查。《办法》规定的海绵城市建设绩效评价与考核指标分为水生态、水环境、水资源、水安全、制度建设及执行情况、显示度六个方面。

2016 年 3 月，财政部、住房和城乡建设部印发《城市管网专项资金绩效评价暂行办法》（财建〔2016〕52 号），明确财政部会同住房和城乡建设部等有关部门审核省级有关部门通过实施方案或实施计划报送的国家海绵试点城市的绩效目标，并予以确定和下达；指导、督促有关部门依据绩效目标开展绩效评价。绩效评价结果是专项资金奖罚的重要依据。财政部按照绩效评价结果，通过调整专项资金拨付进度和额度等方式，督促各项政策贯彻落实和相关工作加快实施。其中海绵城市建设试点绩效评价指标体系包括了资金使用和管理、政府和社会资本合作、成本补偿保障机制、产出数量、产出质量、项目效益、技术路线7项考核指标。

2016年5月，住房和城乡建设部、水利部、财政部印发《关于开展中央财政支持海绵城市建设试点年度绩效评价工作的通知》（建办城函〔2016〕449号），对第一批16个海绵城市试点工作年度落实情况进行评价。在各试点城市自查基础上，有关省（区、市）住房城乡建设部门会同水利、财政部门组织对试点城市开展省级绩效自评工作，而住房和城乡建设部会同有关部门负责具体实施年度绩效评价工作。年度绩效评价指标主要包括海绵城市建设专项规划、海绵城市建设试点做法及成效、财政资金使用和管理、创新模式4个方面。

为贯彻落实国家各部委制定的绩效考核政策，科学评价本地海绵城市建设机制与成效，各市应依据本地情况，参照上述绩效评价方法，建立市级绩效考核机制，形成相应的自评结果和绩效报告。

2. 绩效考核体系

根据考核对象、考核目的和考核内容的不同，可将绩效考核分为绩效评价与工作考核两种类型。

绩效评价的主要考核对象为海绵城市建设的区域成效，适用于城市人民政府自评。考核目的是为了明晰海绵城市各类、各项指标的实现程度，反映海绵城市建设带来的能力变化，从而检验海绵城市建设带来的中长期趋势变化，找准海绵城市建设工作的成效和不足，进而更进一步推动海绵城市建设工作。考核内容除了《办法》中规定的水生态、水环境、水资源、水安全、制度建设及执行情况、显示度以外，还可根据实际增加其他指标。整体以定量评估为主、定性评估为辅。考核指标体系示例如表3-3、表3-4所示。

海绵城市绩效评价定量指标表（示例） 　　表3-3

序号	类别	指标	说明
1	一、水生态	年径流总量控制率★	达到海绵城市建设指标要求（年径流总量控制率/设计降雨量）
2		生态岸线恢复★	划定生态、生活、生产岸线，可改造的"三面光"岸线基本得到改造，恢复河道水系生态功能
3		城市天然水面保持率☆	城市天然水面得以保持和保留
4	二、水环境	水环境质量★	至少达到地表水Ⅳ类标准，且不得劣于现状水质
5		雨水径流污染控制★	雨水径流污染得到有效控制，明确径流污染物削减率指标（以悬浮物TSS计）
6		雨污分流比例或合流制溢流频次★	降低直接入河污染物负荷
7	三、水资源	建成区雨水直接利用情况☆	建成区年直接利用的雨水总量（折算成毫米数）与年均降雨量（折算成毫米数）的比值；或雨水利用量可替代的自来水比例
8		建成区再生水利用情况☆	污水再生利用量与污水处理总量的比率

序号	类别	指标	说明
9	四、水安全	排水防涝★	城市内涝灾害得到有效防范，内涝灾害防治标准达到《室外排水设计规范》GB50014—2006（2016年版）要求（以重现期"年"表示）
10		城市防洪★	达到国家标准要求
11	五、水文化	水文化的延续与保护☆	纳入城市紫线内水系长度变化率
12		城市亲水、滨水空间增长率☆	提供市民亲水、滨水空间的变化率

注：★为核心指标，☆为可选指标。

海绵城市绩效评价定性指标表（示例）　　　　　　　表3-4

序号	能力	描述
1	海绵城市建设联席会议及运作机制	是否建立联席会议制度、是否责任明确、是否有相应的例会机制和机构
2	规划管控制度	建立海绵城市建设的规划管控（土地出让、两证一书、控制性详规等），是否将海绵城市纳入法定规划、划定四线等
3	建设管控制度	建立建设（施工图审查、竣工验收等）方面的管理制度和机制；政府投资项目是否合理采用海绵城市技术措施
4	技术规范与标准建设	制定海绵城市规划、设计、建设、运营、维护方面的指南、导则指引、设计管理、标准图集等技术规范与标准
5	城市应急能力建设	建立城市暴雨预报预警体系，健全城市防洪和排水防涝应急预案体系，加强应急管理组织机构、人员队伍、抢险能力等
6	投融资机制建设	制定海绵城市建设投融资、PPP管理方面的制度机制
7	资金使用监管机制	海绵城市建设资金专款专用
8	绩效考核与奖励机制	建立按效果付费的绩效考评机制，与年径流总量控制率相关的奖励机制等
9	产业	制定促进相关企业发展的优惠政策等

　　工作考核的对象主要为辖区内各级人民政府，主要针对海绵城市组织、规划、协调、公众和建设推进情况展开，作为城市人民政府评价下级海绵城市建设工作进展情况的依据，同时作为绩效评价的补充材料（表3-5）。

海绵城市工作考核指标表（示例）[103]　　　　　　　表3-5

序号	评价因子	基本要求	评价方式
1	组织工作机制构建	1. 考察组织领导机制情况，是否成立海绵城市建设工作领导小组及办公室。 2. 考察工作机制构建情况，是否有例会、工作月报等机制。 3. 是否出台海绵城市规划建设相关政策文件。 4. 是否出台海绵城市规划建设运营维护验收等地方标准。 5. 是否配套出台海绵城市建设投融资、运营机制等政策	资料评价

序号	评价因子	基本要求	评价方式
2	海绵城市专项规划	1. 现状问题清晰，易涝点、黑臭水体等分布位置明晰，定性与定量分析准确；生态本底状况清楚。 2. 水生态、水环境、水资源、水灾害治理等各项具体指标明确、清晰，充分体现"小雨不积水、大雨不内涝、水体不黑臭、热岛有缓解"的要求。 3. 实施路径清晰，推进策略具备可操作性。 4. 总体布局合理，系统谋划，各类海绵城市建设措施统筹协调。 5. 使用水文模型进行规划分析。 6. 规划实施近远期合理，保障措施到位	专家评价
3	规划协调	1. 考察城市水系统（包括城市供水、节水、污水处理及再生利用、排水防涝、防洪、城市水体等）的编制情况。至少应完成排水防涝、防洪、城市水系类规划，明确落实蓝线等相关内容。 2. 考察总体规划修编情况，应落实海绵城市空间格局、年径流总量控制率等内容。 3. 考察园林绿地、道路交通等相关规划的编制安排	专家评价
4	建设管控	考察是否将海绵指标纳入规划"一书两证"等管控环节	资料评价
5	公众参与	1. 是否有计划地开展海绵城市专业人员培训。 2. 是否开展平面、电视等媒体宣传。 3. 是否开展学校等公众海绵教育。 4. 是否开展特色活动	资料评价与随机调查
6	建设推进情况	1. 海绵城市设施建设按规划推进，具备系统性。 2. 近 2 年内海绵城市建设重点区域内涝、黑臭的治理情况。 3. 对建设项目施工图审查等环节的落实情况	专家评价

绩效评价的评价结果可作为《办法》所规定的城市自查结论，并作为省级评价和部级抽查的依据；而工作考核的考核结果可作为政府年度考评的重要组成，各市可配套制定相应的奖惩措施。

3.2　海绵城市规划管理

根据国家标准《城市规划基本术语标准》GB/T 50280-1998，城乡规划管理应解释为组织编制和审批城乡规划，并依法对城市土地的使用和各项建设的安排实施控制、引导和监督的行政管理活动[104]。通常来讲，城乡规划管理是城市规划编制、审批和实施等管理工作的统称。指在城市总体规划或城市详细规划被批准后城市当局对规划实施的管理，主要包括城市用地的管理和城市各项建设的管理。广义的城市规划管理是指中央和地方政府对城市规划的编制、审批、实施及有关工作的管理。

城市规划管理包括城市规划编制管理、城市规划审批管理和城市规划实施管理。城市规划编制管理主要是组织城市规划的编制，征求并综合协调各方面的意见，规划成果的质量把关、申报和管理。城市规划审批管理主要是对城市规划文件实行分级审批制度。城市规划实施管理主要包括建设用地规划管理、建设工程规划管理和规划实施的监督检查管理等。

城乡规划管理具有综合性、整体性、系统性、时序性、地方性、政策性、技术性、艺术性等诸多特征。

3.2.1　城乡规划法律法规体系

根据《中华人民共和国立法法》规定，城乡规划法规体系的等级层次应包括法律、行政法规、地方性法规、自治条例和单行条例、规章（部门规章、地方政府规章）等，以构成完整的法规体系[105]。

《城乡规划法》是我国城乡规划法律法规体系中的主干法和基本法，对各级城乡规划法规与规章的制定具有不容违背的规划性和约束。除作为主干法的《城乡规划法》外，还有大量与城市规划相关的行政法规、规章、地方性法规和章程，这些法律法规共同组成我国城市规划的法律法规体系。我国的城乡规划法律法规体系在中央与地方两个层级上，分别沿横向和纵向展开。在中央层级上，《中华人民共和国土地管理法》（1986年）、《中华人民共和国文物保护法》（1982年）、《中华人民共和国行政许可法》（2003年）、《中华人民共和国行政复议法》（1999年）、《中华人民共和国行政诉讼法》（1989年）、《城市绿化条例》（2011年）、《基本农田保护条例》（1998年）、《历史文化名城名镇名村保护条例》（2008年）等均与《城乡规划法》有所涉及，可以看作是《城乡规划法》在横向上的联系和延伸。

在纵向上，《城乡规划法》也逐步建立起相应的法规、规章以及技术规范体系。如《城市规划编制办法》（2005年）、《村镇规划编制办法（试行）》（2000年）等。此外，为城市规划编制与管理的规范化提供依据，国家相关部门制定了一系列国家标准和行业标准作为技术标准和规范，也可看作《城市规划法》在纵向上的延伸。如作为国家标准的《城市用地分类与规划建设用地标准》GB 50137—2011，作为行业标准的有《城市规划制图标准》CJJ/T 97—2003、《城市道路工程设计规范》CJJ 37—2012（2016年版）等。

在中央的全国性法律法规体系的基础上，有地方立法权的地方组织也建立了相应的法律、法规体系。例如，深圳市就颁布了作为地方性法规的《深圳市城市规划条例》（2001年）、《深圳经济特区规划土地监察条例》（2013年），《深圳地下空间开发利用暂行办法》（2008年）等规章，《深圳市城市规划标准与准则》（2014年）等标准。

我国城乡规划法律法规（不含省、自治区、直辖市和较大市的地方性法规、地方政府规章）构成的法律体系框架如表3-6所示。

我国城乡规划主要法律法规　　　　　　　　　　　　表 3-6

类别		名称
法律		《中华人民共和国城乡规划法》
行政法规		《村庄和集镇规划建设管理条例》
		《风景名胜区条例》
		《历史文化名城名镇名村保护条例》
部门规章与规范性文件	城乡规划编制与审批	《城市规划编制办法》
		《省域城镇体系规划编制审批办法》
		《城市总体规划实施评估办法（试行）》
		《城市总体规划审查工作原则》
		《城市、镇总体规划编制审批办法》
		《城市、城镇控制详细规划编制审批办法》
		《历史文化名城保护规划编制要求》
		《城市绿化规划建设指标的规定》
		《城市综合交通体系规划编制导则》
		《村镇规划编制办法（试行）》
		《城市规划强制性内容暂行规定》
	城乡规划实施管理与监督检查	《建设项目选址规划管理办法》
		《城市国有土地使用权出让转让规划管理办法》
		《开发区规划管理办法》
		《城市地下空间开发利用管理规定》
		《城市抗震防灾规划管理规定》
		《近期建设规划工作暂行办法》
		《城市绿线管理办法》
		《城市紫线管理办法》
		《城市黄线管理办法》
		《城市蓝线管理办法》
		《建制镇规划建设管理办法》
		《市政公用设施抗灾设防管理规定》
		《停车场建设和管理暂行规定》
		《城建监察规定》
	城市规划行业管理	《城市规划编制单位资质管理规定》
		《注册城市规划执业资格制度暂行规定》

3.2.2 海绵城市规划编制管理

1.海绵城市规划组织编制主体

2016 年 03 月，住房和城乡建设部发布《关于印发海绵城市专项规划编制暂行规定的通知》（建规〔2016〕50 号）（以下简称《通知》）。《通知》提出海绵城市专项规划可与城市总体规划同步编制，也可单独编制。对于单独编制的海绵城市专项规划，城市人民政府城乡规划主管部门会同建设、市政、园林、水务等部门负责海绵城市专项规划编制具体工作。海绵城市专项规划经批准后，应当由城市人民政府予以公布；法律、法规规定不得公开的内容除外。承担海绵城市专项规划编制的单位，应当具有乙级及以上的城乡规划编制资质，并在资质等级许可的范围内从事规划编制工作。

此外，相关职能部门或规划审查的业务主管处室，应在规划审查过程中加强对海绵城市相关内容的审查。

2.海绵城市规划编制的内容

海绵城市专项规划的主要任务是：研究提出需要保护的自然生态空间格局；明确雨水年径流总量控制率等目标并进行分解；确定海绵城市近期建设的重点。海绵城市专项规划应当包括下列内容：

（1）综合评价海绵城市建设条件。

（2）确定海绵城市建设目标和具体指标。

（3）提出海绵城市建设的总体思路。

（4）提出海绵城市建设分区指引。

（5）落实海绵城市建设管控要求。

（6）提出规划措施和相关专项规划衔接的建议。

（7）明确近期建设重点。

（8）提出规划保障措施和实施建议。

3.2.3 海绵城市规划审批管理

城市规划的审批管理，就是在城市规划编制完成后，城市规划组织编制单位按照法定程序向法定的规划审批机关提出规划报批申请，法定的审批机关按照法定的程序审核并批准城市规划的行政管理工作。编制完成的城市规划，只有按照法定程序报经批准之后，方才具有法定约束力。

根据《中华人民共和国城乡规划法》第二十一条的规定，我国城市规划的审批主体是国务院和省、自治区、直辖市和其他城市规划行政主管部门。按照法定的审批权限，城市的专项规划一般是纳入城市总体规划一并报批。由于专项规划与城市总体规划关系密切，单独编制的专项规划一般由当地的城市规划行政主管部门会同专业主管部门，根据城市总体规划要求进行编制，报城市人民政府审批[106]。

海绵城市专项规划的组织编制单位，应将规划成果充分征求海绵城市建设工作领导小组各成员单位、专家和社会公众的意见，修改完善后报同级人民政府批准；并报海绵城市建设工作领导小组办公室备案。

3.2.4　海绵城市规划实施管理

1. 城市规划实施管理的概念

城市规划实施管理，就是按照法定程序编制和批准的城市规划，依据国家和各级政府颁布的城市规划管理有关法规和具体规定，采用法制的、社会的、经济的、行政的和科学的管理方法，对城市的各项用地和建设活动进行统一的安排和控制，引导和调节城市的各项建设事业有计划、有秩序的协调发展，保证城市规划实施。形象地讲，就是通过有效手段安排当前的各项建设活动，把城市规划设想落实在土地上，使其具体化并成为现实。

海绵城市规划实施管理的具体对象主要是各项适宜按海绵城市理念建设的具体项目。每一建设项目都要经过立项审批、规划审查、征询意见、协调平衡、审查批准、办理手续及批后管理等一系列的程序和具体运作。其关键的环节和重要标志是核发"一书两证"，即建设项目选址意见书和建设用地规划许可证、建设工程规划许可证，并将海绵城市相关目标与指标纳入其中。海绵城市规划实施管理就是面对着城市规划区内大量的建设项目，按照有关法律法规和城市规划要求，进行一项接一项的具体操作[106]，具体详见 3.2.5 节。

2. 城市规划实施管理原则

城市规划实施管理是一项综合性、复杂性、系统性、实践性、科学性很强的技术行政管理工作，直接关系着城市规划目标能否顺利实施。城市规划实施管理应遵循以下原则：

（1）合法性原则

合法性原则的核心是依法行政，其主要内容一是规划管理人员和管理对象都必须严格执行和遵守法律规范，在法定范围内依照规定办事；二是规划管理人员和管理对象都不能有不受行政法调节的特权；三是城市规划实施管理行政行为必须有明确的法律规范依据。

（2）合理性原则

管理机关应当在合法性原则的前提下，在法律法规规定幅度内，运用自有衡量权，采取适当的措施或做出合适的行政决定。行政合理性原则的具体要求是，行政行为在合法的范围内还必须合理。即行政行为要符合客观规律，要符合国家和人民的利益，要有充分的客观依据，要符合正义和公正。

（3）程序化原则

城市规划实施管理需按照科学的审批管理程序来进行。也就是要求在城市规划区内的使用土地和各种建设活动，都必须依照《城乡规划法》的规定，经过申请、审查、征询有关部门意见和批报、核发有关法律性凭证及批后管理等必要的环节来进行，否则就是违法。

（4）公开化原则

经过批准的城市规划要公布，一经公布，任何单位和个人都无权擅自改变，一切与城市规划有关的土地利用和建设活动都必须按照《城乡规划法》的规定进行。

（5）加强批后管理的原则

首先要做好土地使用和建设活动的批后管理，促使正在进行中的各项建设严格遵守城市规划行政主管部门提出的规划要求；其次要做好经常性的日常监督检查工作，及时发现和严肃处理各项违反城市规划的违法活动。

3. 城市规划实施管理机制

（1）城市规划行政管理机制

在城市规划的实施中，行政机制具有最基本的作用。城市规划主要是政府行为，要很好地发挥规划实施的行政机制，规划行政机构就要获得充分的法律授权。

（2）城市规划财政支持机制

政府可以按照城市规划的要求，通过公共财政的预算拨款，直接投资兴建某些重要的城市设施，或者通过资助的方式促使公共工程建设。政府还可发行财政债券来筹集城市建设资金，通过税收杠杆来促进和限制某些投资和建设活动，实现城市规划的目标。

（3）城市规划法律保障机制

法律在促进城市规划实施过程中体现为两个方面，一是通过行政法律、法规为城市规划行政行为授权，并为行政行为提供实体性、程序性依据。二是公民、法人和社会团体为了维护自己的合法性权利，可以依据对城市规划行政机关做出的具体行政行为提出行政诉讼。

（4）城市规划社会监督机制

城市规划实施的社会监督机制是指公民、法人和社会团体参与城市规划的制定、监督城市规划的实施。公众参与是城市规划体现公众利益的重要环节，公众参与有三个要点：一是必须规范政府的规划信息发布方式；二是规范公众反映意见的方式和途径；三是规范对公众意见的处理方式。

3.2.5 海绵城市建设项目规划许可制度管理

城市规划实施管理的基本制度是规划许可制度，即城市规划行政主管部门根据依法审批的城市规划和有关法律法规，通过核发建设项目选址意见书、建设用地规划许可证和建设工程规划许可证（通称"一书两证"），对各项建设项目进行组织、控制、引导和协调，使其纳入城市规划的轨道[106]。

海绵城市建设项目管控流程如图 3-4 所示。

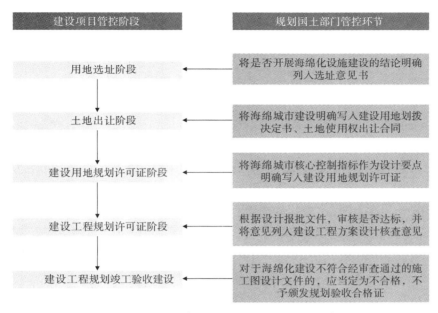

图 3-4 海绵城市建设项目管控流程的工作程序图

1. 项目前期规划阶段

城乡规划行政主管部门详细蓝图或单元更新规划审查的业务主管处室，应在规划审查过程中加强对海绵城市相关内容的审查。

详细蓝图或单元更新规划阶段，规划国土部门应在本阶段重点审查以下内容：

（1）根据当地灾害易发区等相关资料，审查区域是否适宜开展海绵设施建设；

（2）如适宜的，根据当地建设项目海绵目标分类速查图或详细规划，审查是否细化和落实了海绵相关控制指标；

（3）生态控制线、绿线、蓝线等，审查是否落实区域内自然保护和恢复的相关要求；

（4）根据排水防涝、防洪（潮）等相关规划，审查是否落实区域海绵城市建设要求。

2. 建设项目选址意见书

（1）建设项目选址意见书的概念

建设项目选址规划管理，顾名思义，就是城市规划行政主管部门根据城市规划及其有关法律、法规对建设项目地址进行确认或选择，保证各项建设按照城市规划安排，并核发建设项目选址意见书的行政管理工作。

城市规划对建设项目选址的要求是多方面的，应根据批准的城市规划予以提出。建设项目选址规划管理、建设用地规划管理和建设工程规划管理是一个连续的过程。一般在建设项目选址规划管理阶段，一并将建设用地使用规划条件和建设工程规划设计要求同时提出。在一般情况下，建设项目选址意见书不仅作为计划审批部门的依据，而且在可行性研究报告获得批准后，也作为建设单位委托设计的依据。一旦建设项目可行性研究报告经过批准，即可进行工程方案设计，以利于提高工作效率。

按照国家规定需要有关部门批准或者核准的建设项目，以划拨方式提供国有土地使用权的，建设单位在报送有关部门批准或者核准前，应当向城乡规划主管部门申请核发选址意见书。除此之外的建设项目不需要申请选址意见书。

（2）审核建设项目选址意见书的程序

对于需要有关部门进行批准或核准，或通过划拨方式取得用地使用权的建设项目，从实施城乡规划的要求看，城乡规划管理首先应对其用地情况按照批准的城乡规划进行确认或选择，保证建设项目的选址、定点符合城乡规划，有利于城乡统筹发展和城乡各项功能的协调，才能办理相关规划审批手续。

选址意见书作为法定审批项目和划拨土地的前置条件，省、市、县人民政府城乡规划主管部门收到申请后，应根据有关法律法规规章和依法制定的城乡规划，在法定的时间内对其申请作出答复。对于符合城乡规划的选址，应当颁发建设项目选址意见书；对于不符合城乡规划的选址，应当说明理由。对于跨行政区域的建设项目可以向上级城乡规划主管部门申请办理选址意见书，国家级的重大建设项目可向省级城乡规划主管部门申请办理选址意见书。

按照国家规定需要有关部门批准，或者核准的建设项目，或以行政划拨方式取得土地使用权的建设项目，程序为：

①选址建设用地；

②核定设计范围并提出土地利用规划要求，一般同时提出建设工程规划设计条件；

③核发建设项目选址意见书。

（3）海绵城市建设项目本阶段工作建议

对于海绵城市建设项目，城乡规划行政主管部门在建设项目选址意见书中应将建设项目是否开展海绵相关设施建设作为基本要求之一，予以明确。

城乡规划行政主管部门根据申报材料，将是否开展海绵设施建设的结论明确列入选址意见书、用地出让（划拨）条件。

例如，某适宜开展的项目，在选址意见书中加入以下要求：

"项目需按国家和地方海绵城市建设的相关规定，同步开展海绵设施的规划设计、建设和验收"。

申请建设项目选址意见书工作程序如图 3-5 所示。

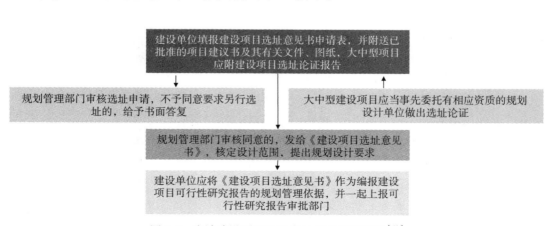

图 3-5　申请建设项目选址意见书工作程序图[63]

3. 立项和土地出让阶段

国土规划行政主管部门在建设用地划拨决定书或土地使用权出让合同中应按项目选址意见书，将建设项目是否开展海绵相关设施建设作为基本内容予以载明。

项目建议书（可行性研究报告）应提供以下材料：

（1）建设项目是否位于地质灾害易发区；

（2）建设项目是否产生特殊污染源；

（3）建设项目开展海绵设施建设的限制性因素与有利条件；

（4）明确建设项目是否建设海绵设施和标准；

项目可行性研究报告中应明确海绵城市建设的措施，对技术和经济可行性进行全面分析，并明确建设规模、内容及投资估算。

4. 建设用地规划许可证

（1）建设用地规划管理的概念、作用和范围

建设用地规划管理就是依据城乡规划（总体规划、控制性详细规划、修建性详细规划、城市设计、专项规划）所确定的区位、总体布局、用地性质、土地利用强度、建筑及设施布置等，并满足建设工程功能和利用要求，确定建设工程位置、利用土地的面积、开发强度，经济合理地利用城乡土地。具体地说，就是城乡规划行政主管部门根据法定程序制定的城乡规划和国家、地方的法律法规通过法律和行政的手段，按照一定的管理程序，对城市规划区范围内建设项目用地进行审查，确定其建设地址，核定其用地范围及土地利用规划要求，核发建设用地规划许可证的行政行为。

建设用地规划管理的目的是从城市全局和长远的利益出发，根据建设工程的用地要求，经济、合理的利用城市土地，保障城市综合功能和综合效益的正常发挥，实现城乡规划目标。建设用地规划管理是城乡规划管理的关键和核心，其作用主要包括以下几个方面：①合理利用土地，保证城乡规划实施；②节约城乡建设用地；③实现城乡建设的综合效益；④在实施中深化城乡规划。

《中华人民共和国城乡规划法》（以下简称《城乡规划法》）第二条规定："制定和实施城乡规划，在城市规划区内进行建设，必须遵守本法"。规划区是指城市、镇和村庄的建成区以及因城乡建设和发展需要，必须实行规划控制的区域。《城乡规划法》明确规定了城市建设用地规划管理的范围是城市规划区。

（2）建设用地规划管理的审核程序

目前，我国建设单位的土地使用权获得方式有两种：土地使用权无偿划拨和有偿出让。《中华人民共和国城市房地产管理法》（以下简称《城市房地产管理法》）第二十三条规定，土地使用权划拨是指县级以上人民政府依法批准，在土地使用者缴纳补偿、安置等费用后将该幅土地交付其使用，或者将土地使用权无偿交付给土地使用者使用的行为。

1）土地使用权无偿划拨方式下建设用地规划许可证的办理程序

法定的划拨用地的建设用地规划许可证办理程序是：建设单位在取得人民政府城乡

规划主管部门核发的建设项目选址意见书后，建设项目经有关部门批准、核准、备案后，向城市（县）人民政府城乡规划主管部门送审建设工程设计方案，申请建设用地规划许可证。

城市、县人民政府城乡规划主管部门应当审核建设单位申请建设用地规划许可证的各项文件、资料、图纸等是否完备，并依据控制性详细规划，审核建设用地的位置、面积及建设工程总平面图，确定建设用地范围。对于具备相关文件且符合城乡规划的建设项目，应当核发建设用地规划许可证；对于不符合法定要求的建设项目，应当说明理由，予以书面答复。

2）土地有偿使用的方式下建设用地规划许可证的办理程序

《城市房地产管理法》第八条规定："土地使用权出让，是指国家将国有土地使用权在一定年限内出让给土地使用者，由土地使用者向国家支付土地使用权出让金的行为。"土地使用权出让可以采取招标、拍卖、挂牌出让或者双方协定的方式。

通过国有土地使用权有偿出让方式取得土地的建设单位办理建设用地规划许可证的程序是在国有土地使用权出让前，城市、镇人民政府城乡规划主管部门应当依据控制性详细规划，提出出让地块的位置、使用性质、开发强度等规划条件。作为国有土地使用权有偿出让合同的附件，在签订国有土地使用权有偿出让合同、申请办理中国法人的登记注册手续、申领企业批准证书后，持建设项目的批准、核准、备案文件和国有土地使用权有偿出让合同，向城市、县人民政府城乡规划主管部门申请办理建设用地规划许可证。城市、县人民政府城乡规划主管部门，应当审核建设单位申请建设用地规划许可证的各项文件、资料、图纸等是否完备，并依据依法批准的控制性详细规划，对国有土地使用权出让合同中规划的规划设计条件进行核验。审核建设用地的位置、面积及建设工程总平面图，确定建设用地范围。对于具备相关文件且符合城乡规划的建设项目，应当核发建设用地规划许可证；对于不符合法定要求的建设项目，应当说明理由，给予书面答复。

综上所述，审核建设用地规划许可证的一般程序是：

①审核建设单位申请建设用地规划许可证的各项文件、资料、图纸等是否完备；

②审核建设工程设计方案或修建性详细规划是否符合依法批准的控制性详细规划，是否符合国有土地使用权出让合同中规定的规划设计条件。单项工程项目审核建筑设计方案，成片开发的项目审核修建性详细规划；

③核发建设用地规划许可证。

3）海绵城市建设项目本阶段工作建议

对选址阶段明确开展海绵相关设施建设的项目，城乡规划行政主管部门在建设用地规划许可证备注中列明雨水年径流总量控制率、生态控制保护等要求。

城乡规划行政主管部门将海绵目标作为要点明确写入建设用地划拨决定书、建设用地规划许可证或土地使用权出让合同。

申请建设用地规划许可证工作程序图如图 3-6 所示。

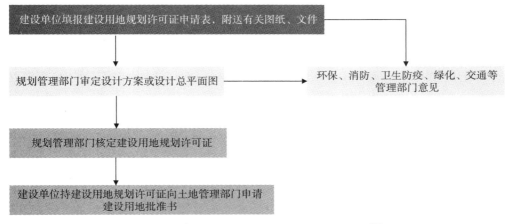

图 3-6 申请建设用地规划许可证工作程序图 [63]

5. 建设工程规划许可证

（1）建设工程规划管理的概念、作用和范围

建设工程规划管理是依据城乡规划和城乡规划管理法律、法规、规章，根据建设工程具体情况，综合有关专业管理部门要求，对建设工程的性质、位置、规模、开发强度、设计方案等内容进行审核，核发建设工程规划许可证的行政行为。通过对建设工程的引导、控制、协调、监督，处理有关方面的矛盾，保证城乡规划的顺利实施。建设工程规划管理是一项涉及面广，综合性、技术性强的行政管理工作，是城乡规划实施管理过程的重要环节，是落实城市总体规划、详细规划及城市设计的具体行政行为。

通过建设工程规划管理，能够有效地指导各项建设活动，保证各项建设工程按照城乡规划的要求有序地建设，促进城乡的健全发展。另外，建设工程规划管理还具有保障城市公共利益、优化城乡环境景观、综合协调相关矛盾、确定建设活动的合法性等作用。

《中华人民共和国城乡规划法》第四十条规定：在城市、镇规划区内进行建筑物、构筑物、道路、管线和其他工程建设的，建设单位或者个人应当向城市、县人民政府城乡规划主管部门或者省、自治区、直辖市人民政府确定的镇人民政府申请办理建设工程规划许可证。

城市规划区内各类建设项目（包括住宅、工业、仓储、办公楼、学校、医院、市政交通基础设施等）的新建、改建、扩建、翻建，均需依法办理《建设工程规划许可证》。具体范围包括：①新建、改建、扩建建筑工程；②各类市政工程、管线工程、道路工程等；③文物保护单位和优秀近代建筑的大修工程以及改变原有外貌、结构、平面的装修工程；④沿城市道路或者在广场设置的城市雕塑等美化工程；⑤户外广告设施；⑥各类临时性建筑物、构筑物。

（2）建设工程规划管理的程序

根据获得土地使用权的方式及建筑工程规模的不同，建筑工程规划管理的程序亦有区别。现阶段取得土地使用权的方式分两种，即行政划拨征用和土地使用权有偿出让转让。

根据建筑工程规模分为单项工程建设和成片开发建设两种情况。

1）行政划拨用地的建设工程规划管理程序

①在原址建设且不改变用地性质的单项建筑工程

在原址上建设且不改变用地性质的单项建筑工程审核，一般需经过下列三个管理程序：

a. 核定设计范围，提出规划设计要求；

b. 审核建筑设计方案；

c. 核发建设工程规划许可证。

②需新征用地或原址上改变用地性质的单项建筑工程

这类建筑工程规划管理程序分两步：

a. 核定建筑设计方案；

b. 核发建设工程规划许可证。

③成片开发的建筑工程

成片开发的建筑工程规划管理程序分三步：

a. 审核详细规划或城市设计；

b. 审核单体工程设计方案；

c. 核发建设工程规划许可证。

2）国有土地出让取得土地使用权的建设工程规划管理程序

国有土地出让取得使用权的建筑工程，在土地受让方签订土地出让转让合同，申请建设用地规划许可证并取得土地使用权后，方能向规划管理部门送审建筑设计方案，申请建设工程规划许可证。建设单位或者个人办理建设工程规划许可证，应当按照法律的规定，向所在城市、县人民政府城乡规划主管部门或者经省级人民政府确定的镇人民政府提出申请，并提交使用土地的有关证明文件、建设工程设计方案图纸；需要编制修建性详细规划的还应当提供修建性详细规划及其他相关材料。城市、县人民政府城乡规划主管部门收到建设单位或个人申请后，应在法定期限内对申请人的申请及提交的资料进行审核。审核具体内容包括：

①审核申请人是否符合法定资格，申请事项是否符合法定程序和法定形式，申请材料、图纸是否完备等。

②成片开发的建筑工程设计方案审核，依据控制性详细规划、相关的法律法规以及其他具体要求，对申请事项的内容进行审核，并依据控制性详细规划对修建性详细规划进行审定。

③审定建筑设计方案。

④核发建设工程规划许可证。

（3）海绵城市建设项目本阶段工作建议

对明确开展海绵相关设施建设的项目，方案设计（或施工图评审）时，评审单位（或审查机构）应按照国家、地方相关规范及标准，将海绵城市相关工程措施作为重点审查内容，并明确审查结论。

城乡规划行政主管部门应根据方案设计报送材料和审查意见进行形式性审查，并在建设工程规划许可证的核查意见中列入审查结论。

项目方案设计（施工图设计）一般来讲应提供以下材料：区域排水系统图、项目汇水分区及设施布局图、项目目标及设计方案自评表；不符合相关规划确定的海绵城市建设项目引导指标的，还应提供计算书和数学模型。

方案设计（或施工图评审）时，评审单位（或审查机构）应按照国家、地方相关规范及标准，将海绵城市相关工程措施作为重点审查内容，并明确审查结论。

城乡规划行政主管部门应根据方案设计、施工图设计报送材料和施工图审查意见进行形式性审查，并在建设工程规划许可证的核查意见中列入审查结论。

申请建设工程规划许可证的工作程序如图 3-7 所示。

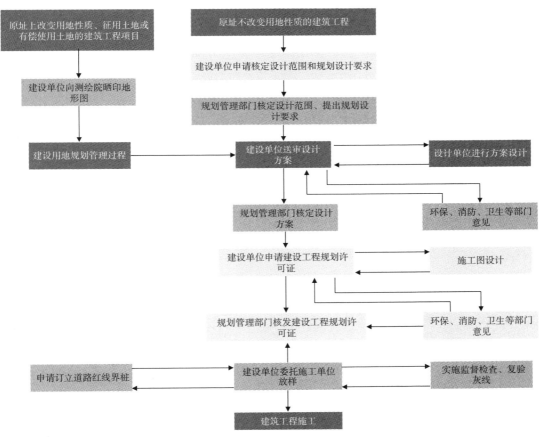

图 3-7　申请建设工程规划许可证[63]

6. 规划验收

住建部门会同规划等相关部门组织工程综合验收和备案时（规划验收同时进行的），对于未按审查通过的施工图设计文件施工的，竣工验收应当定为不合格。

城乡规划行政主管部门组织规划专项验收时，对于未按审查通过的施工图设计文件施工的，规划验收应当定为不合格。

竣工验收定为不合格的项目，应限期整改到位。

3.3 海绵城市成本及效益分析

3.3.1 成本分析

海绵城市的建设技术一般可分为非工程型技术措施和工程型技术措施，前者主要包括生态保护、水系管理、竖向优化、场地布置的优化、良好的城市管理等，往往不需要大量的资金投入；后者主要包括源头、中间和末端的"渗、蓄、滞、净、用、排"工程措施，需要较大量的工程资金的投入。

海绵城市的建设需要渗、滞、蓄、净、用、排等工程技术设施，具体包括排水防涝设施、城镇污水管网建设、雨污分流改造、雨水收集利用设施、污水再生利用、漏损管网改造等，根据国家第一批 16 个海绵城市试点城市的统计分析，海绵城市建设成本大约为 1.6 ～ 1.8 亿元 /km²（具体包括排水防涝设施、城镇污水管网建设、雨污分流改造、雨水收集利用设施、污水再生利用、漏损管网改造等）。其中渗、滞、蓄等源头减排项目投资约占 1/3。因此，现阶段在原基础设施建设项目投入的基础上，海绵城市建设增加约 0.5 ～ 0.6 亿元 /km² 的投资。

根据国内 40 多项低影响开发工程的投资，整理各类低影响开发设施单价如表 3-7 所示。

低影响开发设施单价 表 3-7

雨水处理设施	单位造价估算（元 / 单位）
绿色屋顶（m²）	100 ～ 300（简易式）
	400 ～ 900
渗透铺装（m²）	50 ～ 400
下沉式绿地（m²）	40 ～ 80
雨水花园（m²）	400 ～ 1000
干塘（m³）	200 ～ 400
湿塘、人工水体（m³）	400 ～ 800
人工湿地（m²）	500 ～ 800
转输性植被浅沟（m）	20 ～ 50
过滤净化性植被浅沟（m）	100 ～ 300
缓冲带（m）	100 ～ 250
初期雨水弃流（容积法）（m³）	400 ～ 600
贮存池（m³）	800 ～ 1200
清水池（m³）	800 ～ 1200
土壤渗滤池（m²）	800 ～ 1200

3.3.2　效益分析

海绵城市建设的效益包括环境效益、社会效益和经济效益。

1. 环境效益

海绵城市主要有三大建设途径，包括：①对城市原有生态系统的保护。最大限度地保护原有的河流、湖泊、湿地、坑塘、沟渠等水生态敏感区，留有足够涵养水源、应对较大强度降雨的林地、草地、湖泊、湿地，维持城市开发前的自然水文特征，这是海绵城市建设的基本要求；②生态恢复和修复。对传统粗放式城市建设模式下，已经受到破坏的水体和其他自然环境，运用生态的手段进行恢复和修复，并维持一定比例的生态空间；③低影响开发。按照对城市生态环境影响最小的开发建设理念，合理控制开发强度，在城市中保留足够的生态用地，控制城市不透水面积比例，最大程度地减少对城市原有水生态环境的破坏，同时，根据需求适当开挖河湖沟渠、增加水域面积，促进雨水的积存、渗透和净化。

从上可见，海绵城市的主要效益体现在环境及生态系统的保护和改善上。

海绵城市的环境效益主要包括以下几个方面：

（1）补充地下水，涵养城市水源

在自然水文循环条件下，雨水大部分通过入渗作用进入地下，形成地下水。而传统的城市开发建设模式往往采用硬质化的铺装，使得大部分原本可以渗入地下的雨水在短时间内形成地表径流，破坏了原有的自然生态和水文特征，导致了水生态恶化、水资源紧缺、水环境污染、水安全缺乏保障等一系列问题。

建设海绵城市，通过渗透设施下渗雨水，增加地下水补给量，不仅能够补充土壤水供植物生长，还有利于缓解地下水水位下降，减轻地面沉降程度，防止海水入侵，从而改善城市的水文循环。

1）补充地下水水源

雨水下渗可以增加地下水补给量，涵养水源，缓解缺水局面。

这部分的效益可以通过可补充到地下水的水量与单位体积集水量效益进行计算[107]：

$$B = C \times \partial \times P \times A \times 10^{-3} \qquad （3-1）$$

式中：C——单位体积集水量效益（元），可采用水资源的影子价格进行计算；

　　　　∂——渗透地面的渗透系数；

　　　　P——降雨量（mm）；

　　　　A——透水面承雨水平投影面积（m²）。

2）减少地面沉降

地面沉降是指在自然和人为因素的作用下，由于地壳表层土体下沉而导致区域性地面标高连续降低的一种环境地质现象。

根据《全国地面沉降防治规划（2011—2020年）》[108]，截至2012年，我国有超过50

个城市遭受了地面沉降灾害;除了位于北方的北京、天津、河北、河南、山西、内蒙古、辽宁、吉林、黑龙江、山东、陕西、新疆外,位于南方的上海、江苏、浙江、安徽、湖北、福建、广东、海南等省份也遭受了不同程度的地面沉降灾害。

张永红等[109]对京津冀地区1992～2014年的地面沉降情况进行了研究,结果表明,截至2014年7月,北京形成了朝阳—通州沉降带和北部的海淀—昌平—顺义沉降带,最大沉降速率达15.2cm/年,严重沉降区(年均沉降超过50mm)有433km²,而天津市严重沉降区面积达到1117km²;该研究认为,长期超采地下水是地面沉降发生的主因。李金冰等人[110]的研究表明,安徽省阜阳市深层地下水位下降的中心地带是地面沉降最严重的地带;截至2013年底,阜阳市由于地下水超采引发的地面沉降面积约750km²,中心最大累计沉降量为1618.9mm。此外,南通等地的研究也显示,地下水水位下降速率大的区域与地面沉降速率大的地区有较好的一致性,地下水水位埋深越大的地区地面沉降下降速率越大,两者呈现正相关性关系[111]。

地面沉降带来的损害包括对建筑楼房、地下管线、道路桥梁、港口码头造成的损失,因地面沉降而加剧的洪涝灾害损失等。这部分损失难以进行量化,并且具有强烈的地区差异性。在具体分析这部分产生的效益时,要根据地区实际情况和造成的各方面损失来进行分析。常用的评估地面沉降带来的损失的方法有终值法、影子工程法、重置成本法、工程费用法、灾情比较法、间接损失与直接损失比例法和权重分解法等方法及相应模型[112, 113]。

①终值法

设地面沉降灾害造成某区域第 j 类受灾体在第 i 年当年的经济损失为 S_{ij},第 i 年的折现率为 R_i,则从 t_1 到 t_n 的时段内,以 t_n 为估算时点,该区域因地面沉降造成的总经济损失为:

$$S = \sum_{j=1}^{m} \sum_{i=t_1}^{t_n} S_{ij} \left[\prod_{i=t_1}^{t_n} (1 + R_i) \right] \qquad (3\text{-}2)$$

式中: S——估算时点市区地面沉降经济损失;

S_{ij}——第 j 类受灾体在 i 年当年的损失, $i = t_1, \cdots, t_n$;

R_i——为第 i 年的折现率, $i = t_1, \cdots, t_n$;

m——为受灾体的种类或者损失项目。

②影子工程法

影子工程法是一种工程替代的方法,即为了估算某个不可能直接得到结果的损失项目,假设建造此项目,以该工程建造成本替代待评估项目的经济损失的方法。

③重置成本法

在估计以往年份市政工程受灾体遭受地面沉降造成损失时,可以用市政工程受灾体在估算时点的重置成本作为其经济损失,如对桥梁、港口码头、地下管线等设施损失的估算。

④工程费用法

根据防灾设施的工程建造费用来估算该类受灾体因地面沉降而造成的经济损失,如对防汛墙及排水工程设施经济损失的估算。

⑤灾情比较法

在对灾害损失进行估算时,有相当部分的灾害在发生后只有灾情描述而无损失统计资料，只能采用灾害程度、灾情对比的方法，并通过修正系数的调整，根据已知灾情的经济损失推算相似灾情的经济损失。

⑥间接损失与直接损失比例法

灾害的间接损失缺乏历史统计，因此根据对典型年份灾害直接损失及间接损失资料的分析，得到灾害损失中直接损失与间接损失的比例，并以此通过直接损失来估算其间接损失。

⑦权重分解法

以潮灾为例，地面沉降虽然不是引起潮灾的唯一要素，但却是主要因素。设地面沉降前防汛墙高程（或地面高程）为 H_0，沉降后防汛墙高程（或地面高程）为 H_p，潮灾发生时地面累计沉降量为 H_c，高潮位为 H_t。毫无疑问，若令 W_t 代表潮灾损失中地面沉降所占权重，则：当 $H_t \leq H_0$ 时，潮灾致灾原因只有地面沉降一个，此时 $W_t = 1$；当 $H_t > H_0$ 时，潮灾致灾因素有高潮位与地面沉降 2 个，假定潮灾损失与地沉量、高潮位呈线性关系，并认为地面沉降与高潮位对潮灾损失的贡献率相等，则 $W_t = H_c /$（$H_t - H_p$）。

张维然等[112]采用上述方法评估 1921～2000 年上海市地面沉降灾害经济损失约为 2943 亿元，并预估 2001～2020 年上海市地面沉降灾害经济损失约为 245.7 亿元。

3）防止海水入侵

对于沿海地区，由于城市地下水位下降，会导致海水入侵，造成含水层水质盐化、土地盐碱化、土地生产力下降、生态景观退化等一系列的问题，制约城市社会经济和生态环境的发展。以辽宁省葫芦岛市为例[114]，因海水入侵导致葫芦岛锌厂部分设备腐蚀，水质恶化导致产品质量受到影响，仅 1992～1993 年间更新设备投入费用就高达 200 万元；至 1998 年 6 月 15 日关闭了白马石、稻池南的 53 眼井，工厂效益受到很大程度影响。同时还有辽宁渤海造船厂的稻池乡老水源和沿海平原区自来水公司的 11 眼井被全部关闭，而必须寻找新的水源地，工业发展受到影响。至 2013 年，葫芦岛市已有 8353 公顷农耕地处于入侵区，机电井几乎全部报废，6800 公顷耕地丧失了灌溉能力，1533 公顷耕地产生了次生盐渍化，农业产量一般年景减产 33% 以上，旱年减产 50% 以上，特旱年基本绝产。葫芦岛某乡的 18 个行政村、36 个自然屯，由于受海水入侵影响，当地居民吃水的自家农用井报废，只能远距离拉水，受影响人数达 18000 人，占当地总人口数的 90%；已经发生海侵的地区，患甲状腺肿、氟斑牙、氟骨病、布氏菌病症、高血压、心脏病、动脉硬化等病的几率远高于正常饮用水区，而儿童的生长发育也由此受到影响。

通过补充地下水，减少的经济损失即为这部分产生的效益，实际产生的效益应该根据地区的社会经济状况、海水入侵情况、实际补水情况等进行具体的分析。海水入侵损失的评估计算可以按照工业损失、农业损失、人群健康损失、生态景观损失分别计算后进行加和[115]。

①工业损失计算

海水入侵对工业的影响主要包括增加生产成本、腐蚀设备、减产等，其计算公式如下：

$$C_工 = C_{CB} + C_{SB} + C_{QS} \tag{3-3}$$

$$C_{CB} = R_i N_i \tag{3-4}$$

式中：$C_工$——海水入侵造成的工业损失（元）；

C_{CB}——由于海水入侵而导致的企业生产成本增加值（元）；

C_{SB}——磨损损失，可用设备的标准使用年限减去实际使用年限得到；

C_{QS}——缺水损失，可根据现有的工业建设情况统计其发展潜力，估计这部分损失；

R_i——工业需水量（m^3）；

N_i——每单位工业用水的水处理费用（元/m^3）。

②农业损失计算

海水入侵对农业的影响主要包括农作物产量下降和质量下降，其计算公式如下：

$$C_农 = \sum_{i=1}^{N_2} (p_i q_i + G_i B_i) \tag{3-5}$$

式中：$C_农$——海水入侵造成的农业损失（元）；

N_2——水源地供水范围内的农作物种类数；

p_i——第 i 种农作物由于海水入侵造成的减产量（t）；

q_i——第 i 种农作物的价格（元/t）；

G_i——第 i 种农作物的产值（元）；

B_i——第 i 种农作物由于海水入侵而质量下降导致的价格下降的幅度。

③人群健康损失计算

海水入侵对人群健康的影响主要包括采取防护措施的费用和健康受影响后的经济损失，其计算公式如下：

$$C_人 = C_{ZL} + C_{ZS} \tag{3-6}$$

$$C_{ZL} = Q_Z S_Z \tag{3-7}$$

$$C_{ZS} = P_A G_C \tag{3-8}$$

式中：$C_人$——海水入侵造成的人群健康损失（元）；

C_{ZL}——由于海水入侵而导致的水厂生产成本增加值（元）；

C_{ZS}——人体健康受到影响后的经济损失（元）；

Q_Z——海水入侵区内的城镇生活需水量（m^3）；

S_Z——对自来水进行深度处理而增加的费用（元/m^3）；

P_A——饮用不达标水的人数（主要是还是入侵区内的农村人口）（人）；

G_C——因饮用不达标水而增加的医疗费用（元/人）。

④生态景观损失计算

海水入侵对生态景观的影响主要包括旅游业损失及生态维护投入，其计算公式如下：

$$C_{生} = C_S + C_i \quad\quad\quad (3-9)$$

$$C_S = Q_S S_C \quad\quad\quad (3-10)$$

式中：$C_{生}$——海水入侵造成的生态景观损失（元）；

C_S——海水入侵造成的旅游业损失（元）；

C_i——该景点生态维护所需要投入的费用（元）；

Q_S——海水入侵区的游客流量（人/年）；

S_C——每个游客到该景点旅游的消费（元/人）。

（2）控制城市面源污染，改善地表水质

城市面源污染是指城区降雨径流污染，即降雨冲刷城市地表，携带地表沉积物中的污染物质，对城市周边的受纳水体造成的污染。雨水径流中含有很多人类活动和自然过程产生的污染物，包括悬浮固体、重金属、油脂、有机碳、营养物、毒性物质和病原菌等。传统的城市开发模式导致可渗透地表面积大幅减少，由雨水径流产生的面源污染已经成为城市水环境恶化的重要原因。美国的相关研究显示，城市水体中 BOD 与 COD 总含量约 40% ~ 80% 来自面源，在降雨较多的年份中，90% ~ 94% 的总 BOD 与 COD 负荷来自城市下水道的溢流[116, 117]。城市地表径流中污染物 SS、重金属及碳氢化合物的浓度与未经处理的城市污水基本相同，美国国家环保署（EPA）把城市地表径流列为导致全美河流湖泊污染的第 3 大污染源[118]。我国的相关研究表明，屋面和路面雨水径流中 SS、COD、BOD5、TN、TP 的浓度普遍高于地表水 V 类限值[119]，对城市水体造成了较大污染。

海绵城市的建设能够削减城市面源污染，改善城市地表水水质。首先是海绵城市提倡少用硬质铺装，有利于减少污染物来源。其次是海绵设施对雨水径流中的污染物均有一定的削减作用。相关研究表明[120-127]，生物滞留设施对 NH_4^+-N 的去除效果大多在 70%以上，对 TN 的去除效果大多在 30% ~ 60%，严格控制有机质添加量情况下对 PO_4^{3-}-P 的去除率高达 86% ~ 88%，对 TSS 的去除率为 29% ~ 96%，对 Cu、Pb、Zn、Cd 等重金属的平均去除率在 60% 以上，对油脂类的去除率 >90%，对粪大肠菌群的去除率达到 69%以上。透水铺装对雨水径流中 Zn、Cd、Pb、Mn、Cu 等重金属的去除率在 80% 左右[128]，对油类物质的去除率达到 95% 以上[129]，对 NH_4^+-N 的去除率在 90% 以上[130]。

这部分效益可通过计算减少的雨水径流处理费用得到。

（3）改善生态系统，提升人居环境

海绵城市的前两大构建途径是对城市原有生态系统的保护以及生态修复和恢复，划分出重要的生态廊道和生态节点，对现有水系、山林、湿地等生态资源进行保护，预留及恢复重点生态空间，构建"山水林田湖"一体的生态安全格局。通过对生态系统的保护，发挥自然海绵体雨洪调蓄、水质净化、提供生物栖息地和保护生物多样性等功能。将水生态安全格局作为区域的生态用地和城市建设中的限建区，限制建设开发并逐步进行生态恢复，可避免未来的城市建设和土地开发进一步破坏水系统的结构和功能。

在城市中，通过建设海绵设施，起到改善城市水循环，缓解城市热岛效应，净化城市空气，降低噪声污染，改善城市的效益。这部分效益大多难以量化，计算量化效益时可以碳减排效益为例。

1）改善和调节小气候，缓解城市热岛效应

城市热岛效应是一种城区温度高于郊区温度的气候现象。城市具有高密度的建筑群，并且城市下垫面以水泥、沥青等为主要材料，其具有高热容量和优良热导率。城市下垫面的热力性质发生改变后吸收了更多的热量，造成城市吸收热量多，且不易扩散，使得城市温度高于郊野温度，产生城市热岛效应。在热岛效应的影响下，有害气体、烟尘会在市区上空累积，形成严重的空气污染，影响城市环境质量和市民身体健康。

海绵城市通过城市植被、湿地、坑塘、溪流的保护、修复与恢复，可以明显增加城市绿地和水体面积，减少城市热岛效应，并且推动地方自循环，刺激自然循环系统，从而打破静气候，调节城市小气候，改善城市人居环境。研究表明，绿地能使其周边的气温或地表温度比周围低约 1 ~ 7℃，最高降温幅度能达到 12℃，较大面积的水体作用也比较明显，下风向的气温相对上风向会更低，面积约 4 公顷的湖泊影响范围约 40m，最大降温达到 1.6℃[131]；屋顶绿化可使屋顶温度日平均值比空气温度日平均值低 3.1℃，比裸露屋顶温度日平均值低 10.6℃[132]。

2）滞尘吸污，净化空气

城市空气中含有的大量烟尘和工厂废气是污染环境的主要有害物质，可以通过呼吸作用危害人体健康，或者通过大气循环造成对水体、土壤等的全面污染，尤其是氮氧化物，是形成酸雨的主要物质。海绵城市提倡保留自然生态系统，增加绿化面积，而绿色植物对这些物质具有良好的吸收作用。相关研究表明，绿色植物杀菌率能达到 35% 以上，且具有明显的滞尘效应[133]，对二氧化硫、氯气、氟化氢等主要大气污染物均具有一定的吸收净化能力[134]。

3）降低噪声

随着城市的高速发展，机动车辆越来越多，交通噪音越来越严重，已经严重影响到人们的休息生活甚至是身心健康。城市绿化不仅具有美化环境的功能，还能有效的发挥减弱噪声等多种生态功能。有关研究表明，10m 宽的绿化带可以减弱 30% 的噪声，20m 宽的绿化带可以减弱 40% 的噪声，30m 宽的绿化带可以减弱 50% 的噪声，40m 宽的绿化带可以减弱 60% 的噪声[135]。

4）碳减排

海绵设施具有直接和间接的碳减排效益。

根据相关的文献报道[136]，1 公顷绿地每年吸收二氧化碳 2.9 ~ 4.1t，释放氧气 2.2 ~ 3.2t。简单式绿色屋顶对二氧化碳的吸收能力为 3.75t/ 年 / 公顷，花园式绿色屋顶对二氧化碳的吸收能力为 2.2 ~ 4.7t/ 年 / 公顷[137]。

绿色屋顶对建筑物的保温、隔热作用明显，可以节省夏季空调和冬季取暖费用，有效降低建筑物使用中的能耗，起到间接的碳减排作用。

碳减排效益可以采用碳税法计算。碳税法是将绿地每年减排的二氧化碳的量乘以碳税的影子价格，从而得到二氧化碳减排效益的一种方法。其计算公式如下：

$$C_a = Q_a \cdot T_c \qquad\qquad (3\text{-}11)$$

式中：C_a——碳减排效益（元／年）；

$\quad\quad\ Q_a$——减排的二氧化碳量（t／年）；

$\quad\quad\ T_c$——碳税率（元／t）。

5）提供生物栖息地

海绵城市建设理念提倡对"山水林田湖"生命共同体的保护、修复和恢复，而这些都是自然生物的栖息场所。海绵城市的建设，能够起到保护生物多样性的作用。例如，新加坡虽然面积仅有 719.1km²，但对绿地和湿地系统规划建设十分重视，使得其成为 2000 多种植物、370 种鸟类、280 种蝴蝶和 98 种爬虫类动物的乐园[138]（图 3-8）。

图 3-8　新加坡碧山公园

2. 社会效益

海绵城市建设产生的社会效益主要包括加强防洪排涝、提升环境品质、增强节水意识和提高社会整体素质、提供就业机会等。

（1）缓解城市洪涝灾害

传统城市开发建设模式使得地表不透水面积大大增加，从而导致雨水径流量和峰值流量增大，同时，城市建设过程对原有水系的破坏、竖向设计不合理、排水系统设计标准不足、应急能力不足等多方面的原因，使得近年来我国城市洪涝灾害频发。据统计[139]，2015 年，全国 30 个省（自治区、直辖市）遭受不同程度的洪涝灾害，受灾人口 7641 万人，因灾死亡 319 人、失踪 81 人，紧急转移 628 万人，倒塌房屋 15 万间，受淹或内涝城市有 168 座，直接经济损失 1661 亿元；全国因洪涝停产工矿企业 5.5 万个，铁路中断 400 条次，公路中断 2.8 万条次，机场、港口临时关停 207 个次，供电线路中断 1.8 万条次，通信线路中断 3.7 万条次，工业交通运输业直接经济损失 468 亿元。

建设海绵城市可以有效减少地表径流，减少地面积水，削减洪峰，延迟洪峰出现时间，进而缓解城市洪涝灾害，避免或减轻了区域人民和社会的洪灾损失，有利于社会经济的发展和人民生活的稳定。德国的研究表明[140]，传统屋顶雨量径流系数达到0.91，而绿色屋顶最低仅为0.15。Collins等[141]对某停车场四种不同类型的透水铺装进行了现场监测与分析，结果显示，透水沥青对雨水径流的平均削减率为34%，透水混凝土为38%，透水连锁混凝土块为27%~63%，透水混凝土砖为62%。

环境洪涝灾害的效益包括减少由洪水引起的破坏损失和因雨水利用设施的建立而减少洪水控制设施的其他费用。其中，用径流削减率，即研究区域雨水收集利用量与降雨产流量之比，表示洪水减小、减少的程度，用它来间接反映减少的洪水引起的破坏损失。

（2）提升环境品质

海绵城市通过设置绿色屋顶、雨水花园、湿地等自然海绵体，丰富了场地及河湖水系的景观，提升了人们居住和生活的环境品质，为市民休闲提供了更多的活动空间（图3-9、图3-10）。

图3-9　波特兰某雨水花园

图3-10　旧金山科学馆屋顶花园

（3）增强节水意识和提高社会整体素质

海绵城市的建设，可以让人们在休闲娱乐的同时受到环保理念的教育。特别是组织市民参观海绵城市建设项目，更能让市民近距离了解海绵城市建设的目的、理念、技术和效果，增强人们节水、惜水和利用雨水的意识，有利于社会的可持续发展和提高社会整体素质（图3-11）。

图3-11　深圳明德实验学校师生参观深圳光明新区海绵城市建设项目

（4）提供就业机会

海绵城市的建设和运营，雨水收集、传输和处理利用的每一个环节，都涉及工程与设备，可以直接或者间接地提供就业机会，增加社会就业岗位，解决一部分城乡劳动力就业问题，提高就业率，拉动国民经济发展，促进社会的和谐与可持续发展。据池州市相关部门预测，其海绵城市建设将增加4000余个有效就业岗位[142]。

3.经济效益

海绵城市建设产生的经济效益以间接效益为主，直接效益为辅。直接效益包括雨水回用、节省城市管网费用等，间接效益主要为土地价值提升等。

（1）雨水回用的效益

将收集的雨水用于生活杂用水，节省了自来水费用，有利于减轻城市供水压力，节省的自来水的费用即为这部分产生的效益。我国目前的水价仍是一种不完全水价，若要考虑水资源价值，按照水资源合理开发利用和最佳配置来考虑，则这部分收益应使用影子水价来进行计算。闫丽娟等[143]预测，使用雨水替代自来水，可为合肥市的市政绿化、环卫和居民消费节省资金约3225万元。

（2）节省城市管网运行费用

雨水收集利用或者入渗后，可以减少向市政管网排放雨水，减少市政管网的压力，从而减少市政管网的维护费用。这部分的费用可从减少的管网建设费、污水处理费和节省管网运行费等方面来计算。

（3）促进土地价值提升

由于海绵城市的建设，山体、公园、湿地等面积增加，居住区内绿化率提高，使得生活环境得到改善，居住及休闲场所景观得到提升，间接地提升了所在区域的土地价值。夏宾等[144]的研究表明，在北京建成区，公园绿地能明显影响附近房地产价格，平均增值系数达 10.9%。骆林川等[145]的研究显示，建设 754 公顷的湿地公园，可使公园周边土地增值达 102.3 亿元。

3.4　海绵城市建设运营模式

我国基础设施建设模式大体经历了三个发展阶段：第一阶段为政府财政主导型阶段。新中国成立至 20 世纪 70 年代初，我国基础设施建设资金的来源主要为单一的财政拨款；第二阶段为信贷融资补充型阶段。我国于 1979 年进行了融资体制改革，重点提出基础设施建设所需资金由财政拨款过渡为银行贷款，逐步形成以信贷融资为主的基本建设体制；第三阶段为公私合作多元型阶段。20 世纪 90 年代开始，为了满足基础设施不断增长的需要，我国开始推行城市基础设施市场化，对基础设施项目实行商业化经营，所采用的融资方式有商业银行信贷、发行国际债券、经营土地、特许权经营的方式等[146]。

海绵城市建设，与城市基础设施建设有不少交叉、重叠之处，从理念到落地，均面临着巨额投资、复杂的系统性关联、多头管理、回报机制不明等诸多挑战，单凭政府一己之力难以为继，需要以市场化方式调动更广泛的社会资源参与进来。为此，探索建设模式的创新成为海绵城市建设中的必然趋势。

近年来，国家也陆续出台了不少相关政策，并不断细化相关细则。目前国家在海绵城市建设领域大力推广的建设模式主要为 PPP（Public—Private—Partnership，政府和社会资本合作）模式，接下来本章将重点对其进行介绍论述。

3.4.1　PPP 模式

1. 概念与由来

国家发改委《关于开展政府和社会资本合作的指导意见》（发改投资〔2014〕2724 号）文中对 PPP 给出的定义为"政府和社会资本合作（PPP）模式是指政府为增强公共产品和服务供给能力、提高供给效率，通过特许经营、购买服务、股权合作等方式，与社会资本建立的利益共享、风险分担及长期合作关系"。

财政部《关于推广运用政府和社会资本合作模式有关问题的通知》（财金〔2014〕76 号）文中对 PPP 给出的定义则为"政府和社会资本合作模式是在基础设施及公共服务领域建立的一种长期合作关系。通常方式是由社会资本承担设计、建设、运营、维护基础设施的大部分工作，并通过'使用者付费'及必要的'政府付费'获得合理投资回报；政府部门负责基础设施及公共服务价格和质量监管，以保证公共利益最大化"。

PPP 模式的应用历史最早可追溯到应用在基础设施项目中（1984 年土耳其首先应用于电厂）的 BOT（Build-Operate-Transfer，建造 - 经营 - 移交）或其各种基本形式或演变形式（如 BOOT，BOO，TOT 等）。20 世纪 90 年代国外资本和国内民营资本参与中国基础设施建设第一轮热潮中应用最多的也是 BOT 模式（我国常称作"特许经营"）。1997 年起，国际上（包括世界银行、亚洲开发银行、政府官员和学者等）逐渐开始用 PPP 这个词来表示项目融资在自然资源开发、基础设施、公用事业和社会事业项目中，政府与企业密切合作，由企业参与提供区别于传统上由政府独自提供的公共产品或服务的更为广泛的模式 [147]。

这些模式本质上都属于特许经营项目融资，但 PPP 的含义更为广泛，反映更为广义的政府和企业的合作关系，更强调政府在项目中的责任（提供公共产品和服务）和参与，更强调政府与企业的长期合作与发挥各自优势，双方共享收益、共担风险和社会责任，现在 PPP 这个词应用越来越广泛。通过 PPP 模式，使用社会资本（含外国或本国国营或民营资本）参与基础设施、公用事业、社会事业和自然资源开发项目已经成为发达和发展中国家广泛采用的方法。一般而言，在发达国家，PPP 主要用于教育、医疗、垃圾处理和公共建筑等公共服务领域。而在对基础设施有巨大需求的发展中国家，PPP 则在能源、供水和交通等领域广泛使用，以服务于这些国家快速的经济增长。

2. 做法与要点

在公共服务领域推广 PPP 模式，有助于提高公共服务效率，为社会资本提供更多投资机会；有助于政府转变职能，建设法治政府、服务政府。PPP 的应用没有标准做法，因为每个国家都会根据自身政治、经济、文化、金融和法律环境做适当的调整，涉及企业对公共产品或服务的设计、建设、融资和经营各阶段或全过程的参与（图 3-12）。

PPP 模式并非万能，通过 PPP 模式引入社会资本方，并不意味着政府提供公共服务责任的完全转移，政府不能当"甩手掌柜"。因此，必须对 PPP 项目库进行动态管理，规范项目运作方式，推动项目签约落地，促进 PPP 项目在海绵城市建设领域的稳步推进。

首先，应做好项目前期论证。按照海绵城市建设相关的专项规划筛选适宜 PPP 的项目，强化项目前期策划和论证，做好信息公开。委托有一定业绩和能力的设计或咨询机构编制实施方案。地方政府组织有关部门、咨询机构、运营和技术服务单位、相关专家以及各利益相关方共同对项目实施方案进行充分论证，确保项目的可行性和可操作性，以及项目财务的可持续性。实施方案须经地方政府审批后组织实施。

通过竞争机制选择合作伙伴。城市政府应及时将项目内容，以及对合作伙伴的要求、绩效评价标准等信息向社会公布，确保各类市场主体平等参与竞争。应按照国家招标投标法规定的公开招投标方式，综合经营业绩、技术和管理水平、资金实力、服务价格、信誉等因素，择优选择合作伙伴。

签订特许经营协议。政府必须与中选合作伙伴签署特许经营协议，协议主要应包括：项目名称、内容；范围、期限、经营方式；产品或者服务的数量、质量和标准；服务费标准及调整机制；特许经营期内政府与特许经营者的权利和义务，履约担保；特许经营期满后项目移交的方式、程序及验收标准；项目终止的条件、流程和终止补偿；违约责任；争议解决方式等内容；以及其他需要约定的事项。

筹组项目公司。中选合作伙伴可依合同、按现代企业制度的要求筹组项目公司，由项目公司负责按合同进行设计、融资、建设、运营等；项目公司独立承担债务，自主经营、自负盈亏，在合同经营期内享有项目经营权，并按合同规定保证资产完好；项目公司的经营权未经政府允许不得私自转让。项目形成的固定资产所有权在合同期满后必须无偿移交政府。

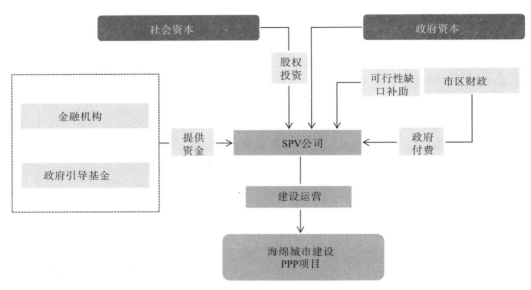

图 3-12　PPP 项目投融资结构图
图片来源：深圳海绵城市建设试点实施方案 PPP 项目方案

3. PPP 项目监管

PPP 项目监管是监管机构运用行政、法律、法规、经济等手段，发挥政府和公众等利益相关者的监管职责，对 PPP 项目的建设和运营进行监管，以保证公用事业和基础设施的顺利实施以及公共产品的质量和服务的效率。由于 PPP 项目具有一次性、长期性和不完备契约性等特点，基于社会资本的逐利性，PPP 项目建设和运营将面临更多更复杂的风险，因此，海绵城市建设 PPP 项目的发展离不开完善的 PPP 项目监督体系（图 3-13）。

政府方代表作为 PPP 项目的业主单位，是项目履约管理的责任主体。根据特许经营协议确定的各参与方的权利义务边界，政府代表应设计监管条约或聘请第三方咨询机构，授权其监管项目公司的建设运营行为。政府作为项目监管主体，是基于社会责任和公共利益依据其行政权力所必须行使的监管。各监管部门根据协议和相关规范制定监管实施细则，并明确相应的处罚措施。此外，PPP 项目公司应建立科学的项目信息披露机制，完善公众评价参与渠道，对海绵城市 PPP 项目的重大运营事项进行及时公示，搭建媒体沟通平台，并配合监督结果设立一定的奖惩机制，提升海绵城市品质。

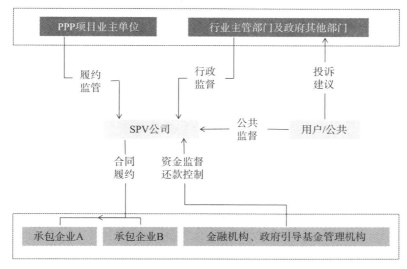

图 3-13　PPP 项目监管体系
图片来源：深圳海绵城市建设试点实施方案 PPP 项目方案。

为有效推进海绵城市建设 PPP 模式的实施，可从以下三个方面完善 PPP 项目监督体系。

第一，建立高效的 PPP 项目政府监管机构。监管机构作为 PPP 项目监管体系的核心，高效的监管机构体系有利于确保项目监管的有效性和统一性，所以对各部门的监管边界进行明确划分是十分必要的。PPP 项目监管机构的设立：首先明确城市行政主管部门的监管职责和范围。其次，设立独立综合性的政府监管机构，然后在独立综合性的政府监管机构下设立各个领域的专业性独立监管机构，如交通独立监管机构、电力独立监管机构、水务独立监管机构等。具有独立性和专业性的 PPP 项目监管机构是保障 PPP 项目行政监管效率的重要基础。

第二，建立健全的 PPP 项目政策法规体系。首先，从宏观层面对 PPP 项目的各个阶段进行整体约束，完善相关约束配套政策法规。其次，基于 PPP 项目的多样化以及各区域的实际情况，从微观层面对不同 PPP 项目制定相应的政策法规，最大限度地为 PPP 项目提供政策保障与支持。宏观层面与微观层面的相结合，互相补充，建立健全 PPP 项目政策法规体系。

第三，完善的社会监督体系是 PPP 项目成功非常重要的保障，体现了公众作为项目利益相关者参与项目的公平性和公正性。PPP 项目社会监管体系可以由两部分组成：①建立 PPP 项目公众投诉及建议平台。可结合各地区的实际情况，创新式地建立 PPP 项目公众投诉及建议的平台。②健全 PPP 项目听证会制度。一方面要建立听证人员甄选制度，公正广泛地选取听证成员；另一方面，听证的主要议题应在相关媒体上公示，开放实时网络讨论，真正做到公众参与并定期把结果反馈给公众。加大公众在监管过程中的参与度，建立完善的 PPP 项目社会监督体系，实现对 PPP 项目监管的再监督，保障公众需求得到满足。

4. 案例分析

本书以某市新区水质净化厂厂网一体化 PPP 项目、迁安市海绵城市 PPP 项目为例，详细分析适合采用 PPP 模式的项目类型、运作模式以及对参与 PPP 的社会资本的选择。

【案例 3-1】某市新区水质净化厂厂网一体化 PPP 项目

（1）项目概况

本项目位于某市新区，将水质净化厂及其服务范围内的全部污水管网打包采用 PPP 模式实施，项目总投资约 12.40 亿元，PPP 模式的期限为 20 年，其中，建设期为 2016～2018 年。该 PPP 项目提高了污水处理的系统性、完整性和合理性，提高了合同监管和行业监管的效率，具体情况如表 3-8 所示。

项目基本情况　　　　　　　　　　　　　　　　　　　　　　　表 3-8

序号	项目名称	需项目公司承担投资（亿元）	存量/增量	规模
1	某市新区水质净化厂一期工程		存量	15 万 m³/d
2	某市新区水质净化厂配套污水干管工程		存量	100km
3	某市新区污水支管网一期工程		存量	70km
4	某市新区污水支管网二期工程	0	存量	54km
5	某市新区 A 片区污水支管网工程		在建	43km
6	某市新区 B 片区污水支管网工程		在建	44km
7	某市新区 C 片区雨污分流管网工程	2.24	新建	55.6km
8	某市新区 D 片区雨污分流改造工程	1.35	新建	38km
9	某市新区 E 片区雨污分流改造工程	3.23	新建	52km
10	某市新区水质净化厂二期工程	5.57	新建	15 万 m³/d
合计		12.40	污水管网 456.6km；污水处理能力 30 万 m³/d	

（2）项目运作模式

此项目中，新区水质净化厂配套污水干管工程、新区污水支管网一期工程、新区污水支管网二期工程属于存量项目，采用 O&M（委托运营）模式；新区核心片区污水支管网工程和新区街道松白路以东片区污水支管网工程为在建项目，建设后采用 O&M（委托运营）模式；新区 C 片区雨污分流管网工程、新区 D 片区雨污分流改造工程、新区 E 片区雨污分流改造工程三个项目为新建项目，目前正在开展施工图设计，采取 BTO 模式；新区水质净化厂一期工程为存量项目，采用 O&M（委托运营）模式；新区水质净化厂二期工程为新建项目，目前正在开展可行性研究阶段，采用 BOT 模式由项目公司负责投资、建设、运营。此外，对于新区水质净化厂服务范围内随道路建设的污水管网，建成后将采用 O&M（委托运营）由项目公司负责运营维护。如表 3-9 所示。

项目的具体运作模式　　　　　　　　表 3-9

序号	项目名称	需项目公司承担投资（亿元）	运作方式	回报方式
1	新区水质净化厂配套污水干管工程	0	O&M	管网运营维护费
2	新区污水支管网一期工程			
3	新区污水支管网二期工程			
4	新区 A 片区污水支管网工程			
5	新区 B 片区污水支管网工程			
6	新区 C 片区雨污分流管网工程	6.83	BTO	可用性服务费 + 管网运营维护费
7	新区 D 片区雨污分流改造工程			
8	新区 E 片区雨污分流改造工程			
9	某市新区水质净化厂一期工程	5.57	O&M	污水处理费
10	某市新区水质净化厂二期工程		BOT	
合计		12.40	—	—

成交社会资本应与政府指定出资代表合资组建项目公司。项目公司注册资本金暂定为项目总投资的 30%，其中政府指定出资代表拟出资 49%，成交社会资本拟出资 51%。

（3）社会资本的选择

1）财务实力：申请人 2015 年年底净资产不低于人民币 50 亿元，以审计报告为准；

2）资质要求：具有市政公用工程施工总承包一级及以上资质，以及企业安全生产许可证书；

3）业绩经验：在资格预审公告发布之日起前五年内，申请人或控股子公司具有国内污水处理厂累计总处理规模不少于 30 万 m^3/d，以及管径 300 以上的市政管网累计总长度不少于 500km 的投资、建设或运营业绩；

4）此项目允许以联合体形式参与。联合体成员数不得超过 2 家；

5）单位负责人为同一人或者存在控股、管理关系的不同单位不得同时参加项目采购。

【案例 3-2】迁安市海绵城市 PPP 项目[148]

（1）项目概况

此项目试点区域位于迁安市主城区，面积为 21.5km²，工程内容包括：建筑与小区、绿地与广场、道路与管网、建设区外工程、能力建设工程 5 大类共 214 个项目，建设期为 2015 ～ 2017 年，总投资 38.42 亿元。

（2）项目运作模式

项目中，生活污水厂提标改造项目拟采用"ROT"模式，高新技术产业开发区污水厂项目拟采用"BOT"模式，第三水厂和水源地项目拟采用"BOT"模式，道路管网及绿化改造、建筑与小区、三里河郊野公园、三里河生态走廊、三里河下游整治和迁安市海绵城市一体化信息平台项目拟采用政府购买服务的运作方式。其中，生活污水厂提标改造项目、高新技术产业开发区污水厂项目和第三水厂、水源地项目，服务期为25年（含建设期）；道路管网及绿化改造、建筑与小区、三里河郊野公园、三里河生态走廊、三里河下游整治和迁安市海绵城市一体化信息平台项目，服务期为17年（含建设期）；最终以磋商文件为准。

成交社会资本应与政府指定机构合资组建项目公司。项目公司注册资本金暂定为项目总投资的30%，其中政府指定机构拟出资20%，成交社会资本拟出资80%。

（3）社会资本的选择

1）申请人应为依法成立并有效存续的境内企业法人；

2）主体要求：申请人可以是独立法人，也可以是由不超过四家的独立法人组成的联合体；

3）财务实力：申请人注册资金不低于5亿元人民币（含5亿元）（以营业执照为准）；净资产不低于10亿元人民币（含10亿元）（以经审计的2014年年度财务报告为准）；

4）业绩经验：在资格预审公告发布之日起前五年内，在中国大陆地区拥有以下业绩中的两项及以上：①投资、建设或运营日处理规模8万 m^3 以上污水处理设施的经验；②投资、建设或运营日处理规模5万 m^3 以上供水处理设施的经验；③投资、建设或运营总投资2亿元以上的流域环境综合整治项目的经验；④投资、建设或运营总投资1亿元以上雨水综合利用工程项目的经验；⑤投资、建设或运营县级以上城市排水在线监测系统的经验。

3.4.2 其他建设模式

PPP项目因投资巨大、合同关系复杂、特许期长等特点注定了只能在某些特定的项目中运用，其他项目的建设实施一般可分为政府投资项目与社会投资项目。

1. 政府投资项目[149, 150]

政府投资项目又被称为政府工程项目，是指为了适应和推动国民经济或区域经济的发展，满足社会的文化、生活需要，以及处于政治、国防等因素的考虑，由政府作为投资主体兴建的固定资产投资项目。

政府投资项目的资金来源一般包括纳入财政预算管理的专项建设资金，政府融资以及利用国债的资金，国际金融组织和外国政府的贷款、赠款、转让、出售、拍卖国有资产及其经营权所得的国有资产权益收入，土地使用权出让金等。

对于海绵城市建设而言，中央财政对海绵城市建设试点城市有一定的专项资金补助，而国家开发银行、中国农业银行也先后与住房和城乡建设部联合发布通知，把海绵城市建设作为信贷支持的重点领域。

总体来看，目前我国政府投资项目管理模式主要有以下几种：项目法人型模式、工程指挥部型模式、基建组型模式、专业机构型模式、城投公司型模式。管理模式的多样性也决定了职能管理的多样性和复杂性。政府投资项目需要比一般项目更严格的管理程序，其管理模式应从以下五个方面进行完善：

第一，合理界定政府投资项目范围。政府投资项目的界定是政府投资项目管理上的一个根本性问题，应明确区分海绵城市建设项目的经营性与非经营性属性。

第二，完善政府投资项目监督体系，明确政府各部门在政府投资的海绵城市建设项目管理中应该担负的主要职责，避免出现职责的交叉和权力的真空，以保证政府投资项目从决策到实施的高效率。在我国，尤其要加强发改、财政、审计和监察等部门的宏观监管和协调。

第三，政府投资项目管理要逐步实现专业化。我国政府投资项目的成败与项目管理单位和人员的能力和水平密切相关。委托专业项目管理机构、专业人士来进行项目建设管理，发挥专业机构和技术人员的技术、管理优势与经验，避免造成人、财、物和信息等社会资源的浪费，政府同时需履行好监督职能。

第四，完善相关法律法规。无论采用怎样的管理模式，都必须有配套的法律、法规对工程管理进行规范。应尽快出台有关政府投资海绵城市工程项目管理法律。合理划分投资、建设、管理、使用各方的职责和权力，并形成权力的制衡。

第五，建立建设项目的后评价机制。可以在海绵城市建设项目建成后经过一段时期的运营和使用后，对项目的立项决策、规划设计、工程实施、运营或使用，以及项目的经济和社会效益作出合理评价。完善的后评价可以对项目前期评价工作进行补充和完善，对项目的工作进行监督和改进，对项目管理进行反馈。

2. 社会投资项目 [151]

社会投资项目是指具有独立经济利益的微观经济主体进行的投资，是国家和集体投资的必要补充，在全社会固定资产投资中占很大比重。资金来源为企业自筹，一般包括自有资金、商业银行借款和抵押贷款、战略投资伙伴的资金、风险投资和民间资金等。

社会投资项目的开发是从开发企业有投资意向开始，经过投资分析、规划勘察设计、土地征用、拆迁安置、施工建设、竣工验收交付使用等，指导项目实施全寿命周期的完整过程。在这个持续时间较长的开发任务中，要通过建设行政主管部门、勘察设计单位、施工单位等多家单位之间的协调配合才能完成。把握住项目开发的基本原则、基本思路，了解基本程序，才能有效地对社会投资项目落实海绵城市建设理念进行管控。

政府投资项目多为基础设施项目或者社会公共性的项目，对项目的盈利并无要求，而社会投资的项目必然是要求一定的利润率和回报率。海绵城市建设工程前期投入较大，且其主要体现为环境和社会效益，经济效益不明显，因此，为了将海绵城市建设理念在社会投资建设项目中进行普及和推广，有条件的城市应出台相关经济激励政策，如实行资金补贴、提供容积率奖励、减免防洪费等，以平衡各方利益，推动海绵城市建设工作的进程。

3.5　海绵城市维护管理

3.5.1　维护管理机制

做好海绵城市工程设施的维护管理，保证各类设施充分发挥其设计功能与作用，预防其损坏和不必要的损失，是各主管部门共同的职责。因此，各类工程和设施的维护管理必须建立健全的管理机制，确保在各部门协同管理的前提下，有效开展相关工作。

海绵城市工程和设施的运行维护应注重加强宣传教育和引导，提高公众对海绵城市建设、低影响开发、绿色建筑、城市节水、水生态修复、内涝防治等工作中雨水控制与利用重要性的认识，鼓励公众积极参与海绵设施的建设、运行和维护，将有助于实现海绵城市项目预防为主，长久运行的最终目标。

根据当前海绵城市相关项目的投融资模式，可将其分为政府投资类项目、社会类项目以及PPP类项目，应根据不同项目类型，遵循"谁建设，谁管理"的原则，由该设施的所有者或其委托方负责维护管理，并应加强人员的管理和培训，认真落实设施维护责任制。

（1）政府投资的海绵城市工程的维护管理职责按属地管理、产权管理原则，与配套建设海绵城市设施之前该建设项目所对应的维护管理单位相同，由项目所在地的水务、环保、园林、城管、交通等相关行政主管部门按照职责分工负责维护管理；政府投资的公共建筑、道路等项目中的海绵城市设施由产权单位负责维护管理。各部门应按照上级主管部门下发的目标要求，具体实施海绵城市设施维护管理工作。

（2）社会类项目的海绵城市设施由其产权单位或物业管理单位负责维护管理。维护管理质量应满足项目的设计控制目标，并受上级管理部门监管。

（3）PPP类和前期为EPC后期转为PPP类项目的海绵设施在合同运营期内由投资公司负责维护管理，运营期外设施的维护管理交由政府或物业负责。

（4）各地海绵城市建设管理的统筹部门，应明确各部门的职责分工，做好海绵城市设施维护管理的监督、指导、协调统筹工作。

（5）各地财政部门应负责统筹安排专项经费用于海绵城市设施的维护管理。但对非政府投资项目的海绵城市设施维护管理经费由其经营管理单位负责。

（6）海绵城市设施应配有专职人员管理，管理人员应经专门培训上岗，掌握各类设施的维护内容、方法和频次。各管理部门应建立维护人员日常管理制度，根据维护需要合理安排人员数量、维护时间，保证各类设施维护工作顺利进行。

（7）海绵城市设施由于堵塞、设备故障等原因造成暂停使用的，应及时向相应责任部门上报，同时进行排查，及时恢复使用。

3.5.2 维护管理流程

（1）海绵城市设施的维护管理应采用日常巡查和专项巡查相结合的模式。日常巡查频率遵循原有巡查制度的相关规定；专项巡查频率建议最低为一年两次，分别为每年雨季来临前和雨季后期，应制定各项设施运行维护要点，对海绵城市设施进行集中专项巡查，保证设施正常、安全运行。

（2）海绵城市设施的维护管理应建立健全维护管理制度和操作规程，所有的维护工作应做维护管理记录。

维护管理的基本工作流程如图 3-14 所示。

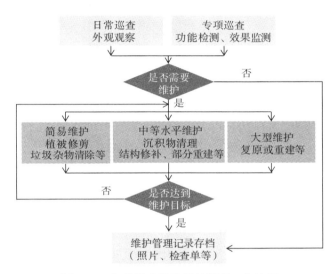

图 3-14 海绵城市设施维护管理工作流程

（3）维护管理记录包括海绵城市设施的日常维护管理记录和专项维护管理记录，由相应的维护管理单位在工作过程中收集，其中专项维护管理记录每年至少两次，每年雨季结束报上级主管部门备案。

3.5.3 设施维护管理重点

海绵城市涉及的工程设施种类较多，空间布局比较分散，总体数量较大，若疏于维护管理，必然会导致局部和整体难以达到理想效果。为保证海绵城市低影响开发雨水工程措施的长久、有效运营，应对各措施进行日常管理，对植物进行常规养护，并应注意降雨之后的检修管理。

1. 一般规定

（1）建立健全海绵城市工程设施的维护管理制度和操作规程。

（2）雨季来临前，应对各项分散式雨水设施进行清洁和维护，确保其安全运行；在雨季，定期对设施的运行状况进行检查，及时清扫、清淤，确保海绵设施安全运行。

（3）海绵城市工程设施应设有防止误接、误用、误饮的警示标志和报警装置。设施旁设置标识牌，介绍设施构造、作用等，有利于公众对设施的认知和维护。对于重要项目或示范项目，应在设施旁设置标识牌，介绍设施的构造、作用等；在下沉深度较大的设施附近应根据安全需求设置围栏、警示牌或安全平台。

（4）严禁向道路雨水口及海绵城市设施内倾倒树叶、垃圾、生活污水、工业废水。严禁清扫道路时，将垃圾、泥沙清扫至雨水口。严禁将生活污水、废水接入雨水管网及低影响开发设施。

（5）禁止将海绵城市设施，如雨水花园、下沉式绿地等私自改造，破坏现有雨水设施构造。

（6）应根据不同设施的功能要求，选择适宜的乡土植物。所有种植植物的维护工作应满足景观设计维护要求。

（7）加强海绵城市设施数据库的建立与信息技术的应用，通过数字化信息技术手段进行监测和评估，进行科学运行维护管理，确保设施的功能得以正确发挥。

（8）应加强宣传教育和引导，提高公众认识，鼓励公众积极参与和监督海绵城市设施的运行和维护。

2. 渗透设施

渗透设施的使用年限与维护频率、沉积物结构以及径流负荷有密切关系，合理持续的运行维护可使渗透设施的使用年限延长至20年。

（1）透水铺装：影响透水铺装效果的因素主要是面层、基层和土基的堵塞等。道路管理部门应限制渣土车、施工车等易产生细小颗粒物的车辆进入透水机动车道路面。

（2）下沉式绿地：下沉式绿地需要巡查与维护的重点是植物生长情况、雨水口和调蓄空间是否能有效运行等。

（3）生物滞留设施：生物滞留设施根据应用位置不同又称作雨水花园、生物滞留带、生态树池等。生物滞留设施应定期观察植物生长、垃圾和沉积物累积的状况。若植被生长良好，则生物滞留设施只需要进行少量的植被维护和沉积物或垃圾清除工作。

3. 储存设施

雨水储存设施的维护工作根据雨水回用的要求而确定，灌溉回用水的维护要求较低，室内回用水的维护要求较高。雨水储存设施的各个部件应在每年春季和秋季进行一次全面检查。

（1）雨水桶：雨水桶需要重点巡查与维护的内容是进水和溢流设施是否能有效运行，存储介质的牢固性是否能保障存储容积有效。

（2）蓄水池：除了巡查与维护进水和溢流设施之外，还要根据雨水回用用途确定出水水质是否能满足回用要求。

（3）雨水湿地：重点巡查与维护种植物的生长情况和净化能力、调蓄空间的淤积、侵蚀和坍塌情况。

4. 调节设施

调节塘是一种典型的调节类设施。调节塘需要巡查与维护的具体内容主要为种植物的存活率、本地物种的保持度，调节空间、管路和设施部件是否完整，有无破损、淤积等。

5. 转输设施

植草沟是一种典型的转输类设施。植草沟的维护主要是植被维护和沉积物清理。植草沟的修剪工作，应尽可能使用较轻的修剪设备，以免影响土壤的松软度。

6. 净化设施

（1）植被缓冲带：为维持植被正常生长，径流分散地汇入水体，植被缓冲带日常的维护工作是十分重要的。车辆等交通工具不应在缓冲带停靠、行驶；缓冲带的修剪应尽可能使用较轻的修剪设备，以免影响土壤的松软度。

（2）绿色屋顶：绿色屋顶的维护通常集中在植被刚种植的前两年。绿色屋顶需要巡查与维护的具体内容主要包括：植物生长状态是否良好；排水和入渗设施是否满足相应参数要求；此外，还要确保防水层不出现渗漏问题。

（3）生态驳岸：生态驳岸需要巡查与维护的具体内容主要为种植物覆盖度、水土保持和边坡稳定情况等，此外还需要避免物种入侵。

（4）环保型雨水口：环保型雨水口是具有一定污物截流功能的雨水口，日常维护中，要保证雨水口通畅，定时清掏沉泥槽中淤积物。

3.5.4 分类项目维护管理要点

1. 建筑与小区项目

（1）考虑到老旧小区存在废水接入雨落管的现象，低影响开发改造时，需要新增雨落管或在原雨落管末端与低影响开发设施之间采取相应措施（弃流或布置净化设施等）。

（2）建筑与小区雨水渗透、储存、净化、转输等低影响开发设施应及时清扫、清淤、保养，确保工程安全运行，主要要点包括：小区道路雨水口、建筑屋面雨水斗应定期清理，防止被树叶、垃圾等堵塞，雨季时增大排查频率；雨水口截污挂篮拦截的废物应定期进行倾倒；蓄水池、蓄水模块等储存设施应定期清洗，每年应进行一次放空。清洗和放空时间宜选择在旱季；小区内透水铺装应定期采用高压清洗和吸尘等方式清洁，避免孔隙阻塞，保证透水性能；建筑与小区雨水直接回用设施应设置防治误接、误用、误饮的措施，并应保持明显和完整，严禁擅自移动、涂抹、修改雨水回用管道和用水点的标记。雨水回用设施的处理水质应进行定期检测；小区的绿地、水景等用于雨水消纳的设施应根据季节变化进行养护，对暴雨后残留的垃圾要进行及时清理。

2. 道路项目

（1）透水路面的维护工作主要可分为日常巡视与检测、清洗保养、小修工程、中修工程、大修工程等。对于透水路面的损坏，应根据损坏程度及时进行相应的修复。

（2）道路周边绿化带可结合建设生态树池、下沉式绿地、生物滞留等低影响开发设施，主要维护要点包括：及时补种，修剪植物，清除杂草，植物生长季节修剪不少于1次/月；

道路周边低影响开发设施进水口若雨季发现不能有效汇集周边道路雨水径流时，应进行局部的竖向或进水口位置的调整。进水口、溢流口应采取相应的防冲刷设施，防止水土流失。应定期检查清理路牙豁口处拦污槽（框）内的树叶碎片、垃圾等杂物，根据堵塞情况进行冲洗，必要时进行填料更换；检查周期：每次大雨之后；填料更换周期根据堵塞状况不同，2～3年左右一次。设施调蓄空间因沉积物淤积导致调蓄能力不足时，应及时清理沉积物。

3. 绿地与广场项目

（1）利用集中绿地可建设下沉式绿地、生物滞留池、雨水湿地、雨水塘等低影响开发设施，主要维护要点包括：在汛期来临前及汛期结束后，应对绿地低影响开发设施及其周边的雨水口进行清淤维护；在汛期，应定期清除绿地上的杂物，加强对植物生长的管理，对雨水冲刷造成的植物缺失，应及时补种。溢流口堵塞或淤积导致过水不畅时，应及时清理垃圾和沉积物；湿塘、湿地等集中调蓄设施，应根据暴雨、干旱、冰冻等不同情况进行相应的维护及水位的调节；

（2）根据《园林绿地养护技术规程》，绿地低影响开发设施中植物的养护，主要要点包括：严格控制植物高度、疏密度，保持适宜的根冠比和水分平衡；定期对生长过快的植物进行适当修剪，根据降水情况对植物补充灌溉；维护湿地内的水生植物，定期清理水面漂浮物和落叶等；严禁使用除草剂、杀虫剂等农药。

（3）广场调蓄设施的运行维护要点主要包括：警示牌应保持明显和完整；应设置调蓄和晴天两种运行模式，建立预警预报制度，并应确定启动和关闭预警的条件；启动预警后，即进入调蓄模式，应及时疏散人员和车辆，打开雨水专用进口的闸阀；调蓄模式期间，雨水流入广场，人员不得进入；预警关闭后，应打开雨水专用出口闸阀，雨水排出广场；雨水排空后，应对广场和雨水专用进出口进行清扫和维护，并应关闭调蓄模式。晴天模式时，应关闭雨水专用进口闸阀，并应定期对雨水专用进出口进行维护保养。

4. 水系项目

（1）应定期对水体护岸进行巡查，关注护岸的稳定及安全情况，并加强对护岸范围内植物的维护和管理。

（2）对水体中挺水、沉水、浮叶植物进行定期维护，并遵循无害化、减量化和资源化原则，及时收割一定的水生植物并移出水体，避免二次污染。

（3）宜每年对水体中底栖动物和鱼类群落结构进行调查，采取投放或捕捞的措施，使水体中水生动物群落结构处于健康水平。

（4）针对水体中生态浮岛等原位水质净化设施应进行定期检查，包括床体、固定桩的牢固性等，若出现问题应及时进行更换或加固。

（5）定期取样与检测水体水质，当水质发生恶化时，及时采用物理、化学、生化和置换等综合手段治理，保证水体水质满足景观水质要求。

（6）河道治理及湿地系统类项目（大海绵体）的维护还应参考《河道生态治理设计指南》及《人工湿地污水处理工程技术规范》HJ 2005-2010等相关规范措施执行。

5. 雨水管网和泵站项目

雨水管道及泵站在城市排水体系中发挥着重要作用，其合理的运行维护关系着大降雨事件中城市雨水的顺利排放。应重点关注如下要点：

（1）雨水管道承担着疏导转输城市雨水排放的功能，易发生淤泥堆积及垃圾堵塞，维护中应重点关注作业现场的安全防护以及井盖的开启和关闭、管道检查、管道疏通等要求。管道维修应符合现行国家标准《给水排水管道工程施工及验收规范》GB50268-2008 的相关规定。

（2）雨水泵站维护与检查的具体项目主要包括水泵维修、除锈、校检、电力电缆检查、变压器维护等。

3.5.5 风险管理

1. 一般规定

（1）雨水回用系统输水管道严禁与生活饮用水管道连接。

（2）地下水位高及径流污染严重的地区应采取有效措施防止下渗雨水污染地下水。

（3）严禁向雨水收集口和低影响开发雨水设施内倾倒垃圾、生活污水和工业废水，严禁将城市污水管网接入低影响开发设施。

（4）严禁在透水路面区域存放任何有害物质，防止地下水污染。

（5）城市雨洪行泄通道及易发生内涝的道路、下沉式立交桥区等区域，以及城市绿地中湿塘、雨水湿地等大型低影响开发设施应设置警示标识和报警系统，配备应急设施及专职管理人员，保证暴雨期间人员的安全撤离，避免安全事故的发生。

（6）陡坡坍塌、滑坡灾害易发的危险场所，对居住环境以及自然环境造成危害的场所，以及其他有安全隐患的场所不应建设低影响开发设施。

（7）特殊污染源地区（地面易累积污染物的化工厂、制药厂、金属冶炼加工厂、传染病医院、油气库、加油加气站等）、水源保护地等特殊区域如需开展低影响开发建设的，还应开展环境影响评价，避免对地下水和水源地造成污染。

2. 具体设施运行风险管理

（1）海绵城市设施的建设在工程前期应进行详细的可行性研究，邀请专家进行专家论证，针对不同地区的气候和降雨条件合理规划设计；充分考虑当地实际情况选择适合当地的技术设施；在植物物种选择上优先考虑当地特色植物，提高植物物种的存活率。

（2）透水铺装应注意防范强降雨时下渗雨水是否会影响路基。

（3）下沉式绿地应注意防范污染物的累积，下渗困难时，积水是否影响植物和环境；绿地下沉是否会导致地面沉降。

（4）生物滞留设施、渗井、渗管/渠、渗透塘等渗透设施应注意防范是否引起地面或周边建筑物、构筑物坍塌，或导致地下室漏水等。

（5）植草沟/植被缓冲带应注意防范重金属等难分解污染物的累积是否会影响环境。

（6）绿色屋顶应注意防范是否导致屋顶漏水；以及降雨过程中基质中有机物析出，是否会导致二次污染。

（7）渗渠（井）渗透层容易堵塞是否会对地下水造成污染。

（8）海绵城市设施风险事故发生后，应及时组织专家和工作人员进行事故调查，分析事故原因，对设施的薄弱环节进行补充和提出备选方案，减小损失。针对发生的风险事故总结经验教训，在以后的运营和维护过程中避免该种类型风险事故的发生。

3. 其他风险管理

为避免海绵城市设施在后期运行维护管理时未能达到相关规定要求，应注意以下几点：

（1）在设计时提出详细的后期运营和维护指南和导则；

（2）对后期运营和维护管理团队加强技术培训；

（3）预留充足的后期维护资金；

（4）建立责任问责机制，使后期的运行管理依据前期的要求进行，保证海绵城市设施的功能长期有效。

3.6　海绵城市激励机制探索 [152]

3.6.1　经验借鉴

经济激励与约束政策是以激励为基础的政策，旨在鼓励环境保护行为或污染削减。经济激励手段主要通过制定政策法规，使雨水处置者根据自身的利益做出反应。经济约束手段将雨水不当处置的负外部性内在化于不当处置者自身，引导其开展相关活动。

由于全球范围内的水资源短缺和暴雨洪水灾害的频繁发生，20多年来，城市雨水利用技术在世界各地迅速发展，相关的激励政策法规也日渐成熟和完善。从国内外雨水利用较好的城市来看，有效的城市雨水经济激励的主要方式有补贴、奖励、减免费用等。

1. 补贴

补贴，就是通过支付或税收减免的方式，对雨水回用设施和雨水径流减排设施提供资助，其基本思想就是正外部性，个人或社区行为给他人带来了收益，却没有得到报酬，而导致市场失灵，通过补贴可移动私人边际收益曲线，使之趋于社会边际收益，从而使正外部性内部化。

国外城市补贴资金的来源主要是雨水相关的收费、税收、许可证等，而在我国目前没有与雨水相关的收费，主要来源可以是城市建设费、防洪费等相关费用、节水资金等。

美国华盛顿设立了绿色屋顶专项基金，鼓励开发商将屋顶建成绿地，每1平方英尺新建或改造的绿色屋顶可以获得5美元的补贴，这笔费用由市政府从征收的雨水费当中支出。在日本、中国台湾地区等地对已经建设雨水综合利用设施的建设行为，根据雨水贮留设施的种类、大小给予不同比例的补助。

各地雨水补助案例 表 3-10

	城市	补助对象	蓄水设施	补助金的种类和内容
日本	高松市	个人及单位	小型蓄水设施（0.1m³ 以上 1m³ 以下的水箱）	市指定蓄水设施补助最高金额 10 万日元（折合人民币 6300 元）
			中型、大型蓄水设施（1m³ 以上）	与 1m³ 以上设施相关的水管水泵等设备的完备补助金最高金额 100 万日元（折合人民币 63000 元）
	川口市	家庭与街道委员会或自治会	雨水蓄水设施（最多 2 座）将净化槽改造后转用的设施	工程所需费用的 1/2 以内，最高 8 万日元（5040 元）
			地下渗透设施	
	墨田市	设置积攒雨水的水箱	基础梁式水箱（5m³ 以上）	每立方米 4 万日元（折合人民币 2500 元），最高 100 万日元（折合人民币 63000 元）
			中型水箱（0.5m³ 以上）	FRP（纤维增强复合材料）等 12 万日元/m³（折合人民币 7560 元）
				聚乙烯 4.5 万日元/m³（折合人民币 2835 元）
				最高金额 30 万日元（折合人民币 18900 元）
			小型水箱（不足 0.5m³）	工程所需费用的 1/2 以内，最高 2.5 万日元（1575 元）
	筑紫野市	市内居民	建简易蓄水箱	工程所需费用的 1/2 以内，最高 3.4 万日元（2142 元）
			节水型净化装置	工程所需费用的 1/2 以内，最高 16 万日元（10080 元）
			简易水泵	限定 3000 日元（折合人民币 189 元）
			节水型洗衣机	限定 5000 日元（折合人民币 315 元）
中国台湾地区	台湾《雨水储蓄设施推广计划执行要点》	不锈钢，钢筋混凝土，加强砖造者	蓄水池（10m³ 含以上者）	10000 元（新台币）
			蓄水池（20m³ 含以上者）	20000 元（新台币）
			蓄水池（30m³ 含以上者）	30000 元（新台币）
			蓄水池（40m³ 含以上者）	40000 元（新台币）
			蓄水池（50m³）	50000 元（新台币）
中国台湾地区	台湾《雨水储蓄设施推广计划执行要点》	铝合金材料造者	蓄水池（10m³ 含以上者）	10000 元（新台币）
			蓄水池（20m³ 含以上者）	20000 元（新台币）
			蓄水池（30m³ 含以上者）	25000 元（新台币）
			蓄水池（40m³ 含以上者）	30000 元（新台币）
			蓄水池（50m³）	35000 元（新台币）

2. 奖励

不同国家和地区根据当地的具体情况设置了不同的奖励措施。如韩国首尔市广津区城市建筑委员会制定了一项雨水利用激励性计划，对安装雨水收集利用系统的用户给予一定的支持与鼓励：业主可以根据其所安装的雨水收集利用系统的不同用途，获得比原来多 5% ~ 20% 不等的建筑面积。美国芝加哥市在绿色屋顶计划中，对于建筑屋顶上的建造绿化面积比例高于 50% 或者 2000ft^2 的开发商提供奖金。

3. 减免雨水排放费

目前国外部分城市和地区收取雨水排放费。雨水排放收费是对每个社区（开发商）排放雨水行为定价，按照"谁排放谁付费"的原则，标准可以按照雨水排放量或雨水径流负荷计算。社区（开发商）可以通过支付排放费而保持原有的排放水平或采用雨水回用滞留措施减少径流排放量以减轻收费数额，根据市场激励机制，社区（开发商）将选取成本最低的方案。

在美国和德国都有征收雨水排放费，并根据各用户已建的雨水综合利用设施可减免一部分的雨水排放费。

美国在许多地区建立了雨水排放收费机制，以社区为单位进行规划并实施，不同地区的雨水排放费计算和管理方式各不相同。华盛顿州奥林匹亚市将收费类型分为居民区和非居民区两类，居民区以其等效不透水面积（2528m^2）为一个等效居住单元（ERU），收取费用为 4.50 美元 /（ERU·月）；非居民区则按管理费用、径流水量费用和径流水质费用收取。印地安那州 Valparasio 县则将雨水排放费的费率分为六级，其中单户家庭以 3.00 美元 /（ERU·月）为基准进行计算，住宅楼以 2.25 美元 /（ERU·月）为基准进行计算；对非居民区则按不透水面积大小分别征收不同的雨水排放费。在美国一些州市，譬如奥兰多、伯灵顿等城市，设立了雨水公用设施费。这些城市雨水排放所需要支出的维护和管理费用，通过雨水公用设施费转移给财产所有者。雨水公共设施费对于许多行业和大型商业设施来说意味着增加了成本，但奖励雨水利用的机制也得到了同步实施。用户通过减小不透水地面积、采用雨水入渗和雨水污染处理等方式，可以获得显著的成本收益。例如，在美国北卡罗来纳州的明尼阿波利斯，采取改善雨水水质的措施可减免 50% 的雨水排放费，而采取降低雨水量的措施可得到 50% ~ 100% 的费用减免。

在德国若用户实施了雨水利用技术，国家将不再对用户征收雨水排放费。例如：2001 年 1 月 1 日，德国汉诺威市开始征收雨水排放费。汉诺威市规定，如建筑房屋、硬化地面因雨水不能渗入地面而流入城市雨水管网，否则要交纳雨水排放费。雨水费按此房屋和硬化地面的面积计算，目前费用约为 0.63 欧元 /（m^2·年）。如果建筑房屋的雨水可以完全渗入地下的话，就可以省去雨水费。对于能主动收集使用雨水的住户，政府每年给予"雨水利用补助"。

4. 减免城市防洪费或其他费用

采用雨水综合利用工程后，不仅降低进入排水管网的雨水量及降低河道的排洪压力，还能去除地表径流中的污染物，减轻后续处理的压力。因此可根据用户已采取的雨水综合利用措施可减免相关的防洪费或水费。

韩国京畿道省规定各城市可以根据当地的雨水利用情况制定法规来降低自来水水费。在该省的义王市、坡州市和安养市，进行雨水收集利用的业主使用自来水的费用为原来的65%。

目前我国并未收取雨水排放费，但是防洪费等相关费用的收取则有专门的规定。各地对防洪费有不同的收取标准，如《北京市征收防洪工程建设维护管理费暂行规定》对防洪费征收标准为：

"（一）对征用土地（含批租）的单位和个人，以市、区、县土地管理部门按审批权限核发用地许可证所确定的征用土地面积，按每平方米20元的标准征收防洪费。

（二）对在划拨国有土地上（含批租）新建、扩建、改建工程项目的单位和个人，以市、区、县房地产管理部门按审批权限核发的建设用地批准书所确定的占用土地面积，按每平方米20元的标准征收防洪费。

（三）对使用土地从事非农业生产的单位和个人，以实际占地面积，按每平方米每年2元的标准征收防洪费。"

我国北京市已严格按照《关于加强建设工程用地内雨水资源利用的暂行规定》中的规定执行："建设单位在建设区域内开发利用的雨水，不计入本单位的用水指标，且可自由出售。在规划市区、城镇地区等修建专用的雨水利用储水设施的单位和个人，可以申请减免防洪费。办理防洪费减免手续的具体办法由市水利局、市计委联合制定。"

以深圳市为例，根据《深圳市堤围防护费征收管理办法》规定，堤围防护费按缴费人申报流转税时的销售额或营业额按下列费率计征（根据《深圳市财政委员会深圳市发展和改革委员会关于减征免征我市部分行政事业性收费市级收入的通知》《深圳市水务局关于免征我市堤围防护费的通告》的要求，决定从2014年9月起免征），具体费率如表3-11所示。

深圳市堤围防护费征收费率　　　　　　　　　　　　　表3-11

销售（营业）额（亿元）	费率
1 以下（含本级）	0.5‰
1 ~ 10	0.4‰
10 ~ 20	0.3‰
20 ~ 30	0.2‰
30 以下	0.1‰

3.6.2　激励政策建议

国内城市可根据实际情况，参考借鉴国内外经验，可采取补贴、奖励等不同的措施激励海绵城市建设。

1. 补贴建设的激励政策

根据国内一些地区的海绵城市建设经验（如深圳光明新区、北京等），海绵设施的建设单价如表3-12中所示，建议地方在采取补贴的政策时，可考虑所采取的设施参考价格和规模分类给予一定比例的补贴。

海绵设施建设补贴价格（建议）   表 3-12

名称	参考价格
绿色屋顶	100 ~ 300 元 /m²
透水铺装	100 ~ 300 元 /m²
下沉式绿地	40 ~ 80 元 /m²
雨水花园	600 ~ 800 元 /m²
转输型植草沟	30 ~ 50 元 /m²
过流净化型植草沟	100 ~ 300 元 /m²
土壤渗滤池	800 ~ 1200 元 /m²
湿塘	400 ~ 800 元 /m³
人工湿地	500 ~ 800 元 /m³
清水池（贮存池）	800 ~ 1200 元 /m³
初期雨水弃流装置	25000 ~ 40000 套

对于已建项目建设雨水综合利用设施的，按雨水综合利用设施投资的10% ~ 20%进行资金补贴。相关建设单位可在设施竣工验收后，凭相关材料申请资金补贴。

2. 奖励建设的激励政策

根据深圳市光明新区现有工程规划设计统计资料，如在规划设计前期全面采用低影响开发雨水综合利用设施，同步设计同步建设，每平方米用地面积的增量成本约为50 ~ 150元（按常用容积率折算，约为20 ~ 60元 /m² 建筑面积），海绵设施的成本增量约占项目总成本的2%以内。可考虑给予不同类型、不同程度建设项目容积率奖励，但同时应设置一个最高限，如最高不超过1000m² 建筑面积，以防止利益转移超量，如表3-13所示。

海绵设施的容积率奖励标准（建议）   表 3-13

类别	容积率奖励标准	
	达到海绵城市建设目标	比海绵城市建设目标高 10%
公共类	1.5%	2%
工业类	1%	1.5%
居住类	0.5%	1%

3. 其他激励政策

除上述直接激励政策外，对于部分示范性较好的项目，还可考虑通过将其列为示范项目，或在绿色建筑评级时予以加分、评选先进单位和个人等方式并给予奖励或资助予以激励。对于海绵城市相关领域的新产品、新技术、新材料、新工艺的研发方面，政府也可考虑出台无偿资助或贷款贴息的方式鼓励此类研发中心、实验室和公共技术平台的建设，此外，政府也可鼓励成立海绵绿色生态基金，政府代表或投融资中心主导的产业引导基金为海绵绿色生态基金发起人（GP），政策性银行、商业银行、信托、保险基金、社保养老基金、公募基金、私募基金、国有企业、民营企业及其他国内投资人为基金（LP），共同参与成立海绵绿色生态基金，以参股、融资担保、跟进投资或其他方式投资海绵生态材料技术开发及材料生产、绿色生态建设工程、绿色生态圈的维护和运营。

附录

　　本书的编写基于深圳市城市规划设计研究院十余年来在低影响开发和海绵城市规划建设领域的研究和实践，也受益于多样化的国内外交流，包括积极组织举办海绵城市国际论坛、学术交流以及培训，积极参与国内外海绵城市相关的学术活动，参与国家海绵城市试点城市建设专家组工作等。

　　2016年6月，在住房和城乡建设部、环境保护部、水利部等部门和机构的支持下，第八届国际城市低影响开发学术大会在北京国家会议中心召开；借此机会，深圳市海绵城市建设工作领导小组办公室、深圳市城市规划设计研究院邀请了来自美国、法国等地10位低影响开发领域的知名专家举办了深圳分论坛，并邀请专家们集中解答了海绵城市建设的常见相关问题。附件中摘录了部分专家问答以飨读者；此外，附件也对国外雨洪管理常见的参考标准手册、我国海绵城市建设相关标准的修订情况和相关政策文件等进行了简要介绍，希望能更好的帮助读者开展海绵城市规划建设工作。

附录1　海绵城市建设专家问答

陈茂松（Mow-Soung Cheng），曾任职于美国乔治王子郡政府环境部门，爱荷华大学水资源系统工程博士，美国土木工程师协会成员，美国密歇根州和马里兰州注册专业工程师。陈茂松博士在乔治王子郡的流域防洪建模、低影响开发以及新型绿色处理技术等方面做出了许多领导性和开创性的工作。在该领域，陈博士是美国最具影响力的专家之一，他帮助构建和指导了如今最高水平的城市雨洪管理体系，获得过美国环保署（EPA）等机构颁发的共计11项国家荣誉。

1. 低影响开发规划设计时主要考虑什么因素？（请列举最主要的5个因素）

陈茂松：（1）当地规范和设计要求；

（2）场地地势；

（3）当地土壤状况（渗透性能）；

（4）已存在的设施；

（5）和已存在的雨水排放系统的衔接。

另外，市民的接受度也是一个主要因素。

2. 在您所在的国家，是否有老城区进行低影响开发改造的成功案例？

陈茂松：有，美国EPA给乔治王子郡提供了资金进行旧城区的改造，典型案例有：

（1）马里兰大学校园低影响开发项目（EPA基金）；

（2）绿色道路项目（该郡4个项目）（EPA基金）；

（3）总统山庄住宅开发；

（4）Firland公园低影响开发项目（EPA基金）。

3. 在您所在地区，政府是否强制要求使用低影响开发设计？是否有支持低影响开发推广的政策或补助？

陈茂松：是的，马里兰州和乔治王子郡政府对新的开发项目都强制要求采用低影响开发技术；除非开发者能够证明使用低影响开发的"技术难度"（经济困难是不会被接受的理由）。对于低影响开发不是强制要求的地区，公共推广或教育项目以及员工培训项目可以鼓励低影响开发建设。

4. 丰水、缺水地区选择低影响设施的差异性主要在于什么？

陈茂松：丰水区的低影响开发设施侧重洪水控制（洪峰流量，雨水容积）、减小对灰色设施的压力、河床侵蚀和水质问题，要有合适的径流速率。缺水区的低影响开发设施侧重雨水利用、地下水回灌，要考虑用水权利和排水时间。

5. 在寒冷地区透水路面或者透水铺装的防冻问题是否严重影响其应用？如果存在影响，一般是如何解决的？

陈茂松：结冰可能会影响水流在透水路面或者透水铺装的过滤过程。不过使用融冰盐会缓解这种问题。另外，在极端寒冷的天气，因为降雪的原因，降雨量相对较少并且降雨时间较为分散，所以应该不会造成主要的损坏。

6. 黏土地区是否可以开展低影响开发设施建设？主要目的是什么？选择低影响开发设施的因素主要在于什么？

陈茂松：可以，但是需要建设底部暗管以防止积水洼的形成。这种情况下，低影响开发设施通过过滤滞洪，并提高水质、降低径流峰值。

主要目的：通过介质的过滤过程控制水质，通过蓄洪作用控制径流峰值。

选择因素：在黏土地区，对原来土壤的渗透作用将会极小。因此，使用对污染物去除效率高的高流量土壤介质是一个较好的选择。

7. 一般而言冬季道路有撒盐融雪，含盐雪水对低影响开发设施带来的不利影响，例如土壤盐碱化怎么处理？

陈茂松：这是一个很好的问题。在乔治王子郡，冬天在停车场或者道路中会撒盐融雪。大部分的低影响开发设施设置在下游以处理这些场所汇集的雨水径流，因此融化的雪水会被转移到建有低影响开发设施的道路两侧或者停车场绿地。在很多情况下，积雪在这些设施上面积累有好几英尺高。但是我们还从来没有分析过盐分对这些设施的影响。如果这些植物是耐盐的，这些设施就可以按照预期的效果运行。不过将来必须对这些影响进行详细的分析。

8. 在您所在地区，普通市民是否有参与到低影响开发的建设中来，如何参与的？

陈茂松：是的，有参与。在乔治王子郡，每年有一项3000000美元的年度预算支持的"Rain-Check"项目，可以为想参与到私人住宅低影响开发设施建设的市民提供经费和技术支持。经过郡政府的检阅和复查，如果这些设施达到了该郡的标准，将会同时减收该户主的雨水费。

9. 您了解中国的海绵城市建设吗？对于其推广有什么建议？

陈茂松：以我对海绵城市的了解，提出以下建议：

（1）建立一个跨部门的低影响开发委员会，以协调所有相关政府部门的行动和责任。

（2）和大学以及其他的研究机构合作研发低影响开发相关的新理念和技术。

（3）如果可能，采用公私合作（PPP）财务模式可以加快低影响开发的实施，同时减少总体成本。

（4）为私有工商产业所有者建立一个综合的公共拓展或者公众参与的激励基金（项目）。如果有必要，使用（类似于"Rain Check"项目的）激励政策会有帮助。

（5）受过相关培训的政府职员以及咨询工程师 / 承包商也是很关键的一个因素。

10. 中国采用了年径流总量控制率作为海绵城市指标之一（年径流总量控制率：通过自然和人工强化的渗透、集蓄、利用、蒸发、蒸腾等方式，场地累计全年得到控制的雨量占全年总降雨量的比例），您对上述指标怎么看？在您所在地区，是否有类似指标，指标值如何？

陈茂松：年径流总量控制率是一个很好的指标，特别是对以下游洪水和河流侵蚀为主要隐患的地区；并且这个指标也容易测量和追踪。

另一个重要的指标是针对几种关键的水质参数如总氮、总磷、总沉积物、总重金属等的年污染负荷削减量（单位：磅 / 年）。这个指标对于将雨水径流排放到湖泊、海湾的地区尤其重要。切萨皮克湾区的指标是个很好的案例。

郭祺忠（Qizhong（George）Guo），美国新泽西州立罗格斯大学土木与环境工程系教授，水资源工程专家，多年来致力于水力学、水文学、城市雨水管理、绿色雨水基础设施等水资源和水环境方面研究。他的学术兼职有美国土木工程师学会雨污处理技术认证专业委员会主席、美国水环境基金会项目指导委员会成员、美国国家级及州级水流域管理科学及技术顾问委员会成员、联合国教科文组织生命维持系统荣誉编辑等，曾担任美国美华水利协会会长。

1. 您所在区域推广低影响开发的目的主要是什么？

郭祺忠：这个问题的回答是否对题，取决于对"低影响开发"是如何定义的。我按照美国及加拿大的定义，即位于源头的小型水文控制措施（相对于位于端点的大型水文控制措施而言）回答。

美国新泽西州的雨水管理走了30多年的过程，第一部针对土地开发的雨水管理法规以及对应的设计手册是20世纪80年代中期出台的，主要是期望减少开发对下游洪水位的影响，措施主要是在小区末端设置蓄洪池塘。2004年2月出了最新版雨水管理法规，除对防洪方面要求更严外，加入了径流水质处理要求和地下水回灌要求，与此提问最相关的是加上了要优先考虑采用低影响开发 / 非结构型措施的要求，还做了个检查单（Checklist）。

低影响开发措施因其小型分散并绿色（植被和土壤），对小雨控制更能起作用。又因径流污染多出现在小雨或大雨初期，低影响开发措施对水质控制（及地下水回灌）更有效，对大雨过程中可能出现的内涝问题减缓效果较差。

2. 低影响开发规划设计时主要考虑什么因素？（请列举最主要的 5 个因素）

郭祺忠：（1）新开发还是老城改造；

（2）降雨情况（年总降雨量，年内月降雨分布，单个降雨事件强度分布等）；

（3）当地现有地形及水系（地表水与地下水）；

（4）当地植物种类；

（5）当地土壤条件。

3. 在您所在的国家，是否有老城区进行低影响开发改造的成功案例？

郭祺忠：典型案例有：

（1）美国费城老城改造地点；

（2）美国纽约市雨水绿色基础设施过去五年实施进展报告；

（3）美国纽约市斯塔滕岛（Staten Island）蓝带计划；

（4）美国新泽州罗格斯大学老校园计划；

（5）美国新泽西州 Rahway 市 Robinson 绿色基础设施计划。

4. 在您所在地区，政府是否强制要求使用低影响开发设计？是否有支持低影响开发推广的政策或补助？

郭祺忠：新泽西政府"强制"优先考虑采用低影响开发/非结构型措施，还要求用检查单（Checklist）来证明。

5. 在您所在地区，低影响设施的建设、运行和维护由谁来负责，或分别由谁负责？由谁出钱？

郭祺忠：看在什么地方建的。如果是在私人土地上建的，由业主或物业管理负责（从业主那里收费）。如果是在公家土地上建的，比如交通局，由政府财政出。新泽西州多为小市小镇，由于对新颖低影响开发设施/绿色基础设施维护方法及费用的未知或财政困难，政府不太愿意（或不太自愿）在公家土地上修建低影响开发设施/绿色基础设施，他们更喜欢比较容易或比较知道怎么维护的集中式的位于末端的大型的灰色设施。

6. 在您所在地区，低影响设施建设和运营谁来监管？

郭祺忠：施工监督先由业主雇来的施工监理做，然后由设计人员定期到现场观察巡视，最后由各级政府机构（当时审批新开发或老城改造的政府机构）负责（但他们一般不去现场，就相信施工监理和设计人员了）。出了事，就会有人起诉。美国是诉讼型社会，律师很多，人人害怕被起诉，赔不起也陪不起。

运营的第一年一般由原施工单位负责，以后由业主负责，最终由各级政府机构（当时审批新开发或老城改造的政府机构）监督。同理，政府基本不查也不够人力查，就等出事后有人起诉。所以，政府更喜欢可靠的措施。

7. 丰水、缺水地区选择低影响设施的差异性主要在于什么？

郭祺忠：美国新泽西州或大纽约地区在丰水地区，又是沿海地区，对地下水季节性高水位非常重视，是一个重要参数用来选择合适的低影响开发/绿色基础设施。也因为在丰水地区，我们比较不注重雨水回收利用，更注重内涝、洪灾及径流污染控制。

8. 黏土地区是否可以开展低影响开发设施建设？主要目的是什么？选择低影响设施的因素主要在于什么？

郭祺忠：可以，黏土地区开展低影响开发设施建设，主要是为了解决径流污染的问题。在下层土壤不透水或低透水率的情况下，所有竖向型过滤设施应该在底部安装排水系统（Underdrain System）以防积水、促生蚊子等问题。

9. 在寒冷地区透水路面或者透水铺装的防冻问题是否严重影响其应用？如果存在影响，一般是如何解决的？

郭祺忠：有研究指出透水路面或者透水铺装更能防冻，因为本身有空隙以及下面有排水系统，更不会造成积水、积雪或结冰。因此，在透水路面或者透水铺装底下设计、安装及维持良好的排水系统是应该重视的。

10. 一般而言冬季道路有撒盐融雪，含盐雪水对低影响开发设施带来的不利影响，例如土壤盐碱化怎么处理？

郭祺忠：含盐雪水对植物不利，对雨水地下回灌也不利。我有看到一些用于初期雨水分流的措施，如安装地下排盐管道，或者采用薄膜隔层（薄膜材料应与海水淡化材料类似）来减少影响。

11. 在您所在地区，普通市民是否有参与到低影响开发的建设中来，如何参与的？

郭祺忠：普通市民原意参与，因为他们觉得做雨水花园等低影响开发/绿色基础设施会改变自己社区的生活环境。除了达到减涝缓污等政府保护下游民众的目标外，政府也是针对改善社区的生活环境这方面的效益作大力宣传教育的。公众参与的方式除愿意多交税或愿意把交的税调整用来做低影响开发建设外，主要是通过公益性志愿者的形式。

12. 您了解中国的海绵城市建设吗？对于其推广有什么建议？

郭祺忠：我对中国的海绵城市建设有一些了解。我的建议如下：

（1）尽快尽早对有关法规、政策、规划设计手册等作官方解析、教育、培训、答疑等。美国新泽西州在 2004 年更新雨水管理法规后，在官网上挂了一百多个常见提问与回答，州政府也每年办几次培训班，由政府机构及外部专家共同授课。

（2）进一步明确海绵城市建设指标里的年径流总量控制率的控制分配与方法及其对下游河湖水系的影响。

（3）进一步明确狭义的海绵城市建设（低影响开发、绿色基础设施）能对城市缓涝起多大效果。我认为小区源头控制（小海绵），主要管小雨，美国等国家主要用来针对城市雨水径流面源污染控制及改善居住环境，但一般对城市内涝减缓作用不大。

（4）进一步明确广义的海绵城市建设（绿色与蓝色、灰色结合的基础设施）的范畴。我认为广义的海绵城市建设包括地面及地下中大型人工储蓄，也包括通过管网泵站快排（中海绵），可对付中大雨，对城市内涝减缓有重大效果，但快排与周边河湖湾海水位要联合考虑。

（5）进一步明确城市河湖包括周边流域（大海绵）的作用。城市河湖包括周边流域能对减缓城市内涝，提升生态环境文明等起到重要的效果。

（6）海绵城市与海绵流域共同建设。加强部门及行业合作。

（7）重视雨水径流面源污染的源头避免与控制。

（8）重视设施的施工管理及长期维护。

（9）建立数值模型用来指导、跟踪、评估、完善海绵城市建设及其综合效果。

（10）面对现实、问题导向、因地制宜、分储兼备、高低配置、灰蓝绿结合、大中小统筹。

（11）加强政策解析（重复以上第一个建议）、科技支撑、学科发展、人才利用、信息互享、民众参与。

13. 中国采用了年径流总量控制率作为海绵城市指标之一（年径流总量控制率：通过自然和人工强化的渗透、集蓄、利用、蒸发、蒸腾等方式，场地累计全年得到控制的雨量占全年总降雨量的比例），您对上述指标怎么看？在您所在地区，是否有类似指标，指标值如何？

郭祺忠：美国新泽西州不用"年径流总量控制率"这样多种目的综合在一起的指标。对应于每个雨水管理目标，我们有对应的明确的"设计降雨"。设计人员根据情况，用由设计降雨产生的"径流体积"或"径流流量峰值"来决定措施的尺寸。我对新泽西州新开发区以及改造区的雨水管理法规简略摘要如下：

（1）防洪：开发后的径流峰值必须小于开发前的径流峰值；2年一遇降雨时径流峰值要降到开发前的50%，10年一遇降雨时为75%，100年一遇降雨时80%（这个2004年2月版要比20世纪80年代中的法规要求"不大于"更加严格）。

（2）水质：雨水径流里的悬浮固体总量TSS，新开发区必须除去80%年均径流总量，改造区50%，特殊水源保护区95%。水质设计降雨为2小时内非均匀分布1.25英寸。

（3）供水：建设前后的地下水年补给量必须保持相等。

（4）绿色基础设施：与灰色基础设施/结构性措施相比，必须优先考虑采用绿色基础设施/低影响开发/非结构措施。

斯科特·斯图克特（Scott Struck），2014年2月以来担任美国土木工程师学会环境与水资源分会（ASCE/EWRI）的财务主管和董事会成员。他在2012至2014年是城市水资源研究委员会（UWRRC）主席。他的研究和实践重点包括绿色基础设施的规划和应用，城市低影响开发下雨洪最佳管理实施项目，以及流域综合管理策略的规划和实施。

1. 您所在区域推广低影响开发的目的主要是什么？

斯图克特：

（1）减少流入合流制排水系统的径流量，减少溢流量从而使水质达到标准。

（2）通过减少雨水中的污染物浓度和排放到受纳水体的雨水量来提高水质、降低雨水或者污染物的排放速率。

（3）提高美观程度。推广多功能和高性价比的径流管理方案。

2. 低影响开发规划设计时主要考虑什么因素？（请列举最主要的 5 个因素）

斯图克特：（1）对流量的功能（渗透能力、蒸腾能力、水力修正能力）；

（2）对水质的功能（去除污染物的能力、保护下游受纳水体的能力）；

（3）容易运行和维护；

（4）经济性；

（5）实践的吸引力。

3. 在您所在的国家，是否有老城区进行低影响开发改造的成功案例？

斯图克特：有很多改造案例，主要有：西雅图 -High Point 住宅区，奥马哈市，费城，纽约，旧金山。

4. 在您所在地区，政府是否强制要求使用低影响开发设计？是否有支持低影响开发推广的政策或补助？

斯图克特：是的。很多时候政府的强制要求和支持是低影响开发建设的驱动力。这些通常是在地方层面，虽然 EPA 也有强制和鼓励的政策（可能需要花费很多或者需要一定的径流量控制）。

5. 在您所在地区，低影响设施的建设、运行和维护由谁来负责，或分别由谁负责？由谁出钱？

斯图克特：通常为政府或者私人产权者。产权所有者通常负责运行和维护。不过，政府是许可证持有人，因此是负责达到要求和标准的负责单位。

6. 在您所在地区，低影响设施建设和运营谁来监管？

斯图克特：在低影响开发设施设计、建设和维护方面由知识比较丰富的专家负责。低影响开发设施很容易建设得不合理，有经验的监督者很重要。

7. 丰水、缺水地区选择低影响设施的差异性主要在于什么？

斯图克特：主要差异在于：

（1）低影响开发设施的类型。

（2）低影响开发设施的设计：尺寸、流量、植物、渗透性能。

（3）植被的调配：缺水区可以种植较少或者不种植植物，可以不需要灌溉，也不会出现枯萎死亡的植物。

8. 黏土地区是否可以开展低影响开发设施建设？主要目的是什么？选择低影响设施的因素主要在于什么？

斯图克特：可以；黏土区也可以实现流量控制，并且可以达到较大的控制量（如0.1~1mm/h），随着时间也会产生容积损失。

9. 在寒冷地区透水路面或者透水铺装的防冻问题是否严重影响其应用？如果存在影响，一般是如何解决的？

斯图克特：是的。我们仍然在尝试解决这个问题。一定要考虑改进低影响开发设施的类型和设计以适应冻融的情况。

10. 一般而言冬季道路有撒盐融雪，含盐雪水对低影响开发设施带来的不利影响，例如土壤盐碱化怎么处理？

斯图克特：有好多种盐替代品，这些对植物、土壤和地下水的负面影响比较小。同时也应该意识到因为盐碱化的影响，低影响开发设施并不是对所有的地区都适用。

11. 在您所在地区，普通市民是否有参与到低影响开发的建设中来，如何参与的？

斯图克特：通常市民不是在建设中参与，而是经常在规划阶段参与。可以是通过参加公共会议选择出几种合适的低影响开发设施中比较喜欢的，或者选择需要种植的植物。

12. 您了解中国的海绵城市建设吗？对于其推广有什么建议？

斯图克特：我看过很多资料。我最大的建议就是以一个合适的速度推进，同时从错误中学习和提高设计水平。

重视监测设施的建设和运行，从而你可以更好地了解它们在当地环境下是怎样运行的，然后改变设计以获得更好的成效。

13. 中国采用了年径流总量控制率作为海绵城市指标之一（年径流总量控制率：通过自然和人工强化的渗透、集蓄、利用、蒸发、蒸腾等方式，场地累计全年得到控制的雨量占全年总降雨量的比例），您对上述指标怎么看？在您所在地区，是否有类似指标，指标值如何？

斯图克特：是的，我们经常使用类似的指标。不过，这些应该是作为一个目标或者经验法则。更复杂的工具（如水力和水文模型）可以帮助调整不同的因素以识别当地的条件（土壤、地势等）并确定其他的目标是不是更加合适。

附录 2　海绵城市建设国外常见参考标准手册介绍

1. 美国环保署低影响开发手册

https://nepis.epa.gov/Exe/ZyPDF.cgi/P1001B6V.PDF?Dockey=P1001B6V.PDF

2. 美国环保署 BMPs 设计手册

https://cfpub.epa.gov/si/si_public_record_report.cfm?dirEntryId=99739

3. 马里兰州雨水设计手册（2009 年修订）

http://mde.maryland.gov/programs/Water/Stormwater Management Program/Maryland Stormwater Design Manual/Pages/Programs/Water Programs/Sedimentand Stormwater/ stormwater_design/index.aspx

4. 马里兰州低影响开发设计手册

http://www.princegeorgescountymd.gov/Document Center/Home/View/86

5. 新泽西州雨水管理相关手册

（1）新泽西州雨水管理综合信息网

http://www.njstormwater.org/

（2）新泽西州雨水管理法规（2016 年修订）（Stromwater Management Rules）

http://www.nj.gov/dep/rules/rules/njac7_8.pdf

（3）新泽西州地下雨污处理装置的性能查证文件

http://www.njstormwater.org/treatment.html

（4）新泽西州 BMPs 设计手册（New Jersey Stormwater Best Management Practices Manual）：

http://www.nj.gov/dep/stormwater/bmp_manual2.htm

新泽西州 BMPs 设计手册编制于 2004 年 4 月，由新泽西州的环境保护局联合农业局、社区事务局、交通局、市政工程师、咨询公司、承建商和环保组织等共同制定，重要新建开发项目需强制执行。分别于 2014 年 2 月和 2016 年 2 月进行了两次修订。

其中附件 A 是"低影响开发（LID）/ 非结构型"检查单：

http://www.nj.gov/dep/stormwater/bmp_manual/NJ_SWBMP_A.pdf

6. 密歇根州低影响开发指导手册

https://adapt.nd.edu/resources/479/download/LIDManualWeb.pdf

7. 伊利诺伊州芝加哥市 BMPs 指导手册

https://www.cityofchicago.org/content/dam/city/depts/doe/general/NaturalResourcesAndWaterConservation_PDFs/Water/guideToStormwaterBMP.pdf

8. 加利福尼亚州洛杉矶市低影响开发标准手册

https://dpw.lacounty.gov/ldd/lib/fp/Hydrology/Low%20Impact%20Development%20Standards%20Manual.pdf

9. 绿色基础设施相关
（1）新泽西州绿色基础设施设计手册
http://www.nj.gov/dep/gi/index.html
（2）纽约市绿色基础设施规划
http://www.nyc.gov/html/dep/pdf/green_infrastructure/NYCGreenInfrastructurePlan_Executive Summary.pdf
（3）费城"绿色城市、洁净水体"项目
http://www.phillywatersheds.org/doc/GCCW_AmendedJune2011_LOWRES-web.pdf
（4）芝加哥绿色基础设施策略手册
https://www.cityofchicago.org/content/dam/city/progs/env/ChicagoGreenStormwaterInfrastructureStrategy.pdf

10. 欧盟水框架指令

http://ec.europa.eu/environment/water/water-framework/index_en.html

11. 澳大利亚西悉尼水敏感性城市设计手册

http://www.wsud.org/resources-examples/tools-resources/reference-guidelines/wsud-technical-guidelines-for-western-sydney/

12. 澳大利亚昆士兰排水手册

https://www.dews.qld.gov.au/water/supply/urban-drainage-manual
http://higherlogicdownload.s3.amazonaws.com/IPWEA/d084dcf4-6215-4255-a0bd-255ce5299a58/UploadedImages/QUDM/Pictorial-Overview-of-QUDM-screen.pdf（手册图示简本）

13. 新西兰奥克兰水敏感性城市设计

http://www.aucklanddesignmanual.co.nz/design-thinking/wsd/GD04/guidance/furtherinfo#/design-thinking/wsd/GD04/guidance/intro/introduction

14. 新加坡"ABC 水计划"设计指导手册

https://www.pub.gov.sg/abcwaters/Documents/ABC_DG_2014.pdf

附录3 海绵城市建设相关标准修订情况介绍

根据我国海绵城市建设要求，需要修订完善规划、建筑与小区、道路与广场、园林绿地以及排水设施等相关10部标准规范，以突出海绵城市建设的关键性内容和技术性要求，并编制相关工程建设标准图集和技术导则。至2016年10月底，其中7部规范已经完成了修订并正式发布，其他三部已完成报批稿（附表3-1）。

海绵城市建设相关标准规范修订　　　　　　　　　　　附表3-1

序号	分类	修订标准名称	修订完成情况
1	规划	《城市用地竖向规划规范》CJJ83-99	正式发布
2		《城市排水工程规划规范》GB50318-2000	完成报批稿
3		《城市水系规划规范》GB50513-2009	正式发布
4	建筑与小区	《城市居住区规划设计规范》GB50180-1993（2002年版）	正式发布
5		《建筑与小区雨水利用工程技术规范》GB50400-2006	完成报批稿（全文修订）
6	道路与广场	《城市道路工程设计规范》CJJ37-2012	正式发布
7	园林绿地	《公园设计规范》CJJ48-1992	完成报批稿（全文修订）
8		《城市绿地设计规范》GB50420-2007	正式发布
9		《绿化种植土壤》CJ/T340-2011	正式发布
10	排水设施	《室外排水设计规范》GB50014-2006（2014年版）	正式发布

《城市用地竖向规划规范》CJJ83-1999修订为《城乡建设用地竖向规划规范》CJJ83-2016，修订首先将规划的适用范围由城市拓展到城乡，并新增了"竖向与防灾"的内容。

《城市水系规划规范》GB50513-2009修订为《城市水系规划规范》GB50513-2009（2016年版），修订的主要技术内容为：（1）增加了海绵城市建设的理念和原则；（2）增加了城市蓝线划定的要求；（3）强化了水质保护和水生态保护的要求；（4）将"水系改造"修改为"水系修复与治理"并强化了相关内容；（5）与其他相关标准协调，对相关条文进行了修改完善；（6）进一步明确了强制性条文。

《城市居住区规划设计规范》GB50180-1993（2002年版）修订为《城市居住区规划设计规范》GB50180-1993（2016年版），新标准对于居住区的规划设计遵循的基本原则中增加了"符合低影响开发的建设要求"，并根据此原则对地下空间使用、绿地与绿化设计、道路设计、竖向设计等内容进行了调整和补充，进一步完善了道路规划和停车场库配置要求。

《城市道路工程设计规范》CJJ37-2012修订为《城市道路工程设计规范》CJJ37-2012（2016年版），新标准依据海绵城市建设对道路建设的相关要求，对原有条文中道路分隔带及绿化带宽度、道路横坡坡向、路缘石形式、道路路面以及绿化带入渗及调蓄要求、道路雨水排除原则等进行了相应修改和补充规定。共修订了9条条文，修改的主要技术内容是：（1）补充了需要在道路绿化带或分隔带中设置低影响开发设施时，绿化带或者分隔带的宽度要求，以及各种设施间的设计要求；（2）增加了立缘石的类型和布置形式；（3）细化了道路横坡的坡向规定；（4）按海绵城市建设的要求补充道路雨水低影响开发设计的原则和要求；（5）按《室外排水设计规范》GB 50014-2006修订的内容，调整了道路排水采用的暴雨强度的重现期规定；（6）补充了低影响开发设施内植物的种植要求。

《城市绿地设计规范》GB50420-2007修订为《城市绿地设计规范》GB50420-2007（2016年版），新标准根据《海绵城市建设技术指南——低影响开发雨水系统构建（试行）》的要求，对原规范中与此指南中要求不相符的技术条文进行了修改，并增加了城市绿地海绵城市建设的原则和技术措施等相关条文。

《绿化种植土壤》CJ/T340-2011修订为《绿化种植土壤》CJ/T340-2016，新标准根据海绵城市建设的现实需要，在评价指标方面增加了入渗率作为绿地土壤质量评价的主控指标。土壤入渗要比土壤容重等物理指标更能全面、客观地反映绿地土壤物理性质和排水能力大小，而且土壤入渗大小也直接决定绿地雨水蓄积和排放能力。

《室外排水设计规范》GB50014-2006（2014年版）修订为《室外排水设计规范》GB50013-2006（2016年版），新标准在宗旨目的中增加了推进海绵城市建设，并补充了超大城市的雨水管渠设计重现期和内涝防治设计重现期的标准等。

附录4　海绵城市建设相关政策文件介绍

1. 习近平总书记谈海绵城市

2013 年 11 月习总书记在《关于〈中共中央关于全面深化改革若干重大问题的决定〉的说明》中提出，山水林田湖是一个生命共同体，人的命脉在田，田的命脉在水，水的命脉在山，山的命脉在土，土的命脉在树，用途管制和生态修复必须遵循自然规律，对山水林田湖进行统一保护、统一修复是十分必要的。

2013 年 12 月，习总书记在中央城镇化工作会议上谈到："在提升城市排水系统时要优先考虑把有限的雨水留下来，优先考虑更多利用自然力量排水，建设自然积存、自然渗透、自然净化的海绵城市"。其后习总书记在中央财政领导小组第五次会议等多次会议上强调要建设海绵城市。

2. 相关政策文件

2014 年 10 月 22 日，国家住房城乡建设部发布《住房城乡建设部关于印发海绵城市建设技术指南——低影响开发雨水系统构建（试行）的通知》（建城函〔2014〕275 号），要求各地结合实际，参照技术指南，积极推进海绵城市建设。

2014 年 11 月 16 日，国务院发布《国务院关于创新重点领域投融资机制鼓励社会投资的指导意见》（国发〔2014〕60 号），提出了鼓励社会资本参与生态环保、农业水利、市政基础设施、交通、能源设施、信息和民用空间设施、社会事业等 7 个重点领域建设的政策措施，并要求建立健全政府和社会资本合作（PPP）机制。

2014 年 12 月 31 日，国家财政部、住房和城乡建设部、水利部联合开展海绵城市建设试点示范工作，发布了《关于开展中央财政支持海绵城市建设试点工作的通知》（财建〔2014〕838 号），要求各地积极组织开展试点建设和申报工作，由财政部、住房和城乡建设部及水利部对申报城市按照竞争性评审方式选择试点城市，中央财政对试点城市给予专项资金补助。

2015 年 7 月 10 日，住房和城乡建设部发布《住房城乡建设部办公厅关于印发海绵城市建设绩效评价与考核方法（试行）的通知》（建办城函〔2015〕635 号），要求各地结合实际，在推进海绵城市建设过程中依据水生态、水环境、水资源、水安全、制度建设及执行情况、显示度等六个方面的指标对海绵城市建设效果进行绩效评价与考核。

2015 年 8 月 10 日，水利部发布《水利部关于印发推进海绵城市建设水利工作的指导意见的通知》（水规计〔2015〕321 号），意见指出要充分认识水利在海绵城市建设中的重要作用，提出了海绵城市建设水利工作的指导思想、基本原则、总体目标和各项水利主要指标，明确了海绵城市建设水利工作的主要任务和具体要求。

2015 年 8 月 28 日，住房和城乡建设部及环境保护部联合发布《住房城乡建设部 环境保护部关于印发城市黑臭水体整治工作指南的通知》（建城〔2015〕130 号）。指南内容包括城市黑臭水体的排查与识别、整治方案的制订与实施、整治效果的评估与考核、长效机制的建立与政策保障等，并强调结合将相关的治理措施和技术与海绵城市建设紧密结合。

2015 年 9 月 11 日，住房和城乡建设部发布《住房城乡建设部关于成立海绵城市建设技术指导专家委员会的通知》（建科〔2015〕133 号），成立"住房城乡建设部海绵城市建设技术指导专家委员会"，旨在加强全国海绵城市建设技术专业指导，充分发挥专家在海绵城市建设领域中的作用，提高我国海绵城市建设管理水平。10 月，住房和城乡建设部成立了 37 位专家组成的"住房城乡建设部海绵城市建设技术指导专家委员会"。

2015 年 10 月 11 日，国务院办公厅发布《国务院办公厅关于推进海绵城市建设的指导意见》（国办发〔2015〕75 号），要求加快推进海绵城市建设，到 2020 年，20% 城市建设区要满足海绵城市要求，到 2030 年，80% 城市建设区满足海绵城市相关要求。

2015 年 12 月 10 日，住房和城乡建设部及国家开发银行发布《住房城乡建设部 国家开发银行关于推进开发性金融支持海绵城市建设的通知》（建城〔2015〕208 号），要求各地建立健全海绵城市建设项目储备制度，加大对海绵城市建设项目的信贷支持力度，建立高效顺畅的工作协调机制，推进开发性金融支持海绵城市建设。

2016 年 12 月 30 日，住房和城乡建设部及中国农业发展银行发布《住房城乡建设部 中国农业发展银行关于推进政策性金融支持海绵城市建设的通知》（建城〔2015〕240 号），要求地方各级住房城乡建设部门要把农发行作为重点合作银行，加强合作，最大限度发挥政策性金融的支持作用，切实提高信贷资金对海绵城市建设的支撑保障能力。

2016 年 1 月 22 日，住房和城乡建设部发布《住房城乡建设部关于印发城市综合管廊和海绵城市建设国家建筑标准设计体系的通知》（建质函〔2016〕18 号），《海绵城市建设国家建筑标准设计体系》对提高我国海绵城市建设设计水平和工作效率、保证施工质量，推动海绵城市建设的持续、健康发展，将发挥积极作用。

2016 年 2 月 6 日，国务院发布《国务院关于深入推进新型城镇化建设的若干意见》（国发〔2016〕8 号）、中共中央和国务院发布《中共中央 国务院关于进一步加强城市规划建设管理工作的若干意见》（中发〔2016〕6 号），再次强调推进海绵城市建设。

2016 年 2 月 25 日，国家财政部、住房和城乡建设部、水利部联合发布《关于开展2016 年中央财政支持海绵城市建设试点工作的通知》（财办建〔2016〕25 号），开展第二批海绵城市建设试点申报工作，提高了试点城市申报的条件和要求。

2016 年 3 月 11 日，住房和城乡建设部发布《住房城乡建设部关于印发海绵城市专项规划编制暂行规定的通知》（建规〔2016〕50 号），要求各地结合实际，抓紧编制海绵城市专项规划，于 2016 年 10 月底前完成设市城市海绵城市专项规划草案，按程序报批。

2016 年 3 月 24 日，财政部及住房和城乡建设部联合发布《财政部 住房乡建设部关于印发城市管网专项资金绩效评价暂行办法的通知》，并制定了海绵城市建设试点绩效评价指标体系，以强化海绵城市建设专项资金管理的规范性、安全性和有效性，促进资金所支持的各项工作顺利实施。

具体见附表 4-1。

海绵城市相关政策文件

附表 4-1

发布日期	文件名称	发文单位	文号
2014.10.22	《住房城乡建设部关于印发海绵城市建设技术指南——低影响开发雨水系统构建（试行）的通知》	住房和城乡建设部	建城函〔2014〕275 号
2014.11.16	《国务院关于创新重点领域投融资机制鼓励社会投资的指导意见》	国务院	国发〔2014〕60 号
2014.12.31	《关于开展中央财政支持海绵城市建设试点工作的通知》	财政部、住房和城乡建设部、水利部	财建〔2014〕838 号
2015.07.10	《住房城乡建设部办公厅关于印发海绵城市建设绩效评价与考核方法（试行）的通知》	住房和城乡建设部	建办城函〔2015〕635 号
2015.08.10	《水利部关于印发推进海绵城市建设水利工作的指导意见的通知》	水利部	水规计〔2015〕321 号
2015.08.28	《住房城乡建设部 环境保护部关于印发城市黑臭水体整治工作指南的通知》	住房和城乡建设部、环境保护部	建城〔2015〕130 号
2015.09.11	《住房城乡建设部关于成立海绵城市建设技术指导专家委员会的通知》	住房和城乡建设部	建科〔2015〕133 号
2015.10.11	《国务院办公厅关于推进海绵城市建设的指导意见》	国务院办公厅	国办发〔2015〕75 号
2015.12.10	《住房城乡建设部 国家开发银行关于推进开发性金融支持海绵城市建设的通知》	住房和城乡建设部、国家开发银行	建城〔2015〕208 号
2015.12.30	《住房城乡建设部 中国农业发展银行关于推进政策性金融支持海绵城市建设的通知》	住房和城乡建设部、中国农业发展银行	建城〔2015〕240 号
2016.01.22	《住房城乡建设部关于印发城市综合管廊和海绵城市建设国家建筑标准设计体系的通知》	住房和城乡建设部	建质函〔2016〕18 号
2016.02.06	《国务院关于深入推进新型城镇化建设的若干意见》	国务院	国发〔2016〕8 号
2016.02.06	《中共中央 国务院关于进一步加强城市规划建设管理工作的若干意见》	中共中央、国务院	中发〔2016〕6 号
2016.02.25	《关于开展 2016 年中央财政支持海绵城市建设试点工作的通知》	财政部、住房和城乡建设部、水利部	财办建〔2016〕25 号
2016.03.11	《住房城乡建设部关于印发海绵城市专项规划编制暂行规定的通知》	住房和城乡建设部	建规〔2016〕50 号
2016.03.24	《财政部 住房城乡建设部关于印发城市管网专项资金绩效评价暂行办法的通知》	财政部、住房和城乡建设部	财建〔2016〕52 号

致谢

本书分为理念篇、规划篇和管理篇三部分，由司马晓、丁年负责总体策划、统筹安排等工作，由任心欣、俞露共同担任执行主编，负责大纲编写、组织协调以及定稿等工作。

本书凝结了30多位团队成员的心血和智慧，其中理念篇主要由俞露、李翠萍、周丹瑶、张亮等负责编写，规划篇由任心欣、汤伟真、张亮、陈世杰等负责编写，管理篇主要由胡爱兵、邬慧婷、杨少平、丁淑芳等负责编写；在本书成稿过程中，李翠萍、刘应明负责文稿修改和统稿等工作，杨晨负责校审工作。因参与成员较多，无法一一列举，在此表示深深的感谢！

本书在编写过程中，参阅了大量的文献，总结凝炼了"低影响开发雨水系统综合示范与评估（2010ZX07320-003）"课题的研究成果，得到了住房和城乡建设部水专项管理办公室的帮助，参与了住房和城乡建设部城建司组织的海绵城市规划建设相关工作，深受启发；得到了深圳市海绵城市建设工作领导小组办公室、深圳市规划和国土资源委员会、深圳市光明新区管理委员会、西咸新区开发建设管理委员会、遂宁市河东新区管理委员会等单位的大力支持，在此表示由衷的感谢！

本书出版凝聚了中国建筑工业出版社朱晓瑜编辑等工作人员的辛勤工作，在此表示万分的感谢！

最后，谨向所有帮助、支持和鼓励完成本书的专家、领导、家人和朋友致以真挚的感谢！

参考文献

[1] 赵同谦，欧阳志云，王效科等 . 中国陆地地表水生态系统服务功能及其生态经济价值评价 [J]. 自然资源学报，2003，18（4）：443-452.

[2] Fletcher T D，Shuster W，Hunt W F，et al. SUDS，LID，BMPs，WSUD and more–The evolution and application of terminology surrounding urban drainage[J]. Urban Water Journal，2015，12（7）：525-542.

[3] Habitat U. World cities report 2016[R]. Nairobi，Kenya: UN Habitat，2016.

[4] 中华人民共和国国家统计局 . 中国统计年鉴 2015.

[5] 邱国玉，张清涛 . 快速城市化过程中深圳的水资源与水环境问题 [J]. 河海大学学报：自然科学版，2010，38（6）：629-633.

[6] 郭久亦，于冰 . 世界水资源短缺：节约用水和海水淡化 [J]. 世界环境，2016（2）：58-61.

[7] 左其亭 . 净水资源利用率的计算及阈值的讨论 [J]. 水利学报，2011，42（11）：1372-1378.

[8] 费宇红，苗晋祥，张兆吉等 . 华北平原地下水降落漏斗演变及主导因素分析 [J]. 资源科学，2009（3）：394-399.

[9] 张晓 . 中国水污染趋势与治理制度 [J]. 中国软科学，2014（10）：11-24.

[10] Andrews R N L. Managing the Environment，Managing Ourselves:A History of American Environmental Policy[M]. New Haven: Yale University Press，2006.

[11] Kumar S，Murty M N. Water Pollution in India: An Economic Appraisal[A].Water Pollution in India: An Economic Appraisal[R]，2011.

[12] 张建云，宋晓猛，王国庆等 . 变化环境下城市水文学的发展与挑战 - Ⅰ . 城市水文效应 [J]. 水科学进展，2014，25（4）：594-605.

[13] 刘世庆，许英明 . 中国快速城市化进程中的城市水问题及应对战略探讨 [J]. 经济体制改革，2012（5）：57-61.

[14] 杜鹏飞，钱易 . 中国古代的城市给水 [J]. 中国科技史料，1998（01）：4-11.

[15] Sedlak D. Water 4.0: the past，present，and future of the world's most vital resource[M]. Yale University Press，2014.

[16] Brown R R，Keath N，Wong T. Urban water management in cities: historical，current and future regimes[J]. Water science and technology，2009，59（5）：847-855.

[17] Nian D，Zifu L，Xiaoqin Z，et al. Feasibility assessment of LID concept for stormwater management in China through SWOT analysis[J]. Journal of Sourtheast University，2014，30（4）：225-229.

[18] 俞孔坚等 . 海绵城市——理论与实践 [M]. 北京：中国建筑工业出版社，2016.

[19] 胡爱兵，李子富，张书函等 . 城市道路雨水水质研究进展 [J]. 给水排水，2010，36（3）：123-127.

[20] 唐颖 . SUSTAIN 支持下的城市降雨径流最佳管理 BMP 规划研究 [D]. 北京：清华大学，2010.

[21] 车伍，闫攀，赵杨等 . 国际现代雨洪管理体系的发展及剖析 [J]. 中国给水排水，2014，30（18）：45-51.

[22] 车生泉，于冰沁，严巍 . 海绵城市研究与应用：以上海城乡绿地建设为例 [M]. 上海：上海交通大学出版社，2015.

[23] 王通，蔡玲 . 低影响开发与绿色基础设施的理论辨析 [J]. 规划师，2015（S1）：323-326.

[24] 车伍，吕放放，李俊奇等 . 发达国家典型雨洪管理体系及启示 [J]. 中国给水排水，2009，25（20）：12-17.

[25] 董哲仁 . 欧盟水框架指令的借鉴意义 [J]. 水利水电快报，2009，30（9）：73-77.

[26] 李昌志，程晓陶 . 日本鹤见川流域综合治水历程的启示 [J]. 中国水利，2012（3）：61-64.

[27] 忌部正博，日本雨水贮留渗透技术协会 . 日本雨水贮留渗透技术的进程与展望 [R]，2013.

[28] 刘颂，李春晖 . 澳大利亚水敏性城市转型历程及其启示 [J]. 风景园林，2016（6）：104-111.

[29] 张大伟，赵冬泉，陈吉宁等 . 城市暴雨径流控制技术综述与应用探讨 [J]. 给水排水，2009（S1）：25-29.

[30] 赵晶 . 城市化背景下的可持续雨洪管理 [J]. 国际城市规划，2012，27（2）：114-119.

[31] Taylor N. Urban planning theory since 1945[M]. London: SAGE Publications，1998.

[32] Lindblom C E. The science of" muddling through"[J]. Public administration review，1959: 79-88.

[33] 深圳市规划和国土资源委员会，深圳市城市规划设计研究院有限公司 . 深圳市基本生态控制线优化调整方案 2013[R]. 深圳，2013.

[34] 王永新 . 我国古代的淤灌工程 [J]. 治淮，1994（4）：43-44.

[35] 顾浩 . 中国治水史鉴 [M]. 北京：中国水利水电出版社，1997.

[36] 谭徐明 . 中国灌溉与防洪史 [Z]. 北京：中国水利与水电出版社，2005.

[37] 陕西省西咸新区沣西新城开发建设集团有限公司，北京土人城市规划设计有限公司 . 沣西新城中心绿廊景观总体概念规划 [R]，2014.

[38] 深圳市水环境综合整治办公室，深圳市城市规划设计研究院有限公司 . 深圳市福田河水环境综合整治工程方案 - 总体方案 [R]，2004.

[39] 胡爱兵 . 城市生态规划实践之城市道路雨洪利用模式探讨 [A].2010 中国城市规划年会论文集 [C]. 2010.

[40] 丁年，胡爱兵，任心欣 . 深圳市光明新区低影响开发市政道路解析 [J]. 上海城市规划，2012（6）：96-101.

[41] 胡爱兵，李子富，张书函等 . 模拟生物滞留池净化城市机动车道路雨水径流 [J]. 中国给水排水，2012，28（13）：75-79.

[42] 胡爱兵，张书函，陈建刚 . 生物滞留池改善城市雨水径流水质的研究进展 [J]. 环境污染与防治，2011，33（1）：74-77.

[43] 杜良平 . 生态河道构建体系及其应用研究 [D]. 杭州：浙江大学，2007.

[44] 龚家国，唐克旺，王浩 . 中国水危机分区与应对策略 [J]. 资源科学，2015，37（7）：1314-1321.

[45] 全国人民代表大会常务委员会执法检查组关于检查《中华人民共和国水法》实施情况的报告 [R]，2016.

[46] 环境保护部 .2015 中国环境状况公报 [R].

[47] 杨功焕，庄大方 . 淮河流域水环境与消化道肿瘤死亡图集 [Z]. 北京：中国地图出版社，2013.

[48] 水利部，国家统计局 . 第一次全国水利普查公报 [R].

[49] 周云轩，田波，黄颖等．我国海岸带湿地生态系统退化成因及其对策 [J]. 中国科学院院刊，2016，31（10）：1157-1166.

[50] 国家林业局．第二次全国湿地资源调查结果 [R]，2014.

[51] 张鹏，徐尚勇，朱玉宽．被透支的湖泊 [J]. 绿色视野，2014（5）：6-25.

[52] 张利平，夏军，胡志芳．中国水资源状况与水资源安全问题分析 [J]. 长江流域资源与环境，2009，18（2）：116-120.

[53] 住房和城乡建设部．中国城镇排水与污水处理状况公报 2006-2010[R]. 北京：住房和城乡建设部，2012.

[54] Awwa. 2015 AWWA state of the water industry report[R]. AWWA，2015.

[55] 张亮，俞露，任心欣等．基于历史内涝调查的深圳市海绵城市建设策略 [J]. 中国给水排水，2015，31（23）：120-124.

[56] 吴晓敏．英国绿色基础设施演进对我国城市绿地系统的启示 [J]. 华中建筑，2014，32（8）：102-106.

[57] 胡爱兵，任心欣，俞绍武等．深圳市创建低影响开发雨水综合利用示范区 [J]. 中国给水排水，2010，26（20）：69-72.

[58] 丁年，胡爱兵，任心欣．深圳市低冲击开发模式应用现状及展望 [J]. 给水排水，2012，38（11）：141-144.

[59] 丁年，胡爱兵，任心欣．深圳市光明新区低冲击开发规划设计导则的编制 [J]. 中国给水排水，2014(16)：31-34.

[60] 章林伟．海绵城市建设任重道远 [J]. 城市住宅，2015（9）：6-10.

[61] 刘海龙，清华大学．基于二元水循环分析的蓝绿灰一体化设计探讨 [R]，2016.

[62] 俞露，张亮，陆利杰．对海绵城市建设绩效评价与考核的思考及方案设计——以西咸新区为例 [A]. 海绵城市 - 理想空间 -NO.72[M]. 上海：同济大学出版社，2016.

[63] 张亮．西北地区海绵城市建设路径探索——以西咸新区为例 [J]. 城市规划，2016，40（3）：108-112.

[64] 张亮，任心欣，俞露．基于低影响开发模式的流域水污染治理思路——以深圳坪山河流域为例 [A].2013 中国城市规划年会论文集 [C]. 2013.

[65] 郭纯园，美国科罗拉多大学丹佛校区土木工程系．利用 LID 技术推动城市水环境的可持续发展 [R]. 2016.

[66] 仇保兴．海绵城市（LID）的内涵、途径与展望 [J]. 建筑科技，2015（1）：11-18.

[67] 俞露，丁年．城市蓝线规划编制方法概析——以《深圳市蓝线规划》为例 [J]. 城市规划学刊，2010(s1)：96-100.

[68] 深圳市规划和国土资源委员会，深圳市水务局，深圳市城市规划设计研究院有限公司等．深圳市排水（雨水）防涝综合规划 [R]，2014.

[69] 周丹瑶，俞露．海绵城市在热带滨河景观规划中的应用初探 - 以琼海为例 [A].2015 中国城市规划年会论文集 [C]. 2015.

[70] 深圳市规划和国土资源委员会，深圳市城市规划设计研究院有限公司．深圳市海绵城市建设试点实施方案 [R].

[71] 住房和城乡建设部．海绵城市建设技术指南——低影响开发雨水系统构建（试行）[S]. 北京：中国建筑工业出版社，2015.

[72] 丁年，李子富，胡爱兵等．深圳前海合作区低影响开发目标及实现途径 [J]．中国给水排水，2013，29
（22）：7-10.

[73] 任心欣，汤伟真．海绵城市年径流总量控制率等指标应用初探 [J]．中国给水排水，2015，31（13）：
105-109.

[74] 梁骞,任心欣,张晓菊．基于 SUSTAIN 模型的 LID 设施成本效益分析 [J]．中国给水排水，2017，33(1):
1-4.

[75] 深圳市水务局，中国市政工程中南设计研究总院有限公司，深圳市城市规划设计研究院有限公司等．
深圳市低影响开发雨水综合利用技术规范 [S]．2016.

[76] 丁年，胡爱兵，任心欣．城市排水防涝综合规划中雨水径流控制目标及方法研究 [A]．2014 中国城市
规划年会论文集 [C]．2014.

[77] 汤伟真，任心欣，丁年等．基于 SWMM 的市政道路低影响开发雨水系统设计 [J]．中国给水排水，
2016，32（3）：109-112.

[78] 胡爱兵，任心欣，裴古中．采用 SWMM 模拟 LID 市政道路的雨洪控制效果 [J]．中国给水排水，
2015，31（23）：130-133.

[79] 胡爱兵，任心欣，丁年等．基于 SWMM 的深圳市某区域 LID 设施布局与优化 [J]．中国给水排水，
2015，31（21）：96-100.

[80] 危唯．低影响开发技术在深圳某地区的应用研究 [D]．长沙：湖南大学，2014.

[81] 姚双龙．基于 MIKE FLOOD 的城市排水系统模拟方法研究 [D]．北京：北京工业大学，2012.

[82] Zoppou C. Review of urban storm water models[J]. Environmental Modelling & Software，2001，16（3）：
195-231.

[83] Jiang Y，Wang X J，Luo D G. Parameters sensitivity analysis of watershed management model-application
of WARMF model in Chaohu Lake area[J]. Research of Soil & Water Conservation，2006，13（3）：165-
168.

[84] Xu C，Hu Y，Chang Y，et al. Sensitivity analysis in ecological modeling[J]. Chinese Journal of Applied
Ecology，2004，15（6）：1056-1062.

[85] Jacquin A P，Shamseldin A Y. Sensitivity analysis of Takagi-Sugeno-Kang rainfall-runoff fuzzy models.[J].
Hydrology & Earth System Sciences，2009，13（1）：41-55.

[86] Jeremy S F. Mathematical programming models and methods for production planning and scheduling[M].
Elsevier，1993: 371-443.

[87] Beven K，Freer J. Equifinality，data assimilation，and uncertainty estimation in mechanistic modelling of
complex environmental systems using the GLUE methodology[J]. Journal of Hydrology，2001，249（1）：
11-29.

[88] Francos A，Elorza F J，Bouraoui F，et al. Sensitivity analysis of distributed environmental simulation
models: understanding the model behaviour in hydrological studies at the catchment scale[J]. Reliability
Engineering and System Safety，2003，79（2）：205-218.

[89] 黄金良，杜鹏飞，何万谦等．城市降雨径流模型的参数局部灵敏度分析 [J]．中国环境科学，2007，27
（4）：549-553.

[90] Lenhart T，Eckhardt K，Fohrer N，et al. Comparison of two different approaches of sensitivity analysis[J]. Physics & Chemistry of the Earth Parts a/b/c，2002，27（9）：645-654.

[91] Nash J E，Sutcliffe J V. River flow forecasting through conceptual models part I-A discussion of principles[J]. Journal of Hydrology，1970，10（3）：282-290.

[92] 许萍，何俊超，任心欣等 . 基于 SWMM 模型的城市道路 LID 设施设计参数优化研究 [J]. 水电能源科学，2016，34（2）：21-25.

[93] 吴亚男，熊家晴，任心欣等 . 深圳鹅颈水流域 SWMM 模型参数敏感性分析及率定研究 [J]. 给水排水，2015，41（11）：126-131.

[94] 深圳市规划和国土资源委员会，深圳市城市规划设计研究院有限公司 . 深圳市海绵城市建设专项规划及实施方案 [R]，2016.

[95] 熊赟，李子富，胡爱兵等 . 某低影响开发公共建筑雨洪效应的 SWMM 模拟与评估 [J]. 给水排水，2015，41（s1）：282-285.

[96] 遂宁市河东开发建设投资有限公司，深圳市城市规划设计研究院有限公司 . 遂宁市河东一期海绵城市建设模型与地块指标规划 [R]，2017.

[97] 室外排水设计规范 GB50014—2006（2016 年版）[S]. 北京：中国计划出版社，2016.

[98] 杨晨，任心欣，汤伟真等 . 水力模型在低洼地区排水防涝规划中的应用 [J]. 中国给水排水，2015，31（21）：101-104.

[99] 汤伟真，任心欣，胡爱兵等 . 基于 SWMM 低冲击开发综合示范工程的设计探讨 [A]. 中国城镇水务发展国际研讨会论文集 [C]，2013.

[100] 任心欣，汤伟真，李建宁等 . 水文模型法辅助低影响开发方案设计案例探讨 [J]. 中国给水排水，2016，32（17）：109-114.

[101] 俞露，荆燕燕，许拯民 . 辅助排水防涝规划编制的设计降雨雨型研究 [J]. 中国给水排水，2015，31（19）：141-145.

[102] 深圳市特区建设发展集团有限公司，深圳市城市规划设计研究院有限公司 . 深圳国际低碳城市政专项规划 [R]，2013.

[103] 佛山市水务局，深圳市城市规划设计研究院有限公司，佛山市城市规划勘测设计研究院 . 佛山市海绵城市专项规划 [R]，2016.

[104] 王国恩 . 城乡规划管理与法规 [M]. 北京：中国建筑工业出版社，2009.

[105] 谭纵波 . 城市规划（修订版）[M]. 北京：清华大学出版社，2016.

[106] 戴慎志 . 城市规划与管理 [M]. 北京：中国建筑工业出版社，2011.

[107] 张艳娟 . 城市雨水利用工程效益评价及激励措施研究 [D]. 大连：大连理工大学，2012.

[108] 国土资源部 . 全国地面沉降防治规划（2011—2020 年）[R]. 北京：国土资源部，2012.

[109] 张永红，吴宏安，康永辉 . 京津冀地区 1992~2014 年三阶段地面沉降 InSAR 监测 [J]. 测绘学报，2016，45（9）：1050-1058.

[110] 李金冰，刘猛 . 安徽省地下水超采现状与治理对策 [J]. 治淮，2015（6）：13-14.

[111] 杨贵芳，闫玉茹，程知言等 . 南通市地下水开采与地面沉降关系 [J]. 南水北调与水利科技，2015，13（6）：1168-1171.

[112] 张维然，段正梁，曾正强等 . 上海市地面沉降灾害经济损失评估 [R]. 上海：同济大学经济与管理学院，2001.

[113] 段正梁，张维然 . 地面沉降灾害经济损失评估理论体系研究——以上海市地面沉降灾害经济损失评估为例 [J]. 自然灾害学报，2002，11（3）：95-102.

[114] 王瑶，熊守纯，张晓光等 . 葫芦岛沿海区域海水入侵的危害及存在问题 [J]. 黑龙江水利科技，2013，41（8）：209-210.

[115] 王偲，窦明，张润庆等 . 莱州市海水入侵区综合治理效益评估 [J]. 中国农村水利水电，2013（2）：111-113.

[116] Dikshit A K, Loucks D P. Estimating non-point pollutant loadings-I: a geographical-information-based non-point source simulation model[J]. Journal Of Environmental Systems, 1995, 24（4）：395-408.

[117] Marshall T, Henkels J. Stormwater best management practices: preparing for the next decade[J]. Stormwater, 2001, 2（7）：1-11.

[118] Usepa. National water quality inventory: report to congress executive summary[R]. Washington D.C.: USEPA, 1995.

[119] 张志彬，孟庆宇，马征 . 城市面源污染的污染特征研究 [J]. 给水排水，2016，42（s1）：163-167.

[120] Dietz M E. Low Impact development practices: a review of current research and recommendations for future directions[J]. Water, Air, & Soil Pollution, 2007, 22（1）：351-363.

[121] Davis A P, Hunt W F, Traver R G, et al. Bioretention technology: overview of current practice and future needs.[J]. Journal of Environmental Engineering, 2009, 135（3）：109-117.

[122] Dietz M E, Clausen J C. Saturation to improve pollutant retention in a rain garden.[J]. Environmental Science & Technology, 2006, 40（4）：1335-1340.

[123] Davis A P, Shokouhian M, Sharma H, et al. Water quality improvement through bioretention media: nitrogen and phosphorus removal.[J]. Water Environment Research A Research Publication of the Water Environment Federation, 2006, 78（3）：284-293.

[124] Hsieh C, Davis A P. Evaluation and optimization of bioretention media for treatment of urban storm water runoff[J]. Journal of Environmental Engineering, 2005, 131（11）：177-181.

[125] Turer D, Maynard J B, Sansalone J J. Heavy metal contamination in soils of urban highways comparison between runoff and soil concentrations at Cincinnati, Ohio[J]. Water, Air & Soil Pollution, 2001, 132（3）：293-314.

[126] Diblasi C J, Li H, Davis A P, et al. Removal and fate of polycyclic aromatic hydrocarbon pollutants in an urban stormwater bioretention facility[J]. Environmental Science & Technology, 2009, 43（2）：494-502.

[127] Rusciano G M, Obropta C C. Bioretention column study: fecal coliform and total suspended solids reductions[J]. Transactions of the Asabe, 2007, 50（4）：1261-1269.

[128] Sansalone J J. Adsorptive infiltration of metals in urban drainage-media characteristics[J]. Science of the Total Environment, 1999, 235（1-3）：179-188.

[129] Pratt C J, Mantle J D G, Schofield P A. UK research into the performance of permeable pavement, reservoir structures in controlling stormwater discharge quantity and quality[J]. Water Science & Technology, 1995, 32（1）：63-69.

[130] 龚应安,陈建刚,张书函等.透水性铺装在城市雨水下渗收集中的应用 [J]. 水资源保护,2009,25(6): 65-68.

[131] 张景哲,刘启明.北京城市气温与下垫面结构关系的时相变化 [J]. 地理学报,1988,43(2):159-168.

[132] 冯俊琪.平屋顶简易绿化对屋顶空气温度影响研究 [D]. 西安:西安科技大学,2013.

[133] 刘光立,陈其兵.四种垂直绿化植物杀菌滞尘效应的研究 [J]. 四川林业科技,2004,25(3):53-55.

[134] 鲁敏,李英杰.部分园林植物对大气污染物吸收净化能力的研究 [J]. 山东建筑大学学报,2002,17 (2):45-49.

[135] 谢浩.绿化带——天然的减噪消声器 [J]. 陕西建筑,1999(3):90.

[136] 徐凌.城市绿地生态系统综合效益研究——以大连市为例 [D]. 大连:辽宁师范大学,2003.

[137] USEPA. Green house gas mitigation potential in U.S. forestry and agriculture[R]. Washington D.C.: USEPA,2005.

[138] 郝文升,赵国杰,温娟.基于新加坡模式推进中国低碳生态城市发展的思考 [J]. 城市环境与城市生态, 2011,24(5):43-46.

[139] 张葆蔚.2015 年洪涝灾情综述 [J]. 中国防汛抗旱,2016,26(1):24-26.

[140] Mentens J,Raes D,Hermy M. Green roofs as a tool for solving the rainwater runoff problem in the urbanized 21st century[J]. Landscape & Urban Planning,2006,77(3):217-226.

[141] Collins K A. A field evaluation of four types of permeable pavement with respect to water quality improvement and flood control[A].8th International Conference on Concrete Block Paving[C]. San Francisco: 2006.

[142] 财政部.池州市在全国海绵城市竞争性评审中脱颖而出 [EBOL].http://www.mof.gov.cn/xinwenlianbo/ anhuicaizhengxinxilianbo/201504/t20150409_1214530.html[Z].

[143] 闫丽娟,郭富庆,戴永胜等.合肥市城区雨水利用效益分析 [J]. 南水北调与水利科技,2011,9(2): 126-129.

[144] 夏宾,张彪,谢高地等.北京建城区公园绿地的房产增值效应评估 [J]. 资源科学,2012,34(7): 1347-1353.

[145] 骆林川,董国政.南京秦淮河湿地公园潜在生态经济效益分析 [J]. 南京林业大学学报自然科学版, 2006,30(1):84-88.

[146] 王丽英.我国城市基础设施建设与运营管理研究 [D]. 天津:天津财经大学,2008.

[147] 王守清.项目融资:PPP 和 BOT 模式的区别与联系 [J]. 国际工程与劳务,2011(9):4-6.

[148] 河北省迁安市政府采购中心关于迁安市海绵城市建设 PPP 项目资格预审公告.中国政府采购 网.http://www.ccgp.gov.cn/cggg/dfgg/zgysgg/201512/t20151209_6295157.htm[Z].

[149] 卢汝生.政府投资项目管理模式与总承包管理实践 [M]. 北京:中国建筑工业出版社,2009.

[150] 陈中.完善我国政府投资项目管理模式问题的研究 [J]. 法制与社会,2010(2):210.

[151] 丁淑芳,任心欣,杨晨.光明新区低影响开发雨水综合利用激励政策研究 [J]. 中国给水排水,2015, 31(17):104-107.

[152] 深圳市规划和国土资源委员会,深圳市城市规划设计研究院有限公司.深圳市推进海绵城市建设激 励机制研究 [R],2016.